燃煤机组超低排放技术

浙江浙能嘉华发电有限公司　编著

中国电力出版社
CHINA ELECTRIC POWER PRESS

内 容 提 要

本书共九章，主要介绍了燃煤机组超低排放技术的概述，超低排放系统的设计、设备选型，超低排放系统的安装，超低排放系统的调试，超低排放系统的运行管理，超低排放系统运行异常分析及处理，超低排放系统日常维护和检修，超低排放系统的应急处置及事件的预防等方面做了全面系统的介绍，条理清晰、重点突出，有利于学习和借鉴。

本书可作为燃煤机组超低排放系统设计、安装、调试、运行及检修维护相关人员的学习参考书，并可供大专院校相关专业师生及超低排放系统制造单位参考。

图书在版编目（CIP）数据

燃煤机组超低排放技术/浙江浙能嘉华发电有限公司编著．—北京：中国电力出版社，2016.9

ISBN 978-7-5123-9469-8

Ⅰ.①燃… Ⅱ.①浙… Ⅲ.①燃煤机组-烟气排放 Ⅳ.①TM621.2

中国版本图书馆 CIP 数据核字（2016）第 140770 号

中国电力出版社出版、发行

（北京市东城区北京站西街 19 号 100005 http://www.cepp.sgcc.com.cn）

航远印刷有限公司印刷

各地新华书店经售

*

2016 年 9 月第一版 2016 年 9 月北京第一次印刷

787 毫米×1092 毫米 16 开本 14.25 印张 325 千字

印数 0001—2000 册 定价 **52.00** 元

编　委　会

序

中国是煤炭资源大国，我国一次能源资源构成决定了煤炭是最主要能源，一次能源以煤为主、电力生产以煤机为主的格局仍将不会有太大的变化。近年来，空气雾霾、PM2.5、酸雨等大气环境问题已经成为困扰社会各界的“心头之痛”，而各行各业的燃煤锅炉、燃煤机组一度也成为“众矢之的”，燃煤火力发电厂被推到“风口浪尖”。

在中国能源结构中，实现“立足国内多元供应保安全，大力推进煤炭清洁高效利用”将在很长一个时期成为能源革命的重要政策。面对节能减排压力与雾霾威胁的背景下，充分利用科技进步，加快实现煤炭的安全、高效、清洁利用，超低排放技术的广泛运用将进一步提高我国以煤炭为主的能源结构的清洁化水平，而且也为煤电的生存与发展提供了一种新思路。

人民群众对良好生态环境的迫切期待，推动了绿色低碳循环发展新方式，加快了生态文明建设的新步伐，浙江省委提出“建设美丽浙江、创造美好生活”的“两美”战略，创建国家清洁能源示范省，真正实现天蓝、水清、山绿、地净的自然环境。浙江省能源集团有限公司作为省属大型能源企业，紧跟发展的步伐，加快建设资源节约型和环境友好型企业，在满足现行国家标准的基础上，不断自我加压，紧紧依靠科技创新解决好燃煤发电的清洁化问题，始终坚持“最先进的技术、最可靠的设备、最合理的投入”做好环保工作，率先在全国发电企业中实施燃煤机组烟气超低排放改造。2014 年 5 月 30 日，国内首套燃煤机组烟气超低排放装置在浙能嘉兴发电厂 8 号机组投运，该百万千瓦燃煤机组烟气超低排放改造工程也是全国发电行业最早实施的超低排放示范改造项目。

近年来，国家相继出台《大气污染防治行动计划》《火电厂大气污染物排放标准》《煤电节能减排升级与改造计划》等规定，要求“东部地区新建燃煤发电机组大气污染物排放浓度基本达到燃气轮机组排放限值，中部地区新建机组原则上接近或达到燃气轮机组排放限值，鼓励西部地区新建机组接近或达到燃气轮机组排放限值。到 2020 年，东部地区现役 30 万 kW 及以上公用燃煤发电机组、10 万 kW 及以上自备燃煤发电机组以及其他有条件的燃煤发电机组，改造后大气污染物排放浓度基本达到燃气轮机组排放限值”。2015 年，我国实施了历史上最严的环保法，在大力实施节能减排、推进绿色发展的新形势下，各省市配套出台了具体的《全面实施燃煤电厂超低排放和节能改造工作方案》，严厉的节能减排政策使得各地、各电力集团的火电企业超低排放改造大规模全面实施。

在这样的背景下，以国家能源局煤电机组环保改造示范项目——浙江省能源集团有限公司嘉兴发电厂百万千瓦机组超低排放改造为基础编写本书的想法应运而生。热衷于环保事业、勇于探索实践、勤于钻研积累的生产一线专业人员，用自己心血和汗水从学习、工作、实践中积累的宝贵经验，完成了本书的编写。本书从燃煤机组超低排放技术的背景、系统的设计、设备的选型等方面完整地介绍了超低排放系统的技术、设计、安装、调试、运行、维护及应急处置，为同类电厂的超低排放系统改造提供示范和借鉴。希望通过本书的出版，能促进全国燃煤机组超低排放改造实施，提高运行、检修人员的管理水平和故障处理能力，为从事或有志于该项工作的广大读者带来经验、启迪、思考和收益。

刘为民

2016 年 5 月

前言

我国的能源结构决定了以煤为主的电力工业结构格局难以在短期内改变，燃煤机组是目前最安全可靠的发电途径，且我国经济发展迅速，电力需求强劲，要同时解决这些问题只能使电力燃煤被清洁高效地集中消费和处理——即煤电清洁化生产。经调研、论证，浙江省能源集团有限公司在全国率先提出“燃煤机组烟气超低排放”的概念，并在嘉兴发电厂三期百万千瓦机组组织实施改造。创造性开发、设计了多种污染物高效协同脱除集成系统技术，将多种污染物脱除技术进行集成和提效。有效降低烟尘（含 PM2.5）、SO_2、NO_x、Hg 和 SO_3 等主要烟气污染物排放值，使其达到燃气机组的排放标准，同时也将有效消除白烟和石膏雨等现象。

本书以国家能源局煤电机组环保改造示范项目嘉华电厂 7 号机组超低排放改造工程建设为基础，从燃煤机组超低排放技术的背景、设计、设备选型、安装、调试、运行管理、运行异常分析及处理、日常维护和检修、应急处置及事件的预防等方面，进行了完整的介绍。本书对同类电厂的超低排放系统改造提供了示范和借鉴，可供燃煤机组超低排放系统设计、安装、调试、运行及检修维护相关人员参考使用，并可供大专院校相关专业师生及超低排放系统制造单位参考。

本书的编写者为生产一线的专业技术人员、管理人员和相关专家，他们参与了国内首套超低排放系统改造的全过程管理与活动，集示范工程改造过程的大量资料并结合超低排放系统的具体实践过程经验编写而成，使本书具有较强的实用性和参考性。

本书编写得到了浙江省能源集团有限公司、浙江电力股份有限公司、浙江天地环保工程有限公司的大力支持，得到了有关领导和专家的悉心指导，在此一并表示感谢。

由于编者水平有限，书中难免有不足和疏漏之处，恳请广大读者批评指正。

编者

2016 年 5 月

目 录

/第一章/

概 述

第一节 燃煤机组超低排放技术的背景

一、国家（层面）要求

2011年7月29日，国家环境保护部与国家质量监督检验检疫总局联合发布新的GB 13223—2011《火电厂大气污染物排放标准》，并于2012年1月1日起实施，新的标准对大气污染物排放提出了更严格的要求，燃煤锅炉主要控制污染物排放标准为二氧化硫不超过200mg/m^3（新建机组不超过100mg/m^3）、氮氧化合物不超过100mg/m^3、烟尘不超过30mg/m^3。而重点地区的燃煤锅炉排放标准为二氧化硫不超过50mg/m^3、氮氧化合物不超过100mg/m^3、烟尘不超过20mg/m^3。

2013年9月10日，国务院发布了《大气污染防治行动计划》，提出具体指标：到2017年，全国地级及以上城市可吸入颗粒物浓度比2012年下降10%以上，优良天数逐年提高；京津冀、长三角、珠三角等区域细颗粒物浓度分别下降25%、20%、15%左右，其中北京市细颗粒物年均浓度控制在60μg/m^3左右。《大气污染防治行动计划》共提出三十五条具体措施，文中指出控制煤炭消费总量。制定国家煤炭消费总量中长期控制目标，实行目标责任管理。到2017年，煤炭占能源消费总量比重降低到65%以下。京津冀、长三角、珠三角等区域力争实现煤炭消费总量负增长，通过逐步提高接受外输电比例、增加天然气供应、加大非化石能源利用强度等措施替代燃煤。京津冀、长三角、珠三角等区域新建项目禁止配套建设自备燃煤电站。耗煤项目要实行煤炭减量替代。除热电联产外，禁止审批新建燃煤发电项目；现有多台燃煤机组装机容量合计达到30万kW以上的，可按照煤炭等量替代的原则建设为大容量燃煤机组。

2014年5月18日，国家发展改革委发出《关于加强和改进发电运行调节管理的指导意见》（发改运行〔2014〕985号）。其中第十二条指出：在实行差别电量政策基础上，对严格执行环保排放的燃煤发电机组实行鼓励，燃煤机组排放达到燃气机组标准的，应适当奖励发电量。第十四条提到：各省（区、市）政府主管部门应积极推动清洁能源发电机组替代火电机组发电，高效、低排放燃煤机组替代低效、高排放燃煤机组发电。

2014年9月12日，国家发改委等3部委印发《煤电节能减排升级与改造行动计划

（2014～2020年）》，要求到2020年现役燃煤机组改造后，大气污染物排放浓度基本达到燃气轮机组排放限值，并对燃煤发电行业的节能减排提出更加严格的要求和升级改造“时间表”。

二、地方政府（层面）要求

2013年12月31日，浙江省人民政府印发《浙江省大气污染防治行动计划（2013～2017年）》（浙政发〔2013〕59号），文中指出：2017年底前，所有新建、在建火电机组必须采用烟气清洁排放技术，现有60万kW以上火电机组基本完成烟气清洁排放技术改造，达到燃气轮机组排放标准要求。

2014年7月31日，浙江省经济和信息化委员会与浙江省环境保护厅联合制定了《浙江省统调燃煤发电机组新一轮脱硫脱硝及除尘改造管理考核办法》（浙经信电力〔2014〕39号），明确省统调燃煤发电机组新一轮脱硫脱硝及除尘改造的建设运行管理要求，以及相关年度发电计划的考核办法，进一步推进浙江省统调燃煤发电机组实施新一轮脱硫脱硝及除尘改造，鼓励实现烟气清洁排放，大幅削减烟气污染物排放总量，改善全省大气环境质量。本办法自2014年9月1日起施行。

文中指出，烟气清洁排放指燃煤机组达到GB 13223—2011《火电厂大气污染物排放标准》中的燃气轮机组排放限值标准，即在基准氧含量6%条件下，烟尘排放浓度不大于$5mg/m^3$、二氧化硫排放浓度不大于$35mg/m^3$、氮氧化物排放浓度不大于$50mg/m^3$。

文件明确：2017年底前，所有新建、在建、在役的60万kW及以上省统调燃煤发电机组必须完成新一轮脱硫脱硝及除尘设施改造，实现烟气清洁排放。鼓励其他统调燃煤发电机组进一步加大环保设施改造力度，达到烟气清洁排放。鼓励同步开展烟气污染物联合协同脱除，减少三氧化硫、汞、砷等污染物排放。

省统调燃煤发电机组当年可达到烟气清洁排放标准的，年初按机组烟气清洁排放平均容量奖励年度发电计划200h，并根据新一轮脱硫脱硝及除尘改造的实际投产时间据实调整。

伴随着对生态文明建设的认识不断深化，浙江省委省政府从“绿色浙江”“生态浙江”到“美丽浙江”，生态文明建设理念一脉相承，生态省建设方略坚持不懈。为切实改善环境空气质量、保障人民群众身体健康、努力建设美丽浙江，浙江省委省政府率先创建国家清洁能源示范省，李强省长在省人大十二届三次会议中，更是将加大雾霾治理力度作为十大民生实事之首，并明确提出“力争到2017年，全省燃煤电厂和热电厂实现清洁排放”的具体目标。

三、企业自身方面要求

在上述的宏观背景下，煤炭的清洁燃烧和清洁排放技术成了燃煤电厂未来发展的新空间、新蓝海，在这一技术上能突破必然能给整个燃煤火力发电行业带来发展新机遇。

作为省属大型能源企业，浙江省能源集团有限公司（以下简称浙能集团）始终坚持“以最先进的技术、最可靠的设备、最合理的投入”做好环保工作。早在2011年，浙能集团就在国内创造性提出了燃煤机组排放达到或优于燃气机组排放标准的方向性目标。浙能集团公司董事长吴国潮强调，实施能源清洁化战略，这既是国有企业义不容辞的义务，更是企业发展的新机遇，我们要在全省乃至全国能源企业中做好表率。在广泛收集、调研国

内外燃煤机组污染物治理的先进技术的基础上，经过充分消化吸收及自主创新，浙能集团于2013年确定了“多种污染物高效协同脱除集成”的技术路线，并在全国率先启动“燃煤机组烟气超低排放”项目建设，首先在已投产的嘉兴发电厂三期7、8号两台百万燃煤机组上实施改造，同时在新建的六横电厂、台二电厂等百万机组上也按照此技术方案进行同步设计并建设。

2014年5月30日，我国首套烟气超低排放装置在嘉兴发电厂8号机组投入运行，7号机组于2014年6月18日0：00通过72h试运移交生产。西安热工研究院有限公司、浙能技术研究院有限公司等单位对两台机组进行了烟气抽样测试。首次得到机组满负荷时烟囱总排口主要烟气污染物的排放数据：烟尘2.12mg/m^3，二氧化硫17.47mg/m^3，氮氧化物38.94mg/m^3。7月21日，中国环境监测总站在杭州发布权威消息，嘉兴发电厂两台机组经过超低排放改造，主要大气污染物排放水平均低于天然气燃气轮机组排放标准，达到国际领先水平，意味着浙能集团全国首创的燃煤机组超低排放改造技术获得成功。

同年7月10日，六横电厂1号机组正式投入运营，成为国内首台超低排放与主体工程按“三同时”（同时设计、同时施工、同时投产）建设投运的百万机组。2014年，浙能集团共完成532万kW机组超低排放项目建设，其中嘉兴发电厂8号机组和乐清发电公司1号机组为国家能源局2014年煤电机组环保改造示范项目。

第二节　燃煤机组超低排放系统术语定义

在2015年3月5日召开的第十二届全国人民代表大会第三次会议上，在谈到“持续推进民生改善和社会建设”时，李克强总理强调，打好节能减排和环境治理攻坚战，要深入实施大气污染防治行动计划，实行区域联防联控，推动燃煤电厂超低排放改造，促进重点区域煤炭消费零增长。浙能集团公司在全国首创的“超低排放”一词被李克强总理收入到《政府工作报告》当中。

而此前，国内并没有公认的对燃煤电厂大气污染物治理现状的定义，实际应用中多种表述共存，如“超低排放”“清洁排放”“近零排放”“趋零排放”“超洁净排放”“低于燃机排放标准排放”等。从各种表述和案例中分析得出的共同特点，它们的内涵都是把燃煤电厂排放的烟尘、二氧化硫和氮氧化物三项大气污染物与《火电厂大气污染物排放标准》（以下简称“排放标准”）中规定的燃机要执行大气污染物特别排放限值（以下简称“特别排放限值”）相比较，达到或者低于燃机排放限值（即在标态，干基，含氧量为6%条件下，烟尘5mg/m^3、二氧化硫35mg/m^3、氮氧化物50mg/m^3）。业内人士认为，燃煤机组排放水平达到近零、超洁净状态的难度非现有工程技术所能实现，而浙能集团提出的超低排放从排放标准角度界定概念，提法更加科学。

燃煤机组超低排放指通过多污染物高效协同控制技术，燃煤机组达到《火电厂大气污染物排放标准》（GB 13223—2011）中的燃气轮机组排放限值标准，即在基准氧含量6%条件下，烟尘排放浓度不大于5mg/m^3、二氧化硫排放浓度不大于35mg/m^3、氮氧化物排放浓度不大于50mg/m^3。

超低排放系统的核心是利用多种污染物高效协同脱除技术，打破了燃煤机组单独使用脱硫、脱硝、除尘装置的传统烟气处理格局，实现脱硝SCR反应器、低低温静电除尘器、脱硫吸收塔及湿式静电除尘器等环保装置通过功能优化和系统优化有机整合。

第三节 燃煤机组超低排放技术简介

目前实现超低排放的技术很多，在脱硫、除尘方面，除单塔一体化脱硫除尘深度净化技术外，还有单塔双分区高效脱硫除尘技术、双托盘技术、双塔双循环技术；专门针对除尘技术的有低低温静电除尘、湿式静电除尘、电袋复合除尘、管束式除尘及湿式静电除尘高频电源改造技术。

浙能天地环保公司采用多污染物高效协同控制技术，对浙能集团现有的脱硝设备、脱硫设备和除尘设备进行提效，并引入新的环保设备和环保技术对汞和三氧化硫进行进一步脱除，使电厂排放的烟尘、二氧化硫、氮氧化物、汞和三氧化硫达到清洁排放的要求。

针对二氧化硫，主要是对FGD脱硫装置进行改进，采用增加均流提效板、提高液气比、脱硫增效环和脱硫添加剂等方式，实现脱硫提效。

针对氮氧化物，通过实施锅炉低氮燃烧改造、SCR脱硝装置增设或更换新型催化剂等技术措施实现脱硝提效。

针对烟尘、三氧化硫和汞，采用SCR脱硝装置、低低温静电除尘、湿法烟气脱硫装置（FGD）、湿式静电除尘器等协同脱除实现高效脱除和超低排放。

技术路线图如图1－1所示。

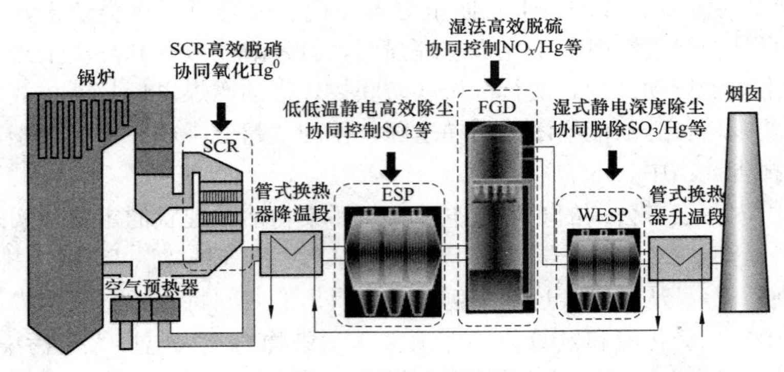

图1－1 技术线路图

锅炉排出的烟气经过SCR高效脱硝后，经过空气预热器出口的烟气通过新增的管式换热器（降温段）后降温至90℃左右，然后进入改造后的低低温静电除尘器，经过除尘后通过引风机、增压风机后进入吸收塔进行湿法高效脱硫，吸收塔出口的烟气进入新增的湿式静电除尘器做进一步除尘，再进入新增的管式换热器（升温段）升温至80℃以上后通过烟囱排放。

/第二章/

燃煤机组超低排放系统的设计

第一节 设 计 程 序

超低排放系统的设计，可以参考电力工程设计的主要步骤。可以分为可行性研究、初步设计、施工图设计三个阶段，各阶段的设计要求及设计程序如下：

1. 可行性研究

对于超低排放系统一般直接进行可行性研究即可，一般不用进行初步可行性研究。

可行性研究则要详细论证超低排放系统的必要性，选择的技术路线技术上的可行性和经济上的合理性，落实建设条件，全面阐明该工程项目能够成立的根据。

2. 初步设计

根据审批的可行性研究报告，由设计单位编制具体反映工程项目各项技术原则的初步设计文件。初步设计的内容包括设计说明书、厂区总布置、各工艺系统、厂房布置、建筑物的结构、建筑等设计方案及图纸、设备和主要材料清册、施工组织设计大纲、工程概算和有关的技术经济指标。

3. 施工图设计

根据审批的初步设计报告，由设计单位编制施工设计文件，施工设计文件一般由说明书、图纸、设备清册、材料清册四部分组成。设计文件应密切结合工程实际，充分考虑设计和施工的相互紧密关联，强调施工图设计内容深度和施工图设计质量能够充分满足施工和运行的需要。

4. 设计方案审核的基本要求

（1）初步设计阶段审核基本要求。

1）初步设计阶段设计深度的要求：进行设计方案的比较选择和确定；主要设备材料订货；土地征用；基建投资的控制；施工图设计的编制；施工组织设计的编制；施工准备和生产准备等。

2）设计文件的基本要求：

a. 没有批准的计划任务书和批准的工程选场报告以及完整的设计基础资料，不能提供初步设计文件。

b. 设计文件表达设计意图充分，采用的建设标准适当，技术先进可靠，指标先进合理，专业间相互协调、分期建设与发展处理得当。重大设计原则应经多方案比较选择，提出推荐方案供审批选择。

c. 积极稳妥地采用成熟的新技术，力争比以往同类型工程在水平上有所提高。设计文件中应阐明其技术优越性、经济合理性和采用可能性。

d. 设计概算应准确地反映设计内容及深度，满足控制投资、计划安排及拨款的要求。

e. 设计文件内容完整、正确，文字简练，图面清晰，签署齐全。

(2) 施工图设计阶段的阶段审核基本要求。

1) 设计依据和原始资料：

a. 初步设计的审批文件。

b. 设计总工程师编制的技术组织措施、各专业间施工图综合进度表、主要设计人编制的电气专业技术组织措施。

c. 有关典型设计。

d. 新产品试制的协议书。

e. 在产品目录中查不到的必要设备技术资料。

f. 协作设计单位的设计分工协议和必要的设计资料。

2) 对设计文件的基本要求：

a. 符合初步设计审批文件，符合有关标准规范，符合工程技术组织措施及卷册任务书要求。

b. 采用的原始资料、数据及计算公式要正确、合理、落实，计算项目完整，演算步骤齐全，结果正确。

c. 卷册的设计方案、工艺流程、设备选型、设施布置、结构形式、材料选用等，要符合运行安全、经济，操作、检修、维护、施工方便，造价低，原材料节约的要求，新技术的采用要落实。

d. 在克服工程“常见病”“多发病”方面，应比同类型工程有所改进。凡符合卷册具体条件的典型、通用设计应予以套（活）用。

e. 卷册的设计内容与深度要完整、无漏项，并符合施工图成品内容深度的要求。各专业及专业内部的成品之间要配合协调一致，满足施工要求。

f. 制、描图工艺水平符合标准。

第二节 原 始 资 料

一、锅炉

锅炉为哈尔滨锅炉厂生产的超超临界参数变压运行直流锅炉、单炉膛、切向燃烧、一次再热、平衡通风、露天布置、固态排渣、全钢构架、全悬吊结构Π形布置。

锅炉容量和主要参数（BMCR 工况）见表 2－1。

表 2-1　　锅炉容量和主要参数

编号	项　　目	单位	设计煤种
1	过热蒸汽流量	t/h	3101
2	过热蒸汽压力	MPa(g)	27.56
3	过热蒸汽温度	℃	605
4	再热蒸汽流量	t/h	2587.8
5	再热器进口压力	MPa(g)	6.19
6	再热器出口压力	MPa(g)	5.94
7	再热器进口温度	℃	367
8	再热器出口温度	℃	603
9	省煤器入口温度	℃	300
10	空气预热器进口一次风温度	℃	26
11	空气预热器进口二次风温度	℃	23
12	空气预热器出口一次风温度	℃	307
13	空气预热器出口二次风温度	℃	329
14	锅炉排烟温度（未修正）	℃	128
15	锅炉排烟温度（修正后）	℃	122
16	锅炉保证效率（BRL 工况）	%	93.65
17	空气预热器漏风率（一年内）	%	6
18	空气预热器漏风率（一年后）	%	8

二、燃料特性

嘉兴发电厂三期 7、8 号机组原设计煤种为神木 1 号煤。近两年来，机组燃用的煤种较多，有神混煤、优混煤、平混煤、伊泰煤、富动配煤等，项目原设计煤种和目前电厂燃用实际煤种的煤质分析表见表 2-2。考虑到环保装置的适度裕量，本改造项目的设计煤种结合这两种情况确定。

表 2-2　　项目原设计煤种和目前电厂燃用实际煤种的煤质分析表

项目	符号	单位	本项目设计煤种	原设计煤种 神木 1 号	电厂实际燃用煤种	备注
全水分	M_t	%	13.0	14±4	13.5	
空干基水分	M_{ad}	%	4.27	7.30	4.5	
干燥无灰基挥发分	V_{daf}	%	37.89	36.50±5	35.93	
收到基灰分	A_{ar}	%	18.00	11.00±5	14.51	
收到基碳	C_{ar}	%	54.98	60.33	58.77	
收到基氢	H_{ar}	%	3.53	3.62	3.61	
收到基氧	O_{ar}	%	8.84	9.94	8.20	
收到基氮	N_{ar}	%	0.85	0.70	0.78	

续表

项目	符号	单位	本项目设计煤种	原设计煤种 神木1号	电厂实际燃用煤种	备注
全硫	$S_{t,ar}$	%	0.80	0.41±0.3	0.63	
收到基低位发热量	$Q_{ar,net}$	MJ/kg	21.00	22.76±2.3	22.24	

三、烟气参数

省煤器出口的烟气参数见表2-3，100%BMCR工况下管式GGH入口烟气参数见表2-4，100%THA工况下管式GGH入口烟气参数见表2-5，75%THA和50%THA工况下管式GGH入口烟气参数见表2-6，100%BMCR工况下FGD入口烟气参数（增压机前）见表2-7，100%BMCR工况下FGD出口（湿式电除尘器ESP入口）的烟气参数见表2-8。

表2-3　　省煤器出口的烟气参数

序号	项目	单位	设计煤种				
			BMCR①	100%THA②	75%THA	50%THA	35%BMCR
1	实际体积流量	m^3/h	3062 214	2 924 161	2 196 977	1 692 613	1 567 719
2	质量流量	kg/h	4 098 643	3 912 527	2 939 555	2 264 717	2 097 608
3	温度	℃	365	360	335	322	308
4	炉膛设计压力	kPa	±5.980				
5	炉膛可承受压力	kPa	±9.980				
6	省煤器出口压力	kPa	−1.47				
7	含二氧化碳量	%	14.88	14.88	14.06	12.59	11.20
8	含氧量	%	2.52	2.52	3.50	5.27	6.97
9	含氮量	%	73.07	73.07	73.31	73.76	74.17
10	含二氧化硫量	%	0.04	0.04	0.04	0.03	0.03
11	含水量	%	9.49	9.49	9.09	8.35	7.63

注　根据西安热工院实测数据，350MW工况下SCR入口烟气温度为286.5℃。

① BMCR为锅炉最大连续蒸发量。

② THA为汽轮机热耗保证工况。

表2-4　　100% BMCR工况下管式GGH入口烟气参数

项　目	单位	100%BMCR	
		烟气冷却器入口	烟气加热器入口
实际烟气量	m^3/h	4 830 847	3 926 433
总烟气量（湿基，实际氧）	m^3/h	3 205 695	3 367 903
总烟气量（干基，实际氧）	m^3/h	2 912 694	2 963 755
总烟气量（干基，6% O_2）	m^3/h	3 429 212	3 279 889
总质量流量（湿基）	kg/h	4 016 670	4 093 735
实际氧量（湿基）	%	3.34	4.4
温度	℃	122	48

注　烟气冷却器入口的烟气量为该级六组换热器总的烟气量，每组可按总量平均计算。

表 2－5　　100% THA 工况下管式 GGH[①] 入口烟气参数

项　目	单位	100%BMCR	
		烟气冷却器入口	烟气加热器入口
实际烟气量	m^3/h	4 612 891	3 797 400
总烟气量（湿基，实际氧）	m^3/h	3 097 340	3 254 065
总烟气量（干基，实际氧）	m^3/h	2 815 482	2 863 578
总烟气量（干基，6% O_2）	m^3/h	3 295 990	3 169 026
总质量流量（湿基）	kg/h	3 834 276	3 845 576
实际氧量（湿基）	%	3.44	4.4
温度	℃	119	48

注　烟气冷却器入口的烟气量为该级六组换热器总的烟气量，每组可按总量平均计算。

①　GGH 为管式烟气换热器。

表 2－6　　75%THA 和 50%THA 工况下管式 GGH 入口烟气参数

项目	单位	75%THA		50%THA	
		烟气冷却器入口	烟气加热器入口	烟气冷却器入口	烟气加热器入口
实际烟气量	m^3/h	3 427 652	2 901 935	2 608 578	2 277 561
总烟气量（湿基，实际氧）	m^3/h	2 364 659	2 484 311	1 854 081	1 947 897
总烟气量（干基，实际氧）	m^3/h	2 159 407	2 186 193	1 707 423	1 714 150
总烟气量（干基，6%O_2）	m^3/h	2 382 545	2 375 664	1 670 998	1 657 011
总质量流量（湿基）	kg/h	2 880 764	3 017 447	2 219 423	2 364 942
实际氧量（湿基）	%	4.45	4.7	6.32	6.5
温度	℃	111.1	48	101.7	48

表 2－7　　100%BMCR 工况下 FGD 入口的烟气参数（增压风机前）

项目	单位	锅炉 100%BMCR 工况		
		设计煤种	校核煤种 1	校核煤种 2
CO_2（体积百分比）	%	13.46	13.46	13.10
O_2（体积百分比）	%	4.5	4.5	4.6
N_2（体积百分比）	%	73.7	73.7	74.3
SO_2（体积百分比）	%	0.04	0.04	0.10
H_2O（体积百分比）	%	8.3	8.3	7.9
FGD 入口烟气量（干）	m^3/s	813.8	906.2	821.3
FGD 入口烟气量（湿）	m^3/s	887.1	988.1	891.9
FGD 入口烟气压力	Pa	0		

表 2－8　　100%BMCR 工况下 FGD 出口（湿式电除尘器入口）的烟气参数

项目	单位	数据	备注
H_2O	kg/h	328 614	
FGD 出口烟气量（干基，实际氧）	m^3/h	2 953 396	

续表

项目	单位	数据	备注
FGD出口烟气量（湿基，实际氧）	m^3/h	3 364 015	
FGD出口烟气量（干基，6% O_2）	m^3/h	3 150 289	
FGD出口烟气量（湿基，6% O_2）	m^3/h	3 588 283	
FGD出口氧量	%	5.0	干基
FGD出口烟气温度	℃	48.9	
FGD出口雾滴浓度（干基，6%O_2）	m^3/h	40	其中石膏含量20%
FGD出口烟气雾滴中的Cl^-浓度	ppm	20 000	

四、飞灰比电阻

原干式电除尘设计提供飞灰比电阻的参考值，根据机组目前实际燃烧煤种，对飞灰比电阻进行了实测，实测飞灰比电阻值见表2-9，实测飞灰的击穿电压为7.9kV。

表2-9　　实测飞灰比电阻

测试温度（℃）	湿度（%）	电压（V）	电流（A）	实测飞灰比电阻值（Ω·cm）
20（室温）	90	500	—	—
70			31	5.64×10^{9}
90			13	1.35×10^{10}
120			40	4.38×10^{10}
150			65	3.38×10^{11}
180			18	1.22×10^{11}
210			60	3.67×10^{10}
240			15	1.47×10^{10}
270			22	1×10^{10}
300			40	5.5×10^{9}

五、工艺水分析资料

项目范围系统内设备冷却水、吹灰用水、除雾器冲洗水补水等用工艺水，工艺水质分析见表2-10。

表2-10　　工艺水水质分析

序号	名称	单位	数值
1	pH（25℃）	1	8.10
2	浊度	NTU	0.39
3	全固形物	mg/L	890
4	悬浮物	mg/L	<20
5	耗氧量（Mn）	mg/L	3.82

续表

序号	名称	单位	数值
6	Na^{+}	mg/L	150.71
7	K^{+}	mg/L	9.8
8	NH_4^{+}	mg/L	1.83
9	$1/2Ca^{2+}$	mg/L	26.92
10	$1/2Mg^{2+}$	mg/L	19.84
11	$1/3Fe^{3+}$	mg/L	0.096
12	$1/2Cu^{2+}$	mg/L	0.002
13	HCO_3^{-}	mg/L	220.03
14	Cl^{-}	mg/L	250
15	NO_3^{-}	mg/L	7.67
16	$1/2\ SO_4^{2-}$	mg/L	104.49
17	全硅	mg/L	2.90
18	溶硅	mg/L	2.88
19	非活性硅	mg/l	0.02
20	电导率	μS/cm	1230
21	全硬度	mmol/L	2.24

六、除盐水分析资料

项目管式 GGH 用循环水及补充水采用除盐水，除盐水水质分析见表 2-11。

表 2-11　　除盐水水质分析

序号	名称	单位	数值
1	总硬度	μmol/L	0
2	溶解氧（化水处理后）	μg/L	30～300（加氧处理）
3	铁	μg/kg	≤10
4	铜	μg/kg	≤3
5	联氨	μg/kg	0
6	pH（CWT 工况）	1	8.0～9.0（加氧处理）
7	氢电导率（25℃）	μS/cm	≤0.15
8	钠	μg/kg	≤5
9	二氧化硅	μg/kg	≤20
10	氯离子	μg/kg	0

七、蒸汽参数

辅助加热用蒸汽、吹灰用蒸汽等相关蒸汽参数见表 2-12。

表 2-12 蒸 汽 参 数

序号	名称	单位	数值
(一)	辅助加热用蒸汽		
1	汽源(来源蒸汽管道)		7、8号锅炉侧辅助蒸汽联箱
2	压力	MPa	0.5～1.0
3	温度	℃	320～365
(二)	吹灰用蒸汽		
1	汽源(来源蒸汽管道)		空气预热器吹灰蒸汽
2	压力	MPa	1.8
3	温度	℃	280

八、厂用和仪用压缩空气参数

厂用和仪用压缩空气系统供气压力为0.6～0.8MPa，最高温度为50℃。

九、水源、电源参数

水源、电源参数见表2-13。

表 2-13 水源、电源参数

水源		电源	
工艺水压力/温度	0.5MPa/常温	中压交流	6kV(从主厂房来)
除盐水压力/温度	1.5MPa/常温	低压交流	220/380V
消防水压力	0.8～0.9MPa	直流	110V
生活水压力	0.3MPa		

第三节 工 艺 设 计

一、工艺系统及设计参数

根据设计要求需对嘉兴发电厂三期7、8号机组(2×1000MW)进行脱硝、除尘和脱硫改造。整个改造内容主要由以下部分组成：

(1) 脱硝改造：①低氮燃烧器燃烧调整或低氮燃烧器改造；②SCR脱硝装置改造。

(2) 除尘改造：①低低温静电除尘系统改造，包括增设管式GGH和低低温静电除尘器改造；②增设湿式静电除尘器，包括本体部分、水冲洗系统和废水预澄清系统。

(3) 脱硫改造：①吸收塔本体改造；②循环泵改造(含工艺水系统改造)；③增压风机改造。

(4) 烟气系统改造。

1. 脱硝改造

(1) 低氮燃烧器调整试验。在35%～100%BMCR负荷正常运行方式下，测试SCR入

口烟温、NO_x 含量、锅炉热效率及烟气量，以掌握目前锅炉的运行状况及 NO_x 排放水平。

在不同负荷下通过调整锅炉二次风量、一次风量、周界风风门开度、燃尽风风门开度及组合方式、二次风配风方式、煤粉细度等参数，密切观察 SCR 入口烟温及 NO_x 含量，尽量降低 SCR 入口处 NO_x 含量。

调整至最佳工况后，测试 SCR 入口烟温、NO_x 及锅炉热效率等相关参数。

调整试验要求在 50%THA 以上负荷保证 SCR 入口 NO_x 浓度不大于 250mg/m^3（干基，6%O_2，下同）；在 35%BMCR～50%THA 负荷下 SCR 入口 NO_x 浓度尽可能低。同时要求在各负荷下的燃烧调整对锅炉效率不会有较大影响。这样就不需要进行低氮燃烧改造。

（2）SCR 脱硝装置改造。经低氮燃烧系统调整后，锅炉出口 NO_x 浓度可控制在 250mg/m^3左右，考虑一定的裕量，SCR 脱硝装置按入口 NO_x 浓度 300mg/m^3设计，设计脱硝效率为 85%；SCR 出口 NO_x 浓度为 45mg/m^3。

为了充分利用原有催化剂的剩余活性，节约投资成本。若原有催化剂使用时间较短或者活性较高时，可以考虑保留原有两层催化剂，在第三层预留层上加装新的催化剂。若使用时间较长或活性较低时，可以联系专业厂家对催化剂进行再生，必要时对催化剂进行全部更换。

由于增加第三层催化剂，需在第三层催化剂上部增设声波吹灰器，声波吹灰器与原有声波吹灰器形式与布置协调一致。

本系统改造内容如下：

7 号机组催化剂：每台机组设 477.31m^3，每台反应器设 117 个模块，每台机组设 234 个模块，模块尺寸为 1906（L）×966（W）×1273（H）（催化剂单元高度 1180mm）。

8 号机组催化剂：每台机组设 376.43m^3，每台反应器设 117 个模块，每台机组设 234 个模块，模块尺寸为 1906（L）×966（W）×1273（H）（催化剂单元高度 1180mm）。

声波吹灰器：Powerwave™，DC－75 型，每台反应器 7 只，14 只/机组。本项目两台机组共 28 只。

2. 除尘改造

主要包括低低温静电除尘系统改造，包括增设管式 GGH 和低低温静电除尘改造（含高频电源改造）；以及增设湿式静电除尘器，包括本体部分、水冲洗系统和排水处理系统。

（1）低低温静电除尘系统改造。低低温静电除尘系统通过管式 GGH 烟气冷却器降低低低温静电除尘器入口烟气温度（一般降到酸露点温度以下），从而降低烟尘的比电阻，使低低温静电除尘器性能提高，达到提高除尘效率效果。低低温静电除尘技术可以有效防止电除尘器发生电晕，同时烟气温度降低后烟气量降低，烟气流速也相应减小，在低低温静电除尘器内的停留时间有所增加，低低温静电除尘装置可以更有效地对烟尘进行捕获，从而达到更好的除尘效果。另外，降低到酸露点温度以下的烟气中的 SO_3以 H_2SO_4的微液滴形式存在，可以吸附于烟尘并与烟尘一起收集至集尘板，从而除掉大部分的 SO_3。另外通过增设管式 GGH 加热器，提高净烟气的排放温度，减少烟气冷凝结露，提高烟气抬升力，促进烟气扩散，能有效地消除冒白烟现象，解决石膏雨问题，改善电厂周边环境质量。

1）增设管式GGH。管式GGH主要包括两级换热器（烟气冷却器和烟气加热器）、热媒辅助加热系统、热媒增压泵、热媒补充系统及附属管道、阀门、附件等。热媒介质采用除盐水，闭式循环，增压泵驱动，热媒辅助加热系统采用辅助蒸汽加热。

a. 烟气冷却器和烟气加热器。烟气冷却器每台机组共6台（根据进电除尘的通道数量决定冷却器的具体数量），布置在原干式静电除尘器入口前的水平烟道上，烟气冷却器进出口烟道截面外径尺寸（沿烟气流动方向）分别为ϕ4520（烟道壁厚为8mm）、4000mm×4200mm（烟道壁厚为6mm）。烟气加热器每台机组一台，布置在湿式静电除尘器出口后的烟道上，烟气加热器进出口烟道截面外径尺寸为9000mm×8300mm。

两级换热器换热管均为模块化布置。烟气冷却器尺寸为5.4m（L，不含前后喇叭口）×7m(W)×7m(H)，其中模块数为2×4，分高温段和低温段两段布置，换热管为螺旋翅片管，模块尺寸均为7m(L)×1.6m(W)×1.617m(H)。烟气加热器尺寸为6.6m（L，不含前后喇叭口）×12.5m(W)×16m(H)，其中模块数为3×12，分低温段、中温段和高温段布置。低温段换热管为裸管，模块尺寸为6.25m(L)×0.8m(W)×2.7m(H)，每个模块质量约为3t，整体吊装；中高温段换热管为螺旋形翅片管，模块尺寸为6.25m(L)×0.8m(W)×1.4m(H)。

烟气冷却器（含壳体、换热管等）选用ND钢材质；烟气加热器壳体选用国产316L材质；烟气加热器高温段换热管选用ND钢材质，烟气加热器中温段换热管选用国产316L材质，烟气加热器低温段换热管选用国产SA2205材质。

烟气冷却器由于布置于电除尘器前，烟尘含量相对较高，需要设置蒸汽吹灰器。每台烟气冷却器在进出口和两段换热管之间分别布置2台，共6台蒸汽吹灰器，本项目每台机组需36台，两台机组共72台。蒸汽吹灰器汽源从空气预热器蒸汽吹灰用蒸汽管道引接。

烟气加热器在低温段前设置离线水冲洗装置，用于停机时冲洗黏附在低温裸管段的烟尘和石膏等。

b. 热媒增压泵。两级换热器之间的换热通过闭式循环的热媒水实现，通过热媒增压泵驱动。循环热媒水量为1330t/h（100%BMCR工况）。系统设置热媒水旁路，通过调节热媒水流量将烟气冷却器出口的烟气温度控制在85.6℃，以满足低低温电除尘器入口烟气温度的要求。

主要设备及材料参数如下：

热媒增压泵：1463m^3/h，70mH_2O，电动机功率400kW，每台机组设2台，一用一备。

热媒循环管道：DN400，材质为20G。

c. 热媒辅助加热系统。低负荷下，为了保证烟气加热器出口烟气温度不低于80℃，需要设置热媒辅助加热系统。热媒辅助加热介质采用辅助蒸汽，辅助蒸汽从各机组辅助蒸汽联箱引接，蒸汽冷凝水进入锅炉启动扩容器。在75%THA和50%THA工况下，辅助蒸汽用量分别为11、19t/h。

热媒辅助加热器为管壳式，每台机组设1台。设计容量满足在50%THA工况下能使烟气加热器出口烟气温度达到80℃。

d. 热媒补充系统。当运行过程中管子泄漏或停机检修时需要疏放热媒水时，需要进

行热媒水补充，为此设置热媒补充水箱，容积 15m³，每台机组设 1 只，本项目共 2 只。

热媒水为闭式循环，正常运行状态不会进行热媒水的补充及疏放，为了防止长期运行时因结垢等问题带来热媒水的污染，设置加药罐，容积 1m³，每台机组设 1 只。

2）低低温静电除尘器改造。低低温静电除尘器的改造是在现有的干式静电除尘器上进行的改造。一方面，烟气通过烟气冷却器后温度降低到 85.6℃，烟气量下降，烟气在除尘器内的停留时间增加；另一方面，从目前燃烧煤种的飞灰比电阻测试来看，温度降低使飞灰比电阻下降。两者都会增加除尘效率。为了尽最大限度提高除尘效率，将原工频电源改造成为高频电源，可有效防止电场内反电晕的产生，在节电的同时可以提高除尘效率。由于烟气温度降低后灰的流动性变差，关键部位会产生结露爬电和腐蚀现象等，对灰斗和关键部位也进行相应的改造。改造后低低温静电除尘器出口烟尘浓度不超过 15mg/m³。

主要改造内容如下：

a. 内件常规检修、电控改造、设备改制等。壳体（包括进出口）强度、刚度校核，钢架稳定校核；阳极板整修；失效阴极线调换；极间距调整；振打杆调整；尘中轴承调换；电场内泄漏气流封堵；振打杆导轨阻流板调整；振打程序确认；门框修整；门体整修；密封条调换；密封调换施工。

b. 进口气流分布板。对烟气冷却器和低低温静电除尘器整体进行气流分布模拟实验核实气流分布情况；更换已损坏导流板，校正已变形分布板。在停机前和运行后对低低温静电除尘器的现场气流分布进行两次测试。

c. 强制热风吹扫装置。低低温静电除尘器所有绝缘件位置设置强制热风吹扫装置。强制热风吹扫装置主要由风机、电加热器及配管组成。强制热风吹扫装置安装于低低温静电除尘器顶部。

d. 灰斗。增设辅助蒸汽加热装置，辅助蒸汽从进入管式 GGH 热媒辅助加热器管道引接，拆除原有的电加热，所有灰斗全部采用蒸汽加热。保证全灰斗壁温不低于 120℃，蒸汽冷凝水进入锅炉启动扩容器。

e. 人孔门周边。为防止人孔门周边腐蚀，在人孔门周边黏衬 316L 不锈钢。

f. 高频电源改造。主要设备及材料如下：

高频电源（80kV/2A），每台机组配置 24 只；

风机（1.1kW），每台机组配置 3 台，全部工作无备用；

加热器，每台机组配置 3 台；

蒸汽管道，20G；

其他防腐及更换件。

（2）增设湿式静电除尘器。湿式静电除尘器通常布置在脱硫吸收塔后，可以有效去除烟气中的烟尘微粒、PM2.5、SO_3 微液滴、汞及除雾器后烟气中携带的脱硫石膏雾滴等污染物，是一种高效的静电除尘器。其主要工作原理是：将水雾喷向集尘板（有的技术方案也可将水雾喷至放电极），水雾在放电极形成的强大电晕场内荷电后分裂进一步雾化；电场力、荷电水雾的碰撞拦截、吸附凝并，共同对烟尘粒子起捕集作用，最终烟尘粒子在电场力的驱动下到达集尘极而被捕集。与干式电除尘器通过振打将极板上的灰振落至灰斗不同的是：湿式静电除尘器是将水喷至集尘极上形成连续的水膜，流动水将捕获的烟尘冲刷到灰斗中随水排出。由于没有振打装置，湿式静电除尘器除尘过程中不会产生二次扬尘，并且放电极被水浸润后，使得电场中存在大量带电雾滴，大大增加亚微米粒子碰撞带电的几率，大幅度提高亚微米粒子（烟气中的 SO_3 在 205℃以下时主要以 H_2SO_4 的微液滴形式存在，其平均颗粒的直径在 0.4μm 以下，属于亚微米颗粒范畴）向集电极运行的速度，可以在较高的烟气流速下，捕获更多的微粒。湿式静电除尘器可明显提高除尘和除 SO_3 效果。

本项目采用水平板式静电除尘器，在入口烟尘（含石膏）浓度为 $16mg/m^3$ 时，除尘效率为 70%，湿式静电除尘器出口烟尘浓度不大于 $5mg/m^3$。

湿式静电除尘器主要由本体部分、水冲洗系统和废水预澄清系统组成。

1）本体部分。湿式静电除尘器本体部分主要结构包括钢支架、壳体、阴极线及框架、阳极板、进口出口烟箱、灰斗、平台扶梯、内部配管及喷嘴，气流均布板等。

每台机组设 2 台两烟气室一电场的湿式静电除尘器，湿式静电除尘器本体尺寸为 5.8m（L，不含进出口烟箱）×39m(W)×13m（H），每台电除尘器通道数为 28 个，极间距为 300mm，阳极板高度为 10m，电场宽度为 4.19m，流速为 3.62m/s。喷嘴个数为每台机组设 1652 个，其中阳极板冲洗喷嘴为每台机组设 1568 个，阴极线冲洗喷嘴为每台机组设 48 个，气流均布板冲洗喷嘴为每台机组设 36 个。

湿式静电除尘器的壳体采用碳钢加鳞片防腐，鳞片防腐厚度为 2mm；阳极板（形式为沟槽型）、阴极线（形式为针刺线）及框架、喷嘴属于日本进口件，材质为 SUS316L；内部配管、气流均布板及内部平台扶梯均采用 SUS316L 材质，材料进口国内生产制作。

湿式静电除尘器采用高频电源，参数为 72kV/1.2A，每台机组设 8 台。

2）水冲洗系统。水冲洗系统由喷淋水系统和循环水处理系统组成，喷淋水系统通过选择适合的喷嘴类型和喷嘴孔径，并经过合理的管道布置和喷嘴布置，可以确保极板极线的清洗效果。循环水处理系统将喷淋收尘后的水进行加碱中和处理，经过滤后循环喷淋使用，使得排放水量降到最低值，实现了循环水利用的最大化。

湿式静电除尘器喷淋水系统由阳极板喷淋管路、阴极线冲洗管路和气流均布板冲洗管路三部分组成。阳极板喷淋管路是在湿式静电除尘器正常工作状态下连续喷淋，主要清除阳极板收集的粉尘和吸收 SO_3 雾滴，其分为两条供水支路，一条来自补充水箱，另一条来自循环水箱。阴极线冲洗管路和气体均布板冲洗管路主要是清除阴极线和气体均布板上的粉尘，其供水来自补充水泵。喷淋水系统中收集粉尘的喷淋水汇集到灰斗内，通过管道分别流入循环水箱和排水箱。

湿式静电除尘循环水处理系统主要包括循环水箱、循环水泵、自清洗过滤器、补充水箱、补水泵、排水箱、排水泵、碱储罐及碱计量泵等。

进入排水箱的废水 pH 为 2～5，为了达到循环利用和排放标准，配置了碱储罐和加碱装置，排水箱中的水经过加碱中和后，通过排水泵输送至废水预澄清系统使用，循环水箱的水经过中和处理后，作为湿式静电除尘器的喷淋水循环使用。

喷淋水循环使用一段时间后，水中固体含量增加，为保证除尘效果，需将部分废水排至废水预澄清系统，排水量为 $39m^3/h$。

主要设备如下：

给水箱：直径4.4m、高4m，搅拌器功率11kW，每台机组1台，两台机组公用1台。

循环水箱：直径4.4m、高5m，搅拌器功率11kW，每台机组1台。

排水箱：直径4.4m、高4m，每台机组1台。

碱储罐：$40m^3$，每台机组1台，两台机组公用2台，一用一备。设计容量满足两台机组7天用量的要求。

补水泵：$50m^3/h$，80m，电动机功率22kW，每台机组2台，一用一备。

循环水泵：$96m^3/h$，87m，电动机功率55kW，每台机组2台，一用一备。

排水泵：$43.5m^3/h$，36m，电动机功率11kW，每台机组2台，一用一备。

卸碱泵：$25m^3/h$，20m，电动机功率3kW，两台机组公用2台，一用一备。

碱计量泵：$0.24m^3/h$，70m，电动机功率0.37kW，每台机组4台，二用二备。

潜水排污泵：$4m^3/h$，30m，电动机功率0.75kW。两台机组公用2台，一用一备。

安全淋浴器：两台机组公用1只。

自动清洗过滤器：0～100t/h，每台机组1只。

3）废水预澄清系统。湿式静电除尘器外排废水采用预澄清器进行处理，上排液含固率不大于500mg/L，溢流进入除雾器冲洗水箱后作为除雾器冲洗水使用；下排液通过废水底泥输送泵送至脱硫区域浆池。预澄清器采用中心驱动，刮板浓缩（手动调节高度），壳体采用鳞片树脂防腐。

主要设备如下：

预澄清器（带刮泥机）：$\phi 9\times 6m$（直段高度），3台/两台机组，两用一备。

除雾器冲洗水箱：$\phi 5\times 5m$，搅拌器功率11kW，每台机组1只。

除雾器冲洗水泵：$130m^3/h$，55m，电动机功率45kW，每台机组2台，一用一备。

废水底泥输送泵：$4m^3/h$，20m，电动机功率2.2kW，每台机组2台，一用一备。

湿式静电除尘区域浆液泵：$30m^3/h$，15m，电动机功率7.5kW，每台机组2台，一用一备。

湿式静电除尘区域浆池，3m×3m×3m，每台机组1只。

3. 脱硫改造

通过对新增循环泵和原有吸收塔及循环泵改造，使脱硫效率达到98%，保证烟囱出口SO_2浓度不超过$35mg/m^3$。改造后，原有脱硫增压风机的出力不能满足要求，需要对原脱硫增压风机进行改造。

（1）吸收塔本体改造。拆除原有的三层喷淋母管及支撑梁，将第二、三层标准型喷淋母管及喷嘴改为交互式喷淋系统；原第一层循环泵增加扬程后与原第二层循环泵构成第一层交互式喷淋系统；与原第三层循环泵构成第二层交互式喷淋系统。

在第一层喷淋母管拆除后留下的空间新增设一层合金托盘及支撑梁，与原有的一层托盘构成双托盘系统；同时安装吸收塔增效装置。双托盘交互式喷淋系统改造示意图如图2-1所示。

主要改造内容如下：

喷淋母管（交互式），材质为玻璃钢（FRP），每台机组设2套；

喷嘴，口径4″，材质为碳化硅（SiC），每台机组设600个；

吸收塔增效装置，国产316L，组合装置，每台机组设1套。

其他连接紧固件、支撑件及防腐等；

原有相关部件拆除。

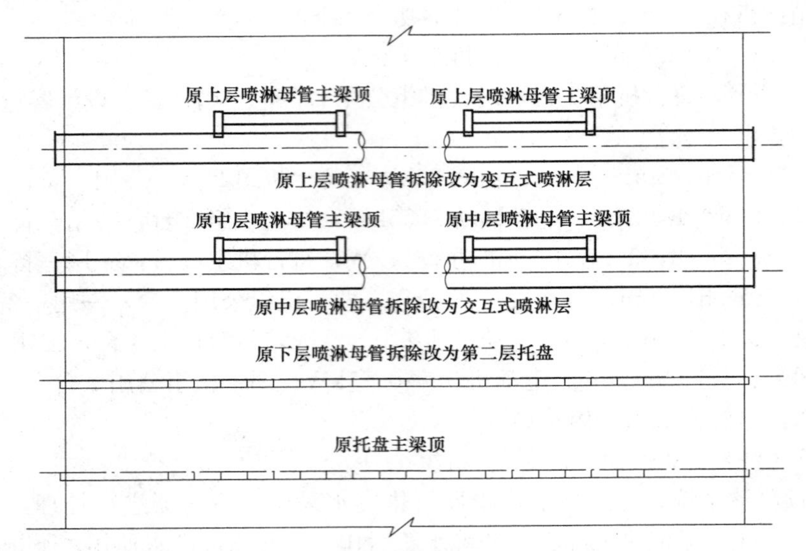

图 2-1　双托盘交互式喷淋系统改造示意图

(2) 循环泵改造（含工艺水系统改造）。在现有浆池容积条件下，尽可能增大循环泵流量，现有的三层循环泵流量由 11 000m³/h 增大至 11 400m³/h。为此需更换原有循环泵叶轮，第一层循环泵电动机功率不能满足要求，需由 1120kW 改为 1250kW，原第二、三层循环泵电动机满足要求，可不更换。同时每台机组增加 1 台备用循环泵。

主要设备如下：

新增循环泵：11 400m³/h，27.7m，电动机功率 1400kW，LC900/1150II，每台机组设 1 台。

循环泵电动机更换：原 1100kW 更换为 1250kW，每台机组设 1 台。

叶轮更换：原有循环泵叶轮需更换，每台机组设 3 台。

工艺水泵，200m³/h，55m，电动机功率 45kW，每 2 台机组设 2 台，2 台机组公用，一用一备。

(3) 增压风机改造。改造后，现有增压风机已不能满足新的工况要求，需对原有脱硫增压风机扩容改造，原脱硫增压风机为成都电力机械厂生产的 TA19036－5Z 型静叶可调轴流风机，每台机组配 2 台脱硫增压风机，并联运行。

改造后的增压风机出力需满足系统改造后的要求，主要参数为：风机全压 6300Pa（TB），5336Pa（BMCR）；风机流量 2 140 342m³/h（TB）、2 305 566m³/h（BMCR）；电动机功率 5100kW。

主要改造内容如下：

本体更换件：风机本体、大集流器、小集流器（含失速探针）、前导叶装配、前导叶芯筒、机壳装配（含测振座板）、叶轮、活节装配、扩压器、出口膨胀节、冷风管路及润滑管路、电动机侧联轴器；主电动机及配套设备、轴承测温装置、轴承测振探头、风机隔声装置用保温钩钉及部分仪控设备。

本体利旧件：进口膨胀节、进气箱、扩轴管、中间轴、风机侧联轴器、冷却风机及电动机、主轴承箱、电动机润滑油站、电动执行机构、失速报警差压开关、轴承测震装置、仪表箱、风量风压测量装置、失速探针。

4. 烟气系统改造

(1) 烟道及附属设备。每台机组需改造一套烟气系统，主要包括：从锅炉吸收塔后烟道引出的烟气，通过湿式静电除尘器，在湿式静电除尘器本体内除尘净化，经管式 GGH 烟气加热器加热后，再接入主体烟道经烟囱排入大气。

由于增设管式 GGH，需拆除和增加部分烟道满足管式 GGH 烟气冷却器的布置要求。

考虑到湿式静电除尘器等设备的单侧隔离检修要求，在湿式静电除尘器进口和管式 GGH 加热器出口各增设一挡板门。

若机组配置没有增压风机（一般脱硝改造时引风机与增压风机采用合二为一都取消了增压风机），根据系统要求需对引风机进行改造，以满足系统阻力要求。

(2) 烟道除雾装置。为了降低烟气中进入烟气加热器的雾滴含量，在湿式静电除尘器后水平净烟道处增加烟道除雾装置。

该烟道除雾装置为斜板立置式，材质 316L，主要由贴壁框架、除雾斜挡板、加强连板、集液排放槽和与烟道内壁间的连接紧固件等构成，是贯穿烟道横截面且布置在烟道底部区域的一种斜板式格栅装置，其外形尺寸为 2000mm×8300mm。

主要设备如下：

烟道：碳钢＋玻璃鳞片防腐。

织物补偿器：21 套/机组，其中 9 套需防腐（13m×7.6m，4 套；8.3m×9.6m，5 套），常规补偿器 12 套（4.2m×4.2m，6 套；ϕ4.2，6 套）。

烟道除雾装置：每台机组设 1 套。

二、辅助设施与其他

（一）检修起吊设施

改造范围内设置的检修起吊设施见表 2－14。

表 2－14　　检修起吊设施

设备名称	数量	形式	容量/起吊高度	备注
增压风机转子检修起吊改造	4 个	电动行走、电动提升	15t/16m	若无增压风机则不需要
高频电源检修起吊设施	2 套	电动行走、电动提升		1 套/机组
循环泵检修单轨吊	2 个	电动行走、电动提升	15t/10m	

（二）保温油漆及隔音

保温与油漆设计遵循 DL/T 5072—2007《火力发电厂保温油漆设计规程》。

1. 保温

需要设计保温的区域的标准为：

(1) 外表面高于 50℃需要减少散热损失的。

(2) 要求防冻、防结露、防冷凝设备管道。

(3) 工艺生产中不需保温，但外表面温度超过 60℃，需要防烫伤的区域。

改造后需要保温的有：所有烟道、管式 GGH 烟气冷却器和烟气加热器、湿式静电除尘器本体、低低温电除尘灰斗、管道及闭式箱罐。

本工程保温材料采用岩棉。

2. 油漆

底漆采用环氧富锌漆，中间漆采用环氧云铁漆，面漆采用聚氨酯漆。

3. 隔音

所有设备最大噪音不大于 85dB（A）（距离设备 1m 处）。

（三）防腐材料

防腐材料主要有鳞片树脂、橡胶、不锈钢或合金钢或耐硫酸钢等。不同防腐材料的使用部位见表 2－15。

表 2－15　　防腐材料及使用部位

防腐材料	使用部位
鳞片树脂	吸收塔出口至烟囱段烟道、预澄清器、湿式静电除尘器壳体（含进出口烟箱）、除雾器冲洗水箱等
橡胶内衬	碱储罐、废水管道、需要防腐的阀门等
FRP	湿式静电除尘器给水箱、循环水箱和排水箱，湿式静电除尘器壳体等
不锈钢、合金钢或耐硫酸钢	烟气加热器和烟气冷却器的壳体及换热管、低低温静电除尘灰斗人孔门、托盘、泵体与腐蚀流体接触的过流部件、净烟道上的测量管座等

1. 钢结构、平台和扶梯

本项目主要钢结构是增设的湿式静电除尘器和管式 GGH 的设备支撑钢结构和支架。

所有设备检修和维护平台、扶梯采用钢结构。尽量不采用直爬梯。

同一平台不同荷重的特定区域应作上永久标记。设计时要考虑系统与设备的热膨胀，以及平台、扶梯和栏杆协调性（如形式、色彩等）。

2. 管道及附件、阀门

管道设计时应选用恰当的管材及附件、阀门等。

工艺水及除盐水采用碳钢管，湿式静电除尘器循环水、排水处理管道等采用衬胶防腐，碱液管道采用 304 不锈钢，蒸汽管道采用 20G。

工艺水、除盐水及蒸汽管道所用阀门为普通碳钢，脱硫浆液、湿式静电除尘器废水管道采用衬胶阀门，碱液管道上阀门采用不锈钢材质。

第四节　电气、仪控设计

一、电气部分

（一）电气接线形式选择

超低排放改造电气接线形式的合理与否，对整个电厂工作的可靠性有很大影响。因此，超低排放改造电气接线形式的选择应保证供电的连续性和可靠性，又不能影响电厂的正常运行。

电气接线形式的选择除了应满足正常运行时的安全、可靠、灵活、经济和维护方便等一般要求外，尚应满足以下要求：

（1）尽量缩小超低排放改造电气系统故障时的影响范围，以免影响厂用电系统；以便改造的电气系统故障时，能尽快切除故障点。

（2）应充分考虑电厂正常、事故、检修等方式，以及启停机过程中的供电要求。

（3）若有备用电源应尽量保证其独立性，引接处应保证有足够的容量。

1. 6kV 厂用电系统

目前，我国 300MW 及以上容量机组的厂用高压母线电压一般均采用 6kV。正常运行时的厂用电由高压厂用变压器供电，其高压侧电源从发电机一变压器组之间连接。机组启停和正常工作的备用电源由启动备用变压器供电，其电源由 220kV 升压站母线供电。6kV 厂用电母线有备用电源自动投入装置，当高压厂用变压器运行中因故障跳闸而使 6kV 厂用母线失电时，启动备用变压器能瞬时自动切换投入运行。另外，当高压厂用变压器的 6kV 开关、封母需要临时检修消缺时，也可通过手动切换，使备用电源投入，不影响机组的正常运行。

6kV 厂用工作母线设两段独立母线，重要辅机分别接在两段母线上，避免由于任一段母线故障时造成机组停运。

2. 380V 厂用电系统

低压厂用电系统的母线电压采用 380V。380V 厂用母线设若干段独立的单母线，其工作电源分别由 6kV 变压器供电，电源分别从不同的 6kV 母线上引接。

（二）湿式静电除尘器电气主接线

湿式静电除尘器低压段电源的引接有两种形式：①增加湿式静电除尘器变压器，电源取自主厂房高压母线；②新增的用电负荷利用原有间隔或者拼接新间隔。形式①低压系统采用 PC（动力中心）、MCC（电动机控制中心）两级供电方式。一台机组设 2 台湿式静电除尘器变压器，互为备用，为所有的超低排放低压负荷供电。低压 PC 采用单母线分段，设 380/220V 湿式静电除尘器 A、B 段，由 2 台低压干式变压器低压侧供电。380/220V 湿式静电除尘器 A、B 段之间设母联开关。2 台湿式静电除尘器变压器分别接于主厂房 6kV A、B 段上。380V 系统为高阻接地系统，220V 系统为直接接地系统。

形式①比较灵活，在主体工程与超低排放改造不同期设计时优势更明显，与主厂房设计接口简单，制约性较小；其次，对于已建成的电厂，在设计初期未考虑超低排放改造工程，没有预留足够的间隔情况下，考虑单独增设湿式静电除尘器变压器。当然，主厂房高压母线需有湿式静电除尘器变压器电源开关间隔。与超低排放同时设计的电厂同样可以采用形式①。

形式②省去了湿式静电除尘器变压器，但是新增负荷直接接在已有母线下面。因此，在间隔足够或者拼柜可行的情况下此方案可行。形式①、形式②都必须在高厂变容量核算足够的前提下才能实施，且形式②还需考虑原有低压变压器容量是否足够。

（三）事故保安电源

根据超低排放改造低低温及湿式静电除尘器除尘工艺特点，湿式静电除尘系统的一些负荷如湿式静电除尘器进口及管式 GGH 烟气加热器出口挡板、湿式静电除尘系统 DCS

柜、湿式静电除尘系统仪表柜、湿式静电除尘电梯等在厂用电中断时，为确保设备的安全停机，仍需继续供电，因此需要保安电源。由于超低排放改造新增的保安负荷数量不多且全部为馈线负荷，根据现场实际情况，建议不新增湿式静电除尘系统专用保安段母线。将新增的保安负荷接在380V保安段上或者380V脱硫保安MCC上。

（四）直流系统

超低排放改造湿式静电除尘器布置于脱硫吸收塔出口烟道上，距离脱硫系统较近。湿式静电除尘系统不单独设置110V直流系统，改造中380V湿式静电除尘段母线直流控制及仪表、继电器电源取自本机及邻机脱硫110V直流母线备用间隔，其中本机直流电源作为主电源使用，邻机直流电源作为备用电源用。

（五）UPS（不停电电源系统）

湿式静电除尘系统DCS柜、湿式静电除尘系统仪表柜备用电源取自交流不停电电源系统，电压220V。由于只需要两路UPS电源，因此超低排放改造不再新增UPS（不停电电源系统），湿式静电除尘系统DCS柜、湿式静电除尘系统仪表柜备用电源取自本机脱硫UPS（不停电电源系统）备用间隔。

二、仪控部分

（一）改造及设计范围

超低排放改造项目改造范围包括脱硝增效系统、脱硫增效系统和除尘增效系统。

1. 脱硝增效系统

脱硝增效系统主要是加装的催化剂层声波吹灰器控制系统。

原SCR脱硝系统由浙江天地环保工程有限公司EPC总承包，采用选择性催化还原（SCR）技术。烟气从省煤器引出，一台锅炉配置2个反应器，经过脱硝后，烟气接入空气预热器。配有烟气系统、SCR反应器吹灰系统、液氨存储及蒸发系统、氨稀释及喷射系统等。原SCR脱硝系统按照入口NO_x浓度为450mg/m^3，脱硝效率为80%进行设计。SCR脱硝装置出口NO_x浓度保证不大于90mg/m^3。脱硝SCR反应器及烟道布置在嘉兴发电厂锅炉外侧，一、二次风机及其烟道上方。氨区布置在厂区南侧区域。

鉴于锅炉低氮燃烧器运行情况较为理想，SCR入口的NO_x浓度基本控制在300mg/m^{3}以下，考虑一定的裕量，SCR脱硝装置按入口NO_x浓度330mg/m^{3}设计，设计脱硝效率为87%。改造后SCR出口NO_x浓度降低到45mg/m^{3}以下。

为了充分利用原有催化剂的剩余活性，节约投资成本，此次超低排放改造保留原有两层催化剂，在第三层预留层上加装新的催化剂。

为了减少催化剂上的积灰，防止催化剂堵塞，对于新增的第三层催化剂，需在第三层催化剂上部增设声波吹灰器。此次超低排放改造脱硝系统也需采用声波吹灰器对催化剂进行定期吹扫，声波吹灰器与原有声波吹灰器形式与布置协调一致。

原脱硝工程设计每个反应器配供14台声波吹灰器，每层催化剂对应7个声波吹灰器，现针对每个反应器第三层催化剂新增7个声波吹灰器，参与吹扫。

2. 脱硫增效系统

脱硫增效系统主要是新增浆液循环泵的控制系统；因新增湿式静电除尘引起的原脱硫烟道上的热控测点进行移位。

通过采取改造现有吸收塔浆液循环泵来提高液气比、增设托盘来强化气液传质等技术措施，提高脱硫系统性能，主要包括吸收塔本体改造、吸收塔浆液循环泵改造、部分烟道的拆除等工作内容，其中，吸收塔本体改造没有控制设备的变化，热控角度不予以考虑。

（1）吸收塔浆液循环泵改造。在现有浆池容积条件下，尽可能增大吸收塔浆液循环泵流量。原有3台吸收塔浆液循环泵计划不变，由于原有第一层吸收塔浆液循环泵的扬程有所变化，因此需进行改造。经确认，第一台吸收塔浆液循环泵叶轮需更换，同时第一层吸收塔浆液循环泵电机功率不能满足要求，需由630kW改为710kW。原第一层吸收塔浆液循环泵的减速机需要更换。热控方面配合设计更改，取消了原第一层吸收塔浆液循环泵油泵的控制信号，包括启动、停止指令，投运、停运、就地控制、控制电源消失、油压低等反馈信号，脱硫DCS相应的通道改备用。

另外新增加一台吸收塔浆液循环泵（流量7400m^3/h，扬程24.1m，电动机功率900kW）。参照原来3台吸收塔浆液循环泵的配置，增加了进口阀、出口阀、进口疏放阀，循环泵本身配置电动机线圈温度3个、电动机轴承温度4个、泵轴承温度4个，共计11个温度测点。

超低排放改造后，脱硫系统配置4台浆液循环泵，在正常工况下，3台循环泵投入运行，1台循环泵选作热备；当其中1台工作浆液循环泵故障停运时，自动投入已选为热备用的浆液循环泵。

（2）部分烟道的拆除。将干式电除尘进口、吸收塔出口烟道等烟道拆除，主要涉及相应热控测点进行移位，主要包括吸收塔出口烟温3个、吸收塔出口压力1个、吸收塔进口烟温1个、喷淋后烟气温度4个等。

3. 除尘增效系统

除尘增效系统主要是增加湿式静电除尘器、增加管式GGH、低低温电除尘改造。

（1）增加湿式静电除尘器。布置在脱硫吸收塔后烟道上的湿式静电除尘器，是一种高效的静电除尘器，可以有效去除烟气中的烟尘微粒、PM2.5、SO_3微液滴、汞及烟气中携带的脱硫石膏雾滴等污染物。本改造项目采用水平板式湿式静电除尘器，主要有本体部分、水冲洗系统和废水预澄清系统组成。

1）湿式静电除尘器本体。湿式静电除尘器本体部分主要结构包括钢支架、壳体、阴极线及框架、阳极板、进出口变径段、灰斗、平台扶梯、内部配管及喷嘴、气流均布板等。每台机组设两台共用一电场的湿式静电除尘器，设计时考虑对阳极板、阴极线及气流均布板的冲洗。湿式静电除尘器采用高频电源，参数为72kV/1.2A，每台机组设8台。

湿式静电除尘器本体控制设备主要就是高频电源所带的控制系统，清单如下：

80HDE61GT0011；8号锅炉湿式静电除尘高频电源A1。

80HDE62GT0011；8号锅炉湿式静电除尘高频电源A2。

80HDE63GT0011；8号锅炉湿式静电除尘高频电源A3。

80HDE64GT0011；8号锅炉湿式静电除尘高频电源A4。

80HDE65GT0011；8号锅炉湿式静电除尘高频电源B1。

80HDE66GT0011；8号锅炉湿式静电除尘高频电源B2。

80HDE67GT0011；8 号锅炉湿式静电除尘高频电源 B3。

80HDE68GT0011；8 号锅炉湿式静电除尘高频电源 B4。

湿式静电除尘高频电源采用电除尘上位机与高频电源柜通信方式控制，在集控室电除尘上位机画面上，既可以完成远方启停操作和运行状态显示，又可根据安装在烟囱上的烟尘仪数据实现闭环控制，保证脱硫出口净烟气烟尘浓度在 5mg/m^3 以下。同时，为了保证湿式静电除尘高频电源的控制可靠性，湿式静电除尘 PLC 对每个高频电源配置启停控制指令和故障反馈信号的硬接线回路。

2）水冲洗系统。湿式静电除尘水冲洗系统控制设备就是喷淋水系统的喷淋水阀，循环水系统的湿式静电除尘循环水箱、湿式静电除尘循环水泵、湿式静电除尘自清洗过滤器、湿式静电除尘工艺水箱、湿式静电除尘工艺水泵、湿式静电除尘喷淋回水箱、湿式静电除尘喷淋回水箱排污泵、湿式静电除尘碱储罐及湿式静电除尘加碱泵等，主要就是喷淋水系统和循环水处理系统的水泵、电动阀、搅拌机等。为了加强各路喷淋水和冲洗水的流量监控和消耗统计，设置了流量测点；为了加强循环水系统的水质检测和判断，对湿式静电除尘循环水箱、湿式静电除尘喷淋回水箱设置了双 pH 测点，对循环冲洗水设置了浊度测点；此外对湿式静电除尘循环水箱、湿式静电除尘工艺水箱、湿式静电除尘喷淋回水箱、湿式静电除尘碱储罐等箱罐设置必要的液位检测，对湿式静电除尘循环水泵、湿式静电除尘工艺水泵、湿式静电除尘阴极线冲洗水泵等设置必要的压力检测。

（2）增加管式 GGH。管式 GGH 主要包括两级换热器（烟气冷却器和烟气加热器）、热媒辅助加热系统、热媒循环系统及附属管道、阀门、附件等。热媒介质采用除盐水，热媒水由热煤水泵驱动，热媒辅助加热系统采用辅助蒸汽加热。主要分烟气冷却器和烟气加热器、热媒水循环系统、热媒水辅助加热系统和热媒水补充系统。

管式 GGH 系统控制设备及仪表主要是烟气冷却器和烟气加热器进出口水阀、旁路调节阀、水温、流量和烟道进出口压力、温度；烟气冷却器吹灰系统的蒸汽总阀、调节阀、吹灰器和蒸汽压力温度、疏水温度；热媒水循环系统的热媒水泵、进出口水阀和相关热工测点；热媒水辅助加热系统的加热蒸汽进口阀、调节阀、疏水阀及相关热工测点；热媒水补充系统的工艺水泵、出口阀及相关热工测点；热媒水的水质检测设置热媒水 pH 计测点。

（3）低低温电除尘器改造。低低温电除尘器的改造主要是改造现有的干式静电除尘器。由于烟气温度降低后灰的流动性变差，关键部位会产生结露爬电和腐蚀现象等，对灰斗和关键部位也进行相应的改造。改造后低低温电除尘器出口烟尘浓度不大于 15mg/m^3。其中跟热控相关的工作主要是增设灰斗蒸汽加热系统，由于设计考虑蒸汽阀需长期保持开位，对应 4 个干式电除尘灰斗蒸汽进口阀采用手动阀，32 个灰斗温度在 CRT 显示。

（二）控制方式及水平

根据 GB 50660—2011《大中型火力发电厂设计规范》及 DL/T 5196—2004《火力发电厂烟气脱硫设计技术规程》的要求，本工程热工自动化水平宜与机组的自动化控制水平相一致。热工自动化设计着重以保证装置安全、可靠、经济适用的原则出发，在切实可行的基础上采用已经在同类系统中证明可靠的新设备和新技术，以满足各种运行工况的要求，确保脱硫系统安全、高效运行。

1. 热工自动化设计实现的热工自动化功能

(1) 数据采集和处理系统（DAS）。对现场工艺过程参数和设备状态进行连续采集和处理，以便及时向运行人员提供有关的运行信息，实现整套装置安全经济运行。

数据采集和处理系统（DAS）的基本功能包括数据采集、数据处理、屏幕显示、参数越限报警、事件顺序记录、操作员记录、性能与效率计算和经济分析、打印制表、屏幕拷贝、历史数据存储和检索等。

(2) 模拟量控制系统（MCS）。模拟量控制系统（MCS）能满足装置在不同负荷阶段中安全经济运行的需要，具有在装置事故及异常工况下连锁保护协调控制的措施。

(3) 顺序控制系统（SCS）。顺序控制系统（SCS）能满足装置的连锁保护和启停控制，实现装置在事故和异常工况下的控制操作，保证装置安全。对需要经常进行有规律性操作的辅机系统以及一些主要阀门的开闭控制由顺序控制系统（SCS）来完成，实现功能组或子组级的控制。

(4) 热工保护及热工报警。

1) 热工保护。对重要的保护系统设置独立的I/O通道，并有电隔离措施；冗余的I/O信号采用不同的I/O模件引入。

2) 热工报警。热工报警由DCS中的报警功能完成，可以对任一输入过程变量或计算值进行限值检查，按时间顺序以及优先级显示和打印报警。

热工报警项目主要包括以下内容：

a. 工艺系统主要热工参数偏离正常运行范围。

b. 热工保护动作及主要辅机设备故障。

c. 辅助系统故障。

d. 热工控制设备故障。

e. 热工电源、气源故障。

f. 主要电气设备故障等。

(5) 与机组DCS的信号交换。为了保证装置与主机协调控制，减少装置对机组运行的影响，机组控制系统与PLC控制系统之间涉及连锁保护的信号均采用硬接线方式。其他信号采用控制系统联网通信方式进行交换。

2. 超低排放控制实现

超低排放改造项目不设单独的运行人员监控室，DCS操作员站及工程师站等设备利用电厂原有设备。

湿式静电除尘系统PLC工程师站布置在脱硫工艺楼的工程师室内。

湿式静电除尘系统PLC机柜就近设在原脱硫工艺楼的热控电子室。

(1) 脱硝系统。加装的催化剂层的声波吹灰器I/O点，以利用原主机DCS脱硝控制器备用点的方式，纳入到脱硝系统进行控制，并实现运行人员通过集控室内DCS操作员站完成对上述设备的启/停控制、正常运行的监视和调整以及异常与事故工况的处理和故障诊断。

超低排放改造后脱硝系统的吹灰，按每台机组42个声波吹灰器整体运行。

(2) 脱硫系统。新增浆液循环泵改造的I/O点，以利用原主机DCS脱硫控制器备用点为基础，在原机柜备用插槽新增卡件为补充的方式，纳入到脱硫系统进行控制，并实现运行人员通过集控室内硫灰操作员站完成对上述设备的启/停控制、正常运行的监视和调整以及异常与事故工况的处理和故障诊断。

(3) 除尘系统。管式 GGH 系统配套 DCS 机柜布置在原三期除灰控制楼的电子室内。管式 GGH 等系统、湿式静电除尘废水排放系统，由于相对是新增系统，此次改造设置一套独立的 DCS 控制站，作为一个独立的节点，纳入对应机组 DCS 控制，实现运行人员通过集控室内硫灰操作员站完成对上述设备的启/停控制、正常运行的监视和调整、以及异常与事故工况的处理和故障诊断。

湿式静电除尘器采用 PLC 控制，重要信号（主机 MFT、脱硫系统运行、烟尘浓度、吸收塔出口烟温、机组负荷等）与 DCS 采用硬接线方式通信；PLC 柜布置在三期脱硫工艺楼的脱硫电子室，柜内配置交换机；湿式静电除尘高频电源光缆通信至湿式静电除尘 PLC 柜内交换机，然后汇总通信至集控楼 4 楼电子室内的电除尘交换机柜，最终在集控室电除尘上位机监控，硫灰运行人员对整个湿式静电除尘工艺系统设备完成控制和操作。电除尘上位机操作系统 Windows7，安装使用的监控软件是 iFix5.5。控制系统功能包括数据采集和处理（DAS）、模拟量控制（MCS）、顺序控制及联锁保护（SCS）。

湿式静电除尘高频电源是通过其网络箱直接与电除尘上位机通信的，上位机画面上可以通过这种 MODBUS 通信方式对高频电源进行启停操作和信号反馈。

(4) 低低温静电除尘器改造，由于设计考虑蒸汽阀需长期保持开位，对应 4 个干式电除尘器灰斗蒸汽进口阀采用手动阀，主要控制设备是灰斗温度，我们沿用原来的灰斗温度显示模式：32 个灰斗温度信号（PT100）送机组 DCS 电除尘控制器，在集控室硫灰上位机上显示。

(5) 烟气监测系统。原脱硝系统出口采用的是 Rosemount X 系列的 NO_x 分析仪，于 2013 年投运，到目前为止，系统能够运行稳定可靠。

原脱硫系统出口采用的是 ABB AO2000 系列的 SO_2 和 NO_x 分析仪，于 2008 年投运，按有旁路脱硫运行方式做的选型，到目前为止，系统能够运行稳定可靠。

当前安装的脱硝系统净烟气 CEMS 的 NO_x 分析仪和脱硫系统净烟气 CEMS 的 SO_2 和 NO_x 分析仪，均能满足了 HJ/T 75—2007《固定污染源烟气排放连续监测系统技术规范（试行）》和 HJ/T 76—2007《固定污染源烟气排放连续监测系统技术要求及检测方法（试行）》的排放要求选型；但在当前国家环保规范 HJ/T 75—2007、HJ/T 76—2007 要求的量程绝对误差（$\leqslant$6ppm，折算成标态下 SO_2 约 17.14mg/m^3，折算成标态下 NO_2 约 12.32mg/m^3）下，由于超低排放要求监测的测量范围更小，对工艺过程监测仪表的准确性、稳定性将提出更高要求。

因此本项目考虑对原有脱硫出口分析仪改用低量程、测量精度更高的分析仪表。以往传统的粉尘仪采用的是光散射法，测量量程 0～100mg/m^3、精度不大于±1%，将无法满足超低排放烟囱出口不大于 5mg/m^{3}的粉尘测量要求，需对超低排放监测用的粉尘仪进行重新选型，要求测量量程更小，测量精度更高的粉尘仪。

(6) 电源。脱硝系统：新增声波吹灰器电磁阀供电从原脱硝系统热控电源柜供电。

除尘系统：本次改造新增热控电源柜，接受 380V AC（三相四线）电源双回路供电，一路来自脱硫 UPS，另一路来自脱硫保安段，配双电源自动切换装置，供电范围：主要为湿式静电除尘器及其废水、预澄清器系统和管式 GGH 相关电动执行机构供电。

脱硫系统：脱硫改造部分增加的相关电动执行机构从原脱硫热控电源柜备用空开供电。

(7) 场景监视系统。本项目改造将为7、8号机组设置8个监视点、新增1台8通道硬盘录像机，其中新增硬盘录像机以扩展方式接入在原7、8号机硬盘录像机，接入原脱硫场景监视系统，最终在集控室实现监视。

（三）控制策略

1. 管式GGH系统

管式GGH系统，其换热形式为两级烟气-水换热器，它由烟气冷却器和烟气加热器组成。管式GGH通过热媒水将锅炉原干式电除尘器入口的烟气热量传递给湿式静电除尘器出口的低温烟气，实现烟囱入口烟气的升温使其达到烟气露点温度以上，解决烟囱出口冒白烟和石膏雨现象。热媒水采用除盐水、闭式循环、由热媒水泵驱动。机组低负荷下，为了烟囱入口烟气温度不低于露点温度，设置有热媒水蒸汽加热系统，利用辅助蒸汽加热热媒水，以提高烟气加热器入口水温。

烟气冷却器和烟气加热器之间的热量传递通过闭式的管式GGH热媒水实现，热媒水由热媒水泵驱动，流量为1330t/h（100%BMCR工况），热媒水泵一用一备。通过烟气冷却器的进水调节阀和热媒水旁路调节阀，调节热媒水流量将烟气冷却器出口的烟气温度控制在85～95℃之间，使干式电除尘器不结露又提高了除尘效率。

GGH系统中，主要的控制通过调节阀来实现，它们分别为烟气冷却器入口热媒水旁路调节阀、烟气冷却器入口热媒水调节阀、热媒水加热蒸汽调节阀，这些调阀的控制策略及其控制效果，将直接影响低低温电除尘器的除尘效率、材料防腐性能和出口烟气的去白烟效果。

(1) 烟气冷却器入口热媒水旁路调节阀。

1) 设计策略：冷却器热媒水旁路调节阀，作为烟气冷却器的第一道调节控制，主要是控制烟气冷却器所能做到的最大吸热量（冷却器入口热媒水调节阀全开的时候烟气冷却器达到最大吸热量）。其开度设定需要满足：

a. 满负荷时冷却器热媒水旁路调节阀全关，能将烟气冷却到当前烟气露点温度（设计值暂定为94°）以下。

b. 最低负荷时冷却器（冷却器A、B、C通道进水调节阀全关，单走该调节阀旁路）能使烟气温度保持在烟气过腐蚀点（设计值85.6℃）以上。

测量值PV：烟气冷却器出口烟温。

设定值SP：操作人员选择手动设定SP或自动设定SP。

2) 策略优化：由于烟气冷却器入口热媒水调节阀的控制对象也是冷却器出口烟温，为免出现烟气冷却器入口热媒水调节阀和冷却器热媒水旁路调节阀出现“打架”现象，在改造初期，我们建议冷却器热媒水旁路调节阀根据负荷以$f(x)$形式确定其调节策略。这样，把该阀定位为对烟气冷却器出口烟温的粗调设备。

在调试期间，日本专家曾提出，为保证管式GGH烟气加热器的传热效率，要以该阀来控制管式GGH加热段的入口热媒水流量，且其设定值在1330t/h左右。该方案在实际运行中，出现高负荷时，两个烟气冷却器入口热媒水调节阀均全开而冷却器热媒水旁路调节阀还在40%左右开度且无法继续关闭，导致冷却器出口烟温持续高于设定值的问题。究其原因，是两个烟气冷却器入口热媒水调节阀均全开时，总流量只有1000t/h左右，远不足1330t/h，而旁路阀控流量的策略影响了冷却器烟温的控制。由此，重新改为根据负荷以 $f(x)$ 形式确定其阀位的策略。

其负荷与阀位的对应关系见表2-16。

表2-16　负荷与阀位的对应关系

负荷（MW）	0	200	400	500	600	700	800	900	1000
阀位（%）	80	65	55	50	35	25	15	10	0

该策略总体上能满足粗调的要求，但在810MW以上负荷时，对于烟温控制还是有较大影响。主要表现为烟气冷却器进口烟温和负荷没有明确的线性对应关系，在810～900MW区间时，烟气冷却器进口烟温容易超过137℃，而根据负荷-阀位曲线，此阶段旁路调节阀已经部分开启，导致烟气冷却器出口烟温无法控制住，容易超温。此外，7号锅炉的热媒水箱改为高位水箱后，该控制方式对于热媒水压力影响较大。

为此，继续调整控制策略：主要以烟气冷却器入口烟温最高点作为阀位依据，其函数关系见表2-17。

表2-17　入口烟温最高点与阀位的对应关系

入口烟温最高点（℃）	0	60	100	124	127	133	135
阀位（%）	60	60	55	35	35	25	0

当烟气冷却器入口烟温最高值在134～138℃之间，且负荷小于810MW时，在上述阀位上叠加生成新的阀位指令。其函数关系见表2-18。

表2-18　负荷与新阀位的对应关系

负荷（MW）	0	500	600	700	800	810
阀位（%）	30	25	25	20	15	0

该策略对于入口烟温控制效果较为理想，但对于热媒水压力波动的问题还是无法从根本上解决。

在调试期间，尝试开启管式GGH热媒水蒸气加热器旁路阀，发现开启后，热媒水流量有较大提高，分析认为是蒸汽加热器内部脏堵。目前管式GGH热媒水蒸气加热器旁路阀保持2/3行程的开度，在此状态下，两个烟气冷却器入口热媒水调节阀全开状态时，流量可达1600t/h。为保证热媒水系统压力的稳定和烟气加热器传热效果，重新将控制策略改为控制烟气加热器入口热媒水流量。

3）根据运行提出的建议，设计方还增加了以下保护：

a. 热媒水泵全停延时4min且烟气冷却器入口任一温度高于95℃，热媒水入口调节阀切至手动且保护全开。

b. 烟气加热器入口热媒水流量低于900t/h且有热媒水泵运行时，闭锁关热媒水入口调节阀。

至此，烟气冷却器入口热媒水旁路调节阀控制策略最终达到完善的效果。

（2）烟气冷却器入口热媒水调节阀。

1）设计策略：8号锅炉管式GGH烟气冷却器A、B、C通道和D、E、F通道进水调节阀，作为烟气冷却器的第二道调节控制，主要是控制不同负荷工况下烟气冷却器出口烟温在合理区间（85.6～94℃）内，相对第一道调节能做得更为精细。当调节不能满足系统工况时，需配合烟气冷却器旁路调节阀调节烟气冷却器性能。

测量值PV：烟气冷却器A、B、C通道（D、E、H通道）出口烟温平均值（旁路已控制阀门开度后）。

设定值SP：操作人员选择手动设定SP或自动设定SP。

2）策略优化：由于担心该系统的调节迟滞性太强，在现场调试期间，加入了负荷和温差前馈。

负荷前馈与阀门开度的对应关系见表2-19。

表2-19　负荷前馈与阀门开度的对应关系

负荷前馈（MW）	100	1000
阀门开度（%）	0	30

温差前馈与阀门开度的对应关系见表2-20。

表2-20　温差前馈与阀门开度的对应关系

温差前馈（℃）	-5	-3	0	3	5
阀门开度（%）	-15	-10	0	10	15

其中：温差=通道出口平均烟温-设定值。

经过对PID参数和温差前馈函数曲线的调整，目前烟气冷却器出口烟温自动控制良好。

3）烟气冷却器入口热媒水调节阀的保护策略。和热媒水旁路调节阀一样，烟气冷却器入口热媒水调节也加了如下保护：

a. 热媒水泵全停延时4min且烟气冷却器入口任一温度高于95℃，热媒水入口调节阀切至手动且保护全开。

b. 烟气加热器入口热媒水流量低于900t/h且有热媒水泵运行时，闭锁关热媒水入口调节阀。

（3）热媒水加热蒸汽调节阀。

1）设计策略：循环水加热蒸汽调节阀能调节烟气冷却器出水总管上的水温，进而影响烟气加热器进口水温、烟气加热器出口烟温、烟气冷却器入口水温等。

根据相关防腐蚀逻辑和烟囱排放要求，建议循环水加热蒸汽调节阀同时控制烟气冷却器入口水温及烟气加热器出口烟温，使其满足：烟气冷却器入口水温（70℃以上）及烟气加热器出口烟温80℃以上。

测量值PV：烟气加热器出口烟温。

设定值SP：操作人员选择手动设定SP或自动设定SP。

2）策略优化：根据运行启动阶段和正常运行阶段不同的控制需求。该阀在调试中优化为两种控制方式，即水温控制、烟温控制。运行在启动阶段，可根据需要选择水温控制模式，其测量值PV为管式GGH出口母管热媒水温度，设定值SP由运行手动输入；在正常运行方式，运行可切换为烟温控制方式，其测量值PV为烟气加热器出口烟温，设定值SP由运行手动输入。

管式GGH系统作为超低排放系统的重要组成部分，其温度控制的效果直接影响到管材的换热性能和防腐性能。整个系统在国内属于首例，没有成熟的先例可借鉴，一切都在调试中慢慢摸索，借此总结，谨作参考。

2. SCR声波吹灰系统

本次改造增加脱硝SCR反应器第三层催化剂，相应增加声波吹灰器。

改造后每个反应器共21台声波清灰器，每层催化剂对应7台声波吹灰器。声波吹灰器的控制信号进入DCS，DCS为每台声波吹灰器提供一路DO信号输出，对声波吹灰器配备的电磁阀进行控制。每台机组DCS现控制42台声波吹灰器（两个反应器），控制方案如下：

（1）每台声波吹灰器按每10min发声10s。同层相邻2台声波吹灰器为一组，单台吹灰器为一组，编号如图2-2所示。

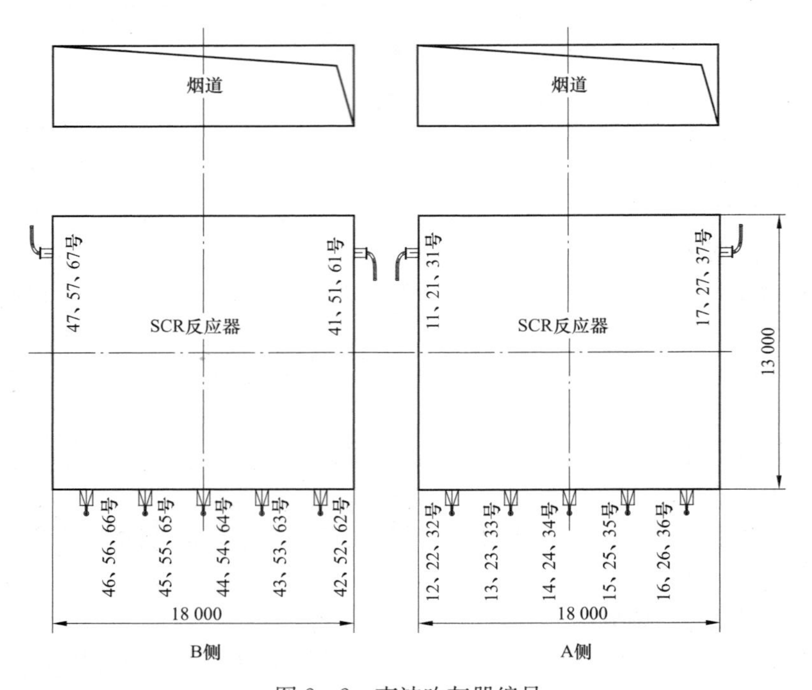

图2-2　声波吹灰器编号

（2）同组同时发声。一组发声10s后，间隔10s，下一组开始发声，一次进行，循环反复。顺序如下：

11号发声10s后停止，间隔10s；

12、13号同时发声10s后停止，间隔10s；

14、15号同时发声10s后停止，间隔10s；

16号发声10s后停止，间隔10s；

17 号发声 10s 后停止，间隔 10s；
21 号发声 10s 后停止，间隔 10s；
22、23 号同时发声 10s 后停止，间隔 10s；
24、25 号同时发声 10s 后停止，间隔 10s；
26 号发声 10s 后停止，间隔 10s；
27 号发声 10s 后停止，间隔 10s；
31 号发声 10s 后停止，间隔 10s；
32、33 号同时发声 10s 后停止，间隔 10s；
34、35 号同时发声 10s 后停止，间隔 10s；
36 号发声 10s 后停止，间隔 10s；
37 号发声 10s 后停止，间隔 10s；
41 号发声 10s 后停止，间隔 10s；
42、43 号同时发声 10s 后停止，间隔 10s；
44、45 号同时发声 10s 后停止，间隔 10s；
46 号发声 10s 后停止，间隔 10s；
47 号发声 10s 后停止，间隔 10s；
51 号发声 10s 后停止，间隔 10s；
52、53 号同时发声 10s 后停止，间隔 10s；
54、55 号同时发声 10s 后停止，间隔 10s；
56 号发声 10s 后停止，间隔 10s；
57 号发声 10s 后停止，间隔 10s；
61 号发声 10s 后停止，间隔 10s；
62、63 号同时发声 10s 后停止，间隔 10s；
64、65 号同时发声 10s 后停止，间隔 10s；
66 号发声 10s 后停止，间隔 10s；
67 号发声 10s 后停止，间隔 10s；
……连续运行，循环反复。

3. 湿式静电除尘器

湿式静电除尘器是超低排放的主要构成系统之一，主要目的是对吸收塔出口的烟气进行进一步的除尘处理，保证烟囱烟气的烟尘浓度降到 5mg/m^3 以下。

湿式静电除尘器从系统和流程上分为两部分：①作为烟气通道的电除尘器，电除尘器内部通过高频电源的作用，使烟气中的粉尘析出，电除尘器内部还配置有水喷雾装置，保证灰尘、石膏能自由流动排出到集尘室下部的排水接收设备；②用于保证除尘器水喷雾和冲洗的循环水系统，包括喷淋回水箱及其排水泵、循环水箱及其循环水泵、补水箱及其补水泵、碱计量泵、卸碱泵等。

湿式静电除尘器 PLC 的控制策略主要包括：

(1) 循环水箱系统的控制。循环水箱（D0HDE51 BB001）通过一只液位计（D0HDE51 CL101）测量其水位，通过控制补水电动阀（D0HDE51 AA002）的开关来控制补水量，使其水位保持在正常水平。循环水箱的水位联锁保护如图 2-3 所示。

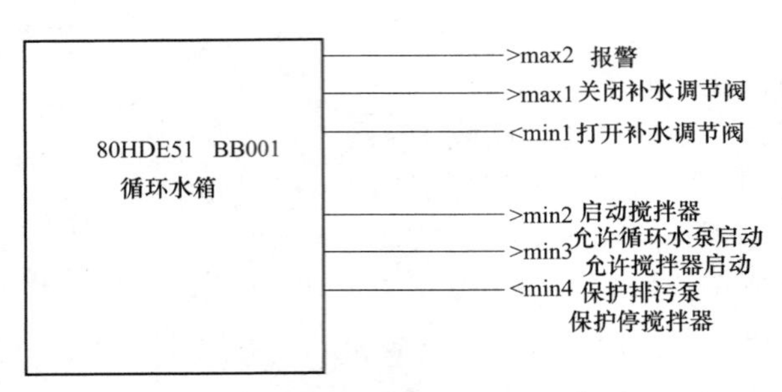

图 2-3 工艺水箱的水位联锁保护

(2) 喷淋回水箱系统的控制。喷淋回水箱（80HDE53 BB001）通过液位计（80HDE53 CL101）测量其液位，正常运行时，通过向循环水箱溢流使得回水箱水位和喷淋回水箱的定量排污保持在正常水平，必要（液位异常）时通过调节喷淋回水箱排污阀控制水位。喷淋回水箱的水位联锁保护如图 2-4 所示。

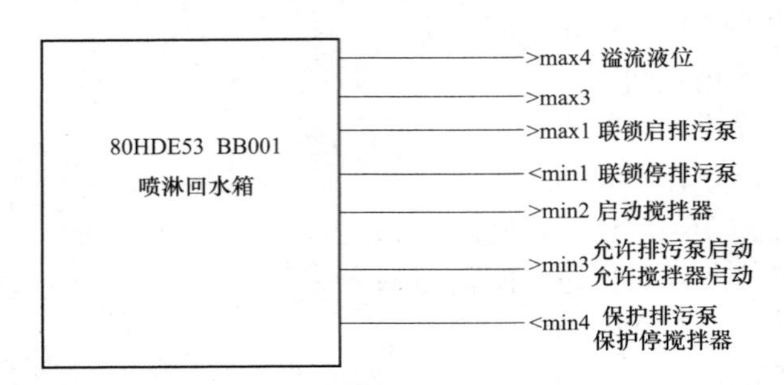

图 2-4 喷淋回水箱的水位联锁保护

(3) 循环水箱系统的控制。循环水箱（80HDE52 BB001）通过液位计（80HDE52 CL101）测量其液位，通过湿式静电除尘工艺水补水阀控制水位，使其水位保持在正常水平。循环水箱的水位联锁保护如图 2-5 所示。

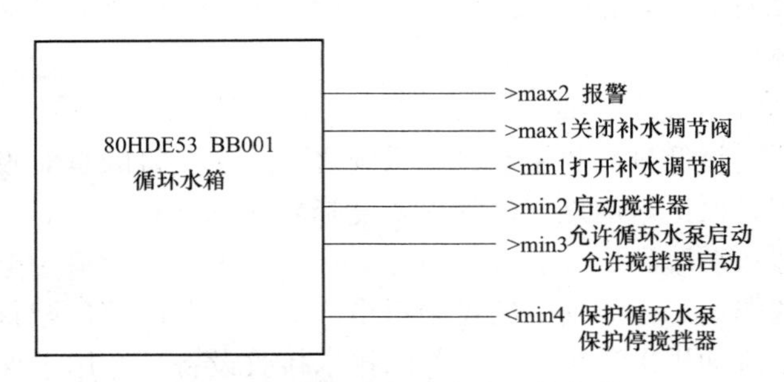

图 2-5 循环水箱的水位联锁保护

(4) 自清洗过滤器的控制。自清洗过滤器每隔 30min 启动一次电动机，电动机运行 2min 再开启排污阀，排污阀开启 2min。一个周期运行 34min。一个周期一个周期的循环执行，直到退出运行自清洗过滤器。

(5) 循环水箱、喷淋回水箱 pH 值调节。加碱泵（80HDE53AP011/80HDE53AP021）

采用变频控制，根据循环水箱 pH 值（80HDE52CQ101/80HDE52CQ102）调节加碱量，使循环水箱 pH 值维持在一定区间范围内（4～6）。超过限制范围，自动启停对应加碱泵。

加碱泵（80HDE53AP031/80HDE53AP041）采用变频控制，根据喷淋回水箱 pH 值（80HDE53CQ101/80HDE53CQ102）调节加碱量，使喷淋回水箱 pH 值维持在一定区间范围内（4～6）。超过限制范围，自动启停对应加碱泵。

（6）从工艺水泵至除尘器后段阳极板冲洗。湿式静电除尘器后段阳极板工艺水周期喷淋正常时序控制（0～30min）。

后段阳极板喷淋阀为两组，两组分别控制，控制方式见表 2 - 21。

表 2 - 21　　湿式静电除尘后段阳极工艺水周期喷淋正常时序控制表

负荷（%）	间隔	喷雾器运行时间	喷雾器停止时间
100～110ECR	30min（可设）		
80～100ECR	30min（可设）	30min（可设）	0min（可设）
60～80ECR	30min（可设）	26min（可设）	4min（可设）
50～60ECR	30min（可设）	20min（可设）	10min（可设）
40～50ECR 启动时	30min（可设）	14min（可设）	16min（可设）
机组启动时	30min（可设）	14min（可设）	16min（可设）

表 2 - 21 根据负荷由程序自动判断调整，且每个时间均可由运行操作员独立设定。读取哪一行数据根据机组前 1h 负荷均值（每 5min 取样一次算均值，每 12 个样再平均），前 1h 负荷均值在此范围内，就读取该行执行，执行完该顺控冲洗周期后，再重新读取该时刻前 1h 机组负荷均值来判断读取哪行周期与时长。

（7）从循环水泵至除尘器前段阳极板冲洗。采用连续冲洗方式，冲洗步骤如下：

1）开启调节阀，默认人工输入开度值。

2）开启冲洗阀门，启动循环水泵。

3）投运自清洗过滤器。

（8）阴极线和均布板整体冲洗。湿式静电除尘器阴极线和均布板工艺水周期喷淋两周一次，每次冲洗 10min，周期和每次喷淋时长值需能由运行操作员设定。具体顺控参见逻辑说明。尘阴极线和均布板喷淋时同时自动停止运行高频电源及关闭阴极线反吹阀。

1）当发出喷淋指令后，首先停止 A 侧高频电源，再延时 1min 开启 A 侧冲洗阀，同时关闭补水箱再循环阀。

2）A 侧冲洗完成后，首先关闭 A 侧冲洗阀，再每间隔 30s 依次启动 A 侧高频电源，电源启动完成后再停止运行；B 侧高频电源，再延时 1min 开启 B 侧冲洗阀。

3）B 侧冲洗完成后，首先关闭 B 侧冲洗阀，同时开启补水箱再循环阀，再每间隔 30s 依次启动 B 侧高频电源。

（9）大流量冲洗。循环水大流量冲洗管道一天一次，每根管子冲洗 2min，每次共冲洗 20min，冲洗周期和每次冲洗时间值能由运行操作员设定。湿式静电除尘器 A、B 侧循环水阳极板冲洗水管上各设置 5 个电动阀，每台锅炉共 10 个，循环水大流量冲洗程序如下：

1）启动方式（“或”）：

a. 手操；

b. 顺控（定时触发）。

2）操作步骤。

a. 打开8号锅炉湿式静电除尘器阳极板喷淋回水阀（80HDE53AA035）；

b. 8号锅炉湿式静电除尘器阳极板循环水喷淋总阀（80HDE52AA101）全开；

c. 保持8号锅炉湿式静电除尘器循环水阳极板冲洗水管进口电动阀80HDE54AA012全开，关闭其他循环水阳极板冲洗水管进口电动阀（80HDE54AA016、80HDE54AA020、80HDE54AA024、80HDE54AA028、80HDE54AA062、80HDE54AA066、80HDE54AA070、80HDE54AA074、80HDE54AA078）；

d. 延时 Tmin，同时关闭80HDE54AA012和打开80HDE54AA062；

e. 延时 Tmin，同时关闭80HDE54AA062和打开80HDE54AA016；

f. 延时 Tmin，同时关闭80HDE54AA016和打开80HDE54AA066；

g. 延时 Tmin，同时关闭80HDE54AA066和打开80HDE54AA020；

h. 延时 Tmin，同时关闭80HDE54AA020和打开80HDE54AA070；

i. 延时 Tmin，同时关闭80HDE54AA070和打开80HDE54AA024；

j. 延时 Tmin，同时关闭80HDE54AA024和打开80HDE54AA074；

k. 延时 Tmin，同时关闭80HDE54AA074和打开80HDE54AA028；

l. 延时 Tmin，同时关闭80HDE54AA028和打开80HDE54AA078；

m. 延时 Tmin，同时开启其余9个阀门；

n. 关闭8号锅炉湿式静电除尘器阳极板喷淋回水阀（80HDE53AA035）；

o. 8号锅炉湿式静电除尘器阳极板循环水喷淋总阀（80HDE52AA101）开度至一定值；

p. 大流量冲洗结束。

（10）各喷嘴反吹阀周期控制。各喷嘴反吹阀周期控制能由运行操作员设定。反吹顺控：

1）将反吹电动阀安装于阴极线、气流均布板的母管上。

2）当阴极线、气流均布板在冲洗时（通过冲洗阀门状态判断），联锁关闭该反吹电动阀。

3）当阴极线、气流均布板全部不冲洗时（通过冲洗阀门状态判断），联锁投运定期反吹程序（间隔时间、吹扫时间均可由运行人员设定）。

（11）高频电源控制。湿式静电除尘器高频电源是通过其网络箱直接与电除尘上位机通信的，集控室电除尘上位机画面上可以通过这种MODBUS通信方式对高频电源进行启停操作和信号反馈。同时，为了保证湿式静电除尘器高频电源的控制可靠性，湿式静电除尘器PLC对每个高频电源配置启停控制指令和故障反馈信号的硬接线回路。

湿式静电除尘器高频电源启动后，为了保证烟囱进口烟尘浓度有效地控制在5mg/m^{3}以下，同时也兼顾高频电源运行的节能效果，我们对高频电源设置了闭环控制。闭环控制采取两种运行方式：

1）“闭环＋自动连续”运行方式。高频电源运行在该模式时，可根据设定二次电流上下限、烟尘浓度值上下限的大小，自动无极调节二次电流，降低功耗。电除尘“闭环＋脉冲供电运行方式”运行时出现烟尘浓度不稳定，则宜优先考虑采用此方式。此方式可单台

设定，也可多选同时设定。

2）“闭环＋脉冲供电”运行方式。高频电源运行在该模式时，可根据设定脉冲周期和时间上下限、烟尘浓度值上下限的大小，自动调节脉冲周期和时间，进一步降低功耗。锅炉和电除尘正常运行时宜优先采用此方式。此方式可单台设定，也可多选同时设定。

湿式静电除尘器闭环控制功能和逻辑：湿式静电除尘器“闭环＋自动跟踪控制”方式时的电场上限宜设定在800mA左右（可设定），下限应宜设在250mA左右（可设定），同时设定好闪频小于10次/min（可设定）。煤种差、灰分大、除尘效果差或脱硫净烟气含尘量偏高、管式GGH加热器差压高等情况下可适当调整设定值。

具体逻辑：

1）在实际出口烟尘浓度处于设定的闭环烟尘浓度下限及以下时，直接使湿式静电除尘器高频电源的参数调整至闭环模式下的下限设定值。

2）在实际出口烟尘浓度处于设定的闭环烟尘浓度上限及以上时，直接使湿式静电除尘器高频电源的参数调整至闭环模式下的上限设定值。

3）在实际烟尘浓度处于设定的闭环烟尘浓度上限和下限之间时，采用插入法（比例调节）计算，自动调整电场二次电流，使得电场二次电流和烟尘浓度对应的应设定二次电流值相对应。比如实际烟尘浓度为3，当前闭环模式下设定的烟尘浓度上限为4，下限为2.5，设定的二次电流上限为1000，下限为700，则当前二次电流应该运行在$700+(1000-700)\times(3-2.5)/(4-2.5)=800$mA。“闭环＋脉冲供电”的程序与上述基本相同，只不过自动调整脉冲的周期。

为保证机组快速升负荷期间能提前上调电场参数，闭环控制程序设置有单位时间内负荷差值计算，当设置的秒数内，机组负荷大于设定的上升量，程序认定为机组快速升负荷时段，暂将二次电流上调至闭环控制模式下的上限值（如采用闭环＋充电比，则为脉冲周期上限值），在下一周期再行判断，直至设置的秒数内，机组负荷小于设定的上升量，则开始根据烟尘浓度进行调节。此功能如果在机组升负荷对烟囱入口烟尘浓度影响较大时采用。

4. 脱硫吸收塔浆液循环泵系统

每个吸收塔原设有三台浆液循环泵，现增加一台浆液循环泵，共四台浆液循环泵。在正常工况下，三台浆液循环泵投入运行，一台浆液循环泵选作热备；当其中一台工作浆液循环泵故障停运时，自动投入已选为热备用的浆液循环泵。

(1) 吸收塔浆液循环泵单体。

1）启动触发方式（“或”）：

a. 手操；

b. 顺控（原吸收塔浆液再循环泵顺控启动程序）；

c. 连锁（针对备用情况），工作泵故障，且切换连锁投入。

2）启动允许条件（“与”）：

a. 吸收塔循环泵进口阀已全开；

b. 吸收塔液位大于7m；

c. 电动机轴承温度正常；

d. 风机轴承温度正常。

3）停运触发方式（“或”）：

a. 手操；

b. 顺控（原吸收塔顺控停运程序）；

c. 保护（“或”），泵在运行且入口阀全关信号，延时10s，保护停泵；循环泵轴承温度高高；循环泵电动机轴承温度高高。

d. 事故紧急停运。

4）停运允许条件（“或”）：

a. 锅炉MFT或机组解列后，且吸收塔入口温度小于70℃，允许停所有吸收塔再循环泵；

b. 机组负荷大于600MW，至少有三台循环泵在运行，允许停运一台；

c. 机组负荷不大于600MW，吸收塔再循环泵均运行，允许停三台吸收塔再循环泵。

（2）吸收塔循环泵的冲洗程序。

1）启动方式（“或”）：手操。

2）允许条件（“或”）：吸收塔循环泵已停运。

3）操作顺序：

a. 关闭吸收塔循环泵进口阀。

b. 打开循环泵进口管路疏放阀。

c. 延时15min后，打开循环泵管路冲洗阀。

d. 延时3min，关闭吸收塔再循环泵进口疏放阀。

e. 延时5min，关闭吸收塔再循环泵出口冲洗阀。

第五节　土　建　设　计

燃煤机组超低排放系统建（构）筑物主要包含湿式静电除尘器配电室、湿式静电除尘器支架、烟气冷却器支架、预澄清器、冲洗水箱、循环水箱、循环浆液泵等设备基础。

（1）湿式静电除尘器（含烟气加热器、除雾器）布置于引风机及GGH区域上方。该区域改造前原有烟道支架及GGH支架均为钢结构。电厂基建时烟道支架基础形式为PHC桩，独立承台；脱硫改造新增GGH支架及烟道支架基础形式为钻孔钢筋混凝土灌注桩，独立承台。

湿式静电除尘器支架仍旧采用钢结构。采用贴覆钢板的形式加固已有烟道支架及GGH支架的部分钢柱并伸长，联合部分新立钢柱，形成湿式静电除尘器（含烟气加热器、除雾器）支架。

桩型采用钻孔钢筋混凝土灌注桩。扩大加固原支架独立承台，新建新立钢柱独立承台。

湿式静电除区域安装电梯一部，钢楼梯两架，均到达湿式静电除尘器顶部。湿式静电除尘器平台与脱硫吸收塔、干电平台联通。

（2）烟气冷却器布置于脱硝钢架内。

加固脱硝支架钢柱、钢梁及新设部分钢梁，用以支承烟气冷却器设备。经过校核，脱销钢支架基础可以承受新增荷载。烟气冷却器平台与干电平台联通。

（3）预澄清箱、除雾器冲洗水箱、湿式静电除尘器循环水箱、工艺水箱等设备基础采用现浇钢筋混凝土大块式结构，钻孔钢筋混凝土灌注桩。

（4）循环浆液泵基础采用现浇钢筋混凝土大块式结构，天然地基。

（5）湿式静电除尘器区域浆池采用现浇钢筋混凝土结构，内壁贴花岗岩防腐。

（6）碱罐低位布置。碱罐池采用现浇钢筋混凝土结构，池内各表面涂覆防腐环氧涂料。

（7）湿式静电除尘器配电室采用现浇钢筋混凝土框架结构，天然地基。

（8）桩及桩型选择。由于主要结构采用新、老支架联合形成支架，设计时必须考虑新、老支架协同工作，对设计沉降量进行严格控制。施工期间机组正常运行，作业空间限制大，同时为避免挤土效应对已有建（构）筑物造成不利影响，设计选用钻孔钢筋混凝土灌注桩。

（9）沉降观测。为了对支架沉降进行严密监测，新立、加固钢柱均设立沉降观测点，区域内关联钢柱 50%设置沉降观测点。

第六节　燃煤机组超低排放系统设计中重点关注问题

（1）脱硝催化剂必须事先进行活性检测，一般催化剂正常使用的周期为三年，如果活性下降比较多，必须在设计时考虑催化剂再生，必要时进行更换；如果再生时，必须考虑活性的损失部分，为保证脱硝效率，新增的催化剂必须考虑到这部分的裕量。

（2）管式 GGH 加热器管材的材质选择需谨慎。管式 GGH 加热器工作在低温易腐蚀区域，目前对此部分的管材选择还在摸索阶段，在具体工程实施时，需进行全面考虑。

（3）一般设计单位在做可研等设计时会让业主单位提供机组的相关图纸资料，但是由于当时基建时与图纸存在偏差或者后续改造时存在不同程度的改变，这时必须要设计人员结合图纸和现场实际，不能仅仅依靠图纸资料来进行设计，否则在现场安装时会出现原有设备与新增设备相碰或者尺寸不合等状况。

（4）电仪等设计时设计单位或考虑成本等原因，对电缆等长度余量考虑不会很多，但是现场由于电缆桥架安装改变等原因，有时候会出现电缆长度不够，需重新采购布置，不仅造成浪费，同时又会影响施工进度。

（5）脱硫系统吸收塔内部托盘改造时，会对原有托盘开孔率进行调整，一般是利用塞子把原来的开孔进行封堵，根据我们实际的运行情况，一段时间后大部分塞子会被吹走，而且开孔率下调会加大脱硫吸收塔的阻力，对风机运行和经济性都有一定的影响。故在托盘开孔率的设计上，合理考虑煤种的硫分、脱硫效率、浆液再循环泵的出力、系统裕量等参数，在保证脱硫效率的情况下，适时调整托盘开孔率。

（6）一般吸收塔托盘的固定主要靠抱箍固定在箱型梁上，靠近吸收塔筒壁的部分利用螺栓加卡块来固定。但是由于筒壁的圆弧度不一样，加上运行时托盘的振动等原因，原有的卡块产生位移，起不到加固的作用。导致托盘在烟气的作用下被吹掉，不仅影响脱硫效

率，同时若托盘掉落到吸收塔浆液再循环泵进口管道，会造成泵运行异常，甚至损坏。故设计时必须考虑到托盘的加固方案，保证托盘有效加固。

(7) 充分考虑系统的阻力，部分机组在之前的脱硝等改造时已经对引风机进行了改造，如果因为系统阻力略有不够再进行引风机改造会存在浪费，如果对系统进行优化可以满足，则可以不用对引风机进行改造。

(8) 一般原电除尘改造设计会把原有的电加热更换为蒸汽加热，但是改造时不仅施工周期较大，而且后期维护的次数和费用也比较大，可以让设计单位核实一下电加热和蒸汽加热的改造费用和后期运行费用，再考虑使用哪种加热模式。

(9) 对设计过程中的重大问题、难点问题，应采用专题方案的方式进行单独编制评审，便于提高设计的可靠性、经济性。一般应包括催化剂改造方案、管式 GGH 本体材质、增设湿式静电除尘器对脱硫系统水平衡的影响、桩型选择分析、混凝土支架加固等专题方案。本文列举催化剂改造方案、增设湿式静电除尘对脱硫系统水平衡的影响、混凝土支架加固三个专题方案供参考。

专题一　催化剂改造方案

1. 更换背景

嘉兴发电厂三期 7、8 号机组要求 NO_x 排放浓度不超过 50mg/m^3，现有催化剂无法使 NO_x 浓度达到排放要求。因此需要对嘉兴发电厂三期的催化剂进行更换。

7 号机组计划 2014 年 6 月改造完成后投入运行，8 号机组计划 2014 年 4 月改造完成后投入运行。

2. 各机组催化剂现状

7、8 号机组原设计 SCR 入口 NO_x 浓度 350mg/m^3，脱硝效率 80%，催化剂的生产厂家为重庆远达，用量每台锅炉 548m^3。模块尺寸 1906 (L)×966 (W)×1010 (H)。7、8 号机组分别在 2011 年 6 月和 9 月进行了催化剂安装。

5、6 号机组原设计 SCR 入口 NO_x 浓度 450mg/m^3，脱硝效率 65%，催化剂的生产厂家为瑞基公，用量每台锅炉 296.64m^3。模块尺寸 1910 (L)×970 (W)×900 (H)。5、6 号机组催化剂安装时间与 7、8 号机组的催化剂安装时间相近。

3、4 号机组原设计设计 SCR 入口 NO_x 浓度 450mg/m^3，脱硝效率 80%，催化剂的生产厂家为浙能催化剂厂，用量每台锅炉 477.33m^3。模块尺寸 1910 (L)×970 (W)×1226 (H)。2013 年上半年进行了催化剂的安装。

图 2-6　该取样单元为 22×22 孔催化剂

3. 原有催化剂活性测试 (8000h)

2012 年，重庆远达催化剂制造有限公司催化剂检测中心对 7 号机组运行 8000h 催化剂测试单元进行了活性分析，对取样单元的孔容孔径、抗压强度、磨损率、化学成分、应用性能、尺寸等进行了检测。

图 2-6 为该取样单元为 22×22 孔催化剂。该样品堵 18 孔，开箱时催化剂单元损坏严重，系运输所致。

（1）检测条件及检验结果。

1）比表面积。检验条件：采用氮气吸附 BET 法检测，检测方法参照 GB/T 19587—2004《气体吸附 BET 法测定固态物质比表面积》。

检验结果见表 2-22。

表 2-22　　原有催化剂活性测试检验结果

项目	单位	参考值	测试结果
		新鲜催化剂	
比表面积	m^2/g	48.36	48

2）孔容、孔径。检验条件：使用压汞仪对毛细孔体积进行测试，检测方法参照 GB/T 21650.1—2008《压汞法和气体吸附法测定固体材料孔径分布和孔隙度 第 1 部分：压汞法》。

检验结果见表 2-23。

表 2-23　　孔容、孔径检验结果

项目	单位	参考值	测试结果
		新鲜催化剂	
孔容	mL/g	0.31	0.2808
孔径	nm	37.43	44.08

3）磨损试验。检验条件：采用催化剂检测中心磨损检测系统对样品进行磨损率检测。检验结果见表 2-24。

表 2-24　　磨损试验检验结果

项目	单位	参考值	测试结果
端面未硬化磨损率	%	0.12	0.14

4）化学成分分析。检验条件：采用 X 射线荧光光谱仪对样品成分进行分析。

分析测量结果见表 2-25。

表 2-25　　化学成分分析测量结果

序号	项目	单位	参考值	测试结果
1	Na_2O	%	0.0145	0.0605
2	MgO	%	0.2174	0.244 567
3	Al_2O_3	%	0.9486	1.6597
4	SiO_2	%	3.9187	4.126 267
5	P_2O_5	%	0.0164	0.024 133
6	SO_3	%	0.5709	1.974 767
7	Cl	%	0.004	0.006 633
8	K_2O	%	0.0407	0.077 267

续表

序号	项目	单位	参考值	测试结果
9	CaO	%	1.3894	1.4516
10	Fe_2O_3	%	0.0604	0.124 467
11	As_2O_3	%	0.0261	0.0094
12	SrO	%	0.0027	0.004 633
13	ZrO_2	%	0.0621	0.0611
14	Nb_2O_5	%	0.1172	0.1125

5）应用性能检验。检验条件：应用性能检验是在催化剂检测中心的小型试样性能检测装置中进行的。在表 2－26 检验条件下对催化剂的活性及氧化率进行了测试。

表 2－26　催化剂的活性及氧化率检验条件

序号	项目	单位	测试参数	备注
1	温度	℃	365	K_O：44.8m/h
2	O_2（体积百分比）	%（干基）	2.52	
3	H_2O	%	9.49	
4	入口 NO_x	ppm	171	
5	入口 SO_2	ppm	823	
6	层数		1	
7	AV	$m^3/(m^2 \cdot Hr)$	18.12	
8	Ugs	m/s	1.98	
9	氨氮比（设计值）		1	

注　K_O 为催化剂活性。

检验结果见表 2－27。

表 2－27　催化剂的活性及氧化率检验结果

序号	项目	单位	测试结果	备注
1	K	m/h	37.47	K/K_O，0.836
2	氧化率	%	0.96	

注　K 为催化剂的活性。

6）尺寸。采用游标卡尺和螺旋测微器对样品单元尺寸进行检测并计算平均值所得，进一步计算出其他相关物理性能，见表 2－28。

表 2－28　样品单元尺寸

序号	项目	单位	测试结果	备注
1	长	mm	727	括号内为硬化端尺寸检测结果
2	内壁	mm	0.73（0.81）	
3	外壁	mm	1.14（1.19）	
4	孔径	mm	6.16	

7）相对活性曲线 K/K_O 如图 2－7 所示。

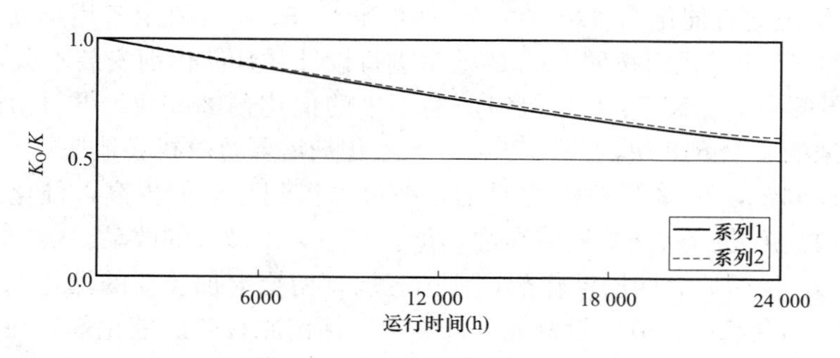

图 2－7　相对活性曲线 K/K_O

系列 1 表示活性衰减曲线；系列 2 表示原设计活性衰减曲线。现有催化剂活性衰减曲线没有达到原设计活性衰减曲线的预期效果。

8）氨逃逸曲线。如图 2－8 所示，系列 1 表示原设计氨逃逸变化曲线；系列 2 表示按目前煤质设计的氨逃逸变化曲线。按照投运 8000h 实际运行煤质，原有催化剂在 24 000h 按照原设计效率运行氨逃逸率可能会超过 3ppm。

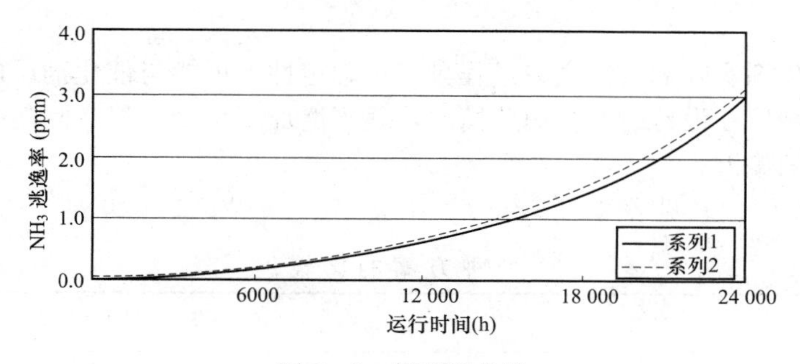

图 2－8　氨逃逸曲线

（2）结论。催化剂运行 8000h 后，活性值降低到初始值的 83.6%，比设计预期值 84.1%略低。催化剂有少数孔被堵塞，对活性有轻微的影响。催化剂运行 1 年后，磨损率增加值也比参考值略大。催化剂化学成分中碱金属的含量相比新鲜催化剂有一定的增加，有一定程度的化学中毒。另外氧化铁的含量增加较多，会提高催化剂的氧化性，但总体活性基本符合预期，比设计参考值略差。

4. 更换方案

（1）方案一：将原有两层催化剂全部替换为新的催化剂。由于 2012 年 7 号机组运行 8000h 催化剂活性测试结果表明催化剂实际活性比设计参考值略差，2013 年没有对催化剂活性进行测试分析，对目前催化剂实际活性无法准确评估。同时嘉兴发电厂三期 7 号机组在改造完成 2014 年 6 月重新投入运行时距催化剂初装时间已过 3 年，催化剂化学寿命已到末期，8 号机组的催化剂在改造完成 2014 年 4 月重新投入运行时，催化剂也应用了两年半。因此，方案一将原有两层催化剂全部替换为新的催化剂。

本项目按照低氮燃烧器调整后 SCR 入口 NO_x 浓度 300mg/m^3，脱硝效率 85%设计。浙能催化剂厂提供了催化剂更换方案，两层催化剂全部更换 751.54m^3/炉。模块尺寸 1906

(L)×966 (W)×1273 (H)(催化剂单元高度 991mm)。

7、8 号机组现共有催化剂模块 936 块，1096m^3。5、6 号机组备用层共可安装 288 块催化剂。考虑到 3、4 号机组按照 80%的效率进行设计并且催化剂安装不久，因此拟在 5、6 号机组第三层备用层加装 7、8 号机组更换下来的催化剂 288 块，共计 337.2m^3。7、8 号机组更换下来的剩余 648 块，共计 758.8m^3 催化剂需要暂时找场地保管。

经过催化剂调整，5～8 号机组的脱硝效率可以得到相应的提高，催化剂替换时需要根据催化剂模块高度进行吹灰器安装高度调整，其他无需做大的改动。

(2) 方案二：保留原有两层催化剂，在第三层预留层上加装新的催化剂。为了充分利用原有催化剂的剩余活性，节约投资成本。方案二保留原有两层催化剂，在第三层预留层上加装新的催化剂。

浙能催化剂厂分别考虑了远达提供的催化剂初装与运行 8000h 后的活性值，并将其代入康宁公司的催化剂活性衰减曲线中，推测得到加装时的催化剂活性，在此基础上得到加装一层的设计结果。7 号机组两台反应器预留层需加装 477.31m^3/炉，模块尺寸 1906 (L)×966 (W)×1273 (H)(催化剂单元高度 1180mm)。8 号机组两台反应器预留层需加装 376.43m^3/炉，模块尺寸 1906 (L)×966 (W)×1273 (H)(催化剂单元高度 993mm)。预留层安装催化剂后，需相应安装声波吹灰器，两台机组共计 28 台。

由于初装催化剂实际的活性衰减过程具有不确定性，可能与催化剂厂的推测值有一定偏差，虽然催化剂厂在设计时已考虑此情况，适当增加了余量，但实际运行参数仍可能与设计值存在一定的偏差。

(3) 两种方案的比较见表 2-29。

表 2-29　　两种方案的比较

方案	方案一	方案二
方案内容	更换初装两层催化剂	在预留层增加一层新催化剂
催化剂安装量	7 号机组每台锅炉 751.54m^3 8 号机组每台锅炉 751.54m^3	7 号机组每台锅炉 477.31m^3 8 号机组每台锅炉 376.43m^3
旧催化剂处置	需找场地堆放和处理	无
声波吹灰器	原有两层吹灰器安装高度需调整	原有两层吹灰器安装高度不变，在预留层增加新吹灰器
催化剂阻力	7 号机组 340Pa(两层) 8 号机组 340Pa(两层)	7 号机组 510Pa(三层) 8 号机组 480Pa(三层)
存在的问题	—	原初装催化剂没有最新的活性检测报告，可能存在对催化剂活性衰减估计不足，虽然设计时已适当增加余量，但仍可能造成反应器整体效率不够

5. 催化剂管理

关于催化剂的管理计划，浙能催化剂厂认为 7 号机组可以按照每 3 年加装一层的量进

行考虑，即煤质不变条件下每3年加装或换装1180mm催化剂单元，催化剂厂建议每次加装或换装的时候催化剂重新设计，这样才更符合实际情况。每次加装或换装时，相应的吹灰器高度需根据催化剂单元实际高度重新调整。嘉兴发电厂三期7号机组催化剂寿命管理曲线如图2－9所示。

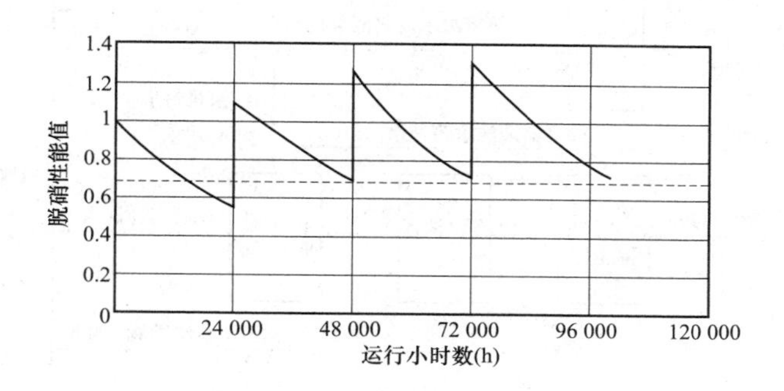

图2－9　嘉兴发电厂三期7号机组催化剂寿命管理曲线

6. 结论

由于嘉兴发电厂三期两台机组的初装催化剂尚未用到24 000h（化学寿命），催化剂仍有一定的活性，如采用方案一，后续改造机组虽能消化部分更换下来的催化剂，但大部分催化剂无法再利用，会造成较大浪费；同时更换下来的催化剂保管和处理问题难以解决。相对来说，方案二具有工程投资低、催化剂后处理相对简单的优势，因此推荐采用方案二（保留原初装两层催化剂，在预留层加装新催化剂），同时需充分估计现有催化剂活性衰减情况，适当增加余量，确保在设计工况下满足要求。

专题二　增设湿式静电除尘对脱硫系统水平衡的影响

嘉兴发电厂三期7、8号机组脱硫工程原设计FGD系统入口烟气温度为122℃（增压风机入口），此时FGD系统单台机组工艺水耗量为153t/h。在增设管式GGH及湿式静电除尘器后，考虑到引风机及增压风机温升，FGD系统入口烟气温度为96℃，此时FGD系统单台机组工艺水耗量为114t/h，脱硫系统原有水平衡已被破坏。为满足改造后水量平衡的要求，本项目设置湿式静电除尘排水处理系统（包括3只预澄清器、2只除雾器冲洗水箱及除雾器冲洗水泵等）和浆液泵机封水收集系统（包括1座机封水收集池和2台水泵等）。每台机组湿式静电除尘器的废水排放量约为39t/h，此部分废水含固量为2000～3000mg/L，废水经过预澄清器固液分离后，底部浓缩液约4t/h，直接补充到吸收塔，上部清水约35t/h（含固量小于500mg/L），自流入除雾器清洗水箱；浆液泵的机封水约6t/h，收集后用泵送至除雾器冲洗水箱；除雾器冲洗水箱补充工艺水31t/h，三者混合后用于除雾器冲洗。通过以上措施，进入吸收塔的总水量为114t/h，与设计水耗量相等，可保持吸收塔的水平衡，保证系统正常运行。

水量平衡如图2－10、图2－11所示。

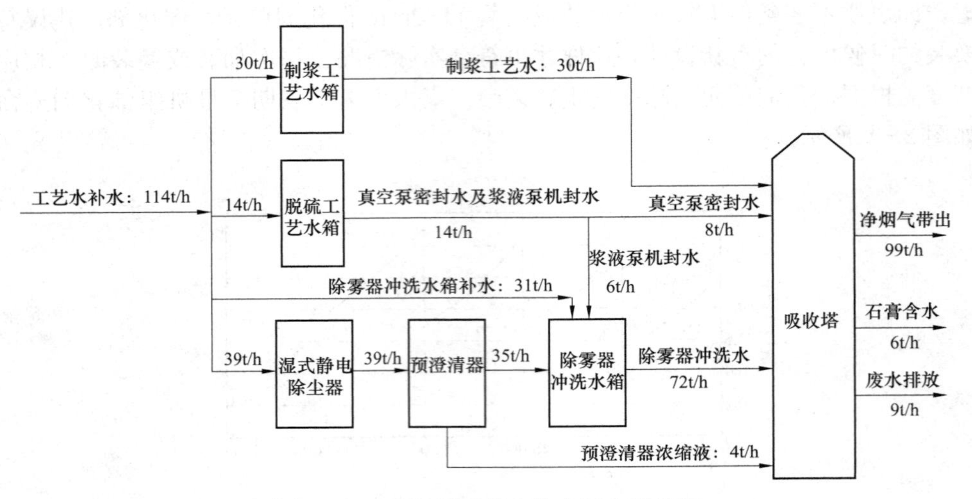

图 2-10　增设湿式静电除尘后水平衡图

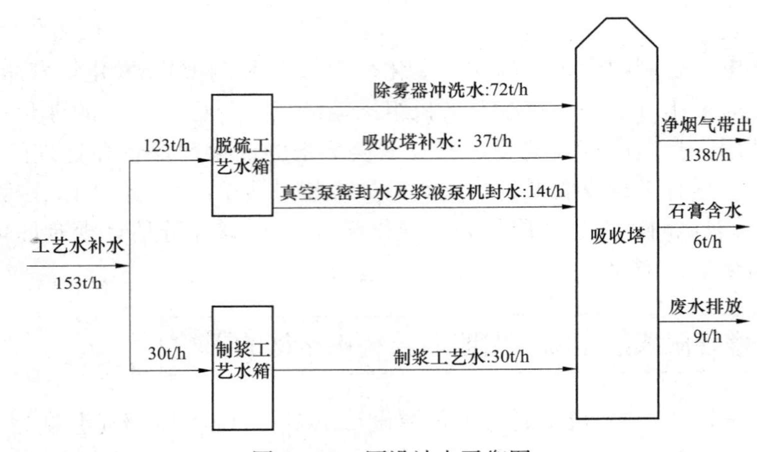

图 2-11　原设计水平衡图

专题三　混凝土支架加固

1．混凝土支架概况

根据原有条件及工艺布置的要求，将湿式静电除尘设备布置在机组原烟道混凝土支架的上方，充分利用已有的原烟道支架。为支撑新增的湿式静电除尘设备及湿式静电除尘器入口烟道和出口烟道，需要新建支架以承担并传递此部分荷载。新建的湿式静电除尘器支架采用钢结构，上部的荷载通过钢支架柱传递给下部的已有的原烟道混凝土支架结构柱上。

已有的原烟道支架为混凝土框架结构，高 8.90～16.25m，用以支撑原烟道荷载。为适应烟道的布置，支架结构共有 3 个结构层，标高依次为 6.30、8.90、16.25m。原烟道混凝土支架的混凝土强度等级为 C30，箍筋采用 HPB235，梁柱受力钢筋采用 HRB335。考虑电厂周围的腐蚀性环境，梁柱混凝土保护层厚度均为 30mm。新建的湿式静电除尘钢

支架，高 18.35m，共有 3 个结构层，标高依次为 26.00、33.00、35.60m，用以支撑并传递湿式静电除尘和出入湿式静电除尘器的烟道荷载。

由于湿式静电除尘器、出入湿式静电除尘器的烟道和上部钢支架具有较大的荷载，这部分新增荷载通过新建的上部钢支架柱传递到下部原烟道混凝土支架，可能造成混凝土结构构件承载力的不足而发生破坏。因此，需要对原烟道混凝土支架结构进行改造加固。

2. 混凝土柱加固

上部湿式静电除尘器钢支架引入后，通过柱脚的连接，将湿式静电除尘器钢支架上的竖向荷载和水平荷载传递到原烟道混凝土支架上。在增加上部湿式静电除尘器钢支架荷载的情况下，对原烟道混凝土支架进行初步的受力和变形分析。结果表明，在增加上部湿式静电除尘器钢支架结构传递的荷载后，原烟道支架结构大部分柱的承载力不能满足设计要求，考虑将原烟道支架柱通过增大截面的方法提高其承载能力，以满足设计要求。原烟道支架混凝土柱的截面尺寸均增大，分别由原来的 600mm×600mm 和 700mm×700mm 调整为 900mm×900mm 和 1000mm×1000mm。

增大截面法加固柱应根据柱的类型、截面形式、所处位置及受力情况不同，采用相应的改造加固方式。根据本项目的实际情况，拟用四面围套增大柱截面的方式对原结构柱进行加固。根据 GB 50367—2006《混凝土结构加固设计规范》，结构加固用的混凝土强度等级应比原结构、构件提高一级，因此对增大截面柱混凝土强度等级取 C35。增大截面柱的新增纵向钢筋在梁、柱节点处由于梁的影响无法沿柱边均匀配置，为使钢筋通长配置，避免在梁、柱节点处弯折，新增纵向钢筋沿柱边采取不均匀配置。为满足纵向受力钢筋间距不大于 200mm 的构造要求，梁、柱节点处需要在原梁中化学植入一根纵向受力钢筋。同时增大截面尺寸柱的纵向受力钢筋所采用的箍筋需要与原柱纵向钢筋进行焊接。另外由于支撑安装的需要，部分增大截面柱在梁、柱节点处需要外包钢板。

因工艺布置及上部钢支架柱连接的需要，为实现上部钢结构荷载的传递，需要在原烟道支架结构的基础上增加部分新的梁柱构件，同时原烟道支架混凝土柱和新增柱的柱顶标高需要从 8.90、16.25m 升至 9.90、17.25m 标高处后，与湿式静电除尘器钢支架连接。

3. 混凝土梁加固

上部湿式静电除尘器钢支架结构的竖向荷载主要由钢支架、湿式静电除尘设备以及出入湿式静电除尘器烟道的自重等构成，该部分竖向荷载将直接传递到原烟道支架的混凝土柱上，对原混凝土支架梁的影响较小。上部湿式静电除尘器钢支架传递给原混凝土结构的水平荷载将造成梁的受力增大，但是考虑到烟道支架梁的承载力在原有荷载作用下具有一定的安全余度，同时由于梁上固定有较多的烟道支座和吊杆使得对各层梁的加固较为困难。因此，只对分析结果中承载力安全余度不大或者配筋面积不满足规范要求的那一部分混凝土梁构件进行改造加固。根据 GB 50367—2006《混凝土结构加固设计规范》，对不满足正截面抗弯、抗拉承载力的梁选用增大截面法进行加固，在梁端采用加焊钢筋锚入柱中以提高梁端正截面承载力。

下部混凝土支架新增的梁上无荷载直接作用，新增梁只起到降低新柱计算长度和结构体系整体稳定的作用。另外，根据新梁与原有柱的连接难易程度，新梁与原混凝土柱的连接采用铰接，新梁截面尺寸按照梁跨度进行取值。

4. 支撑体系加固

原烟道支架在增加上部湿式静电除尘器钢支架传递的荷载后，由于水平荷载较大，原烟道支架将产生较大的水平位移。通过初步计算分析，原烟道支架在水平荷载作用下 X 方向的水平位移、Y 方向的水平位移均远远大于湿式静电除尘引入前原结构的水平位移。因此，需要对原烟道支架结构体系进行重新布置，以提高结构的抗侧移刚度，确保原烟道支架结构在新增湿式静电除尘荷载作用下的安全性和整体稳定。

新增支撑体系必须满足以下要求：①支撑的布置简单明了且与上部钢支架的竖向支撑布置协调一致，外型美观，传力体系明确；②支撑布置使烟道支架的水平位移得到了有效的控制；③支撑的布置不影响现有吊车的正常运行，对原有混凝土支架的损伤也较小；④支撑及连接材料可在工厂加工，现场安装方便。

综合考虑以上因素，结合原烟道支架结构布置，考虑在原烟道支架的横向的 3、4 轴线之间和纵向的 D、E 轴线之间布置新增的斜撑抗侧体系，以加强原烟道支架的抗侧刚度和整体稳定，新增斜撑考虑采用槽钢组合截面。

5. 小结

根据嘉兴发电厂三期原烟道支架结构施工图，对引入上部湿式静电除尘及烟道荷载后的原烟道支架结构进行初步的受力和变形分析。根据分析结果，对原烟道混凝土支架采用增大截面法结合新增支撑体系的方式进行加固，可以满足在原烟道混凝土支架上部布置湿式静电除尘设备的要求。

/第三章/

燃煤机组超低排放系统的设备选型

第一节　低低温静电除尘系统

低低温静电除尘系统主要包括管式 GGH 及干式电除尘的改造。由于管式 GGH 是在国内首次采用，设备的选型比较困难，主要涉及系统布置、边界参数确定、管材选择、性能指标保证等方面。在嘉兴发电厂超低排放改造工程中，对低低温静电除尘系统的设备选型也是多次讨论。

一、酸露点的计算方法及管材材质

某公司酸露点计算温度采用以下方法：

$$t_{ld}=t_{ld}^{0}+\frac{\beta\times S_{ar}^{1/3}}{1.05^{(\alpha_{fh}\times A_{ar})}}$$

式中　t_{ld}——水露点温度；

β——过量空气相关常数；

S_{ar}、A_{ar}——收到基折算硫分和灰分，g/MJ；

α_{fh}——飞灰占总灰分的份额。

计算得出本工程的酸露点温度为 98.5℃。

所采取的防腐措施：冷却器采用 ND 钢管，加热器采用外覆特殊塑料换热管。

某公司酸露点的计算公式来自日本 IHI 公司，根据空气中 SO_3体积百分比的不同，并根据空气中的水气计算得出本工程的烟气酸露点在 106℃左右。换热器的烟气温度从高温侧 122℃降低至 95.8℃，此处烟气温度低于酸露点，易产生腐蚀，换热器管材选择耐硫酸钢，能有效地防止腐蚀；再加热段烟气进口温度较低，从 48℃提升至 72℃，由于温度均在酸露点之下，为了有效地防止腐蚀现象，再加热器的换热管材全部选用 316L。

二、换热器的结构技术特点

管式 GGH 是通过闭式循环水作为换热介质，利用原烟气的热量来加热净烟气，提高净烟气的排放温度，满足环保的要求。在原烟气侧的烟道中安装烟气冷却器，在净烟气侧的烟道中安装烟气加热器，在烟气冷却器和烟加热器之间安装有闭式循环水管道，水作为换热介质在2个换热器之间传递热量，因此，原烟气和净烟气之间没有联系，避免了回转式GGH的泄露问题，管式GGH是一个无泄漏的GGH，另外，在管式GGH系统中，没有大功率的转动设备，又是一个低能耗的系统。

考虑到本项目的实际情况，烟气冷却器拟采用翅片管换热器，在空气预热器的出口安装烟气冷却器，均采用ND钢翅片管换热器。

烟气加热器安装在湿式静电除尘器的出口，采用分段的换热管的烟气加热器。

每台换热器都采用模块化，每个模块受热面分组设计，每组有独立的进出水分集箱，运行中若某一局部出现问题，可将此位置所处的受热面组解列，而其余各组模块受热面仍可正常运行。在烟气换热器本体位置设计有检修平台，本体设备前、后烟道设计有人孔门，方便烟气换热器本体设备防磨检查及故障检修。

翅片管的特点：顺列管子/顺列鳍片布置；直通的烟气通道，降低积灰程度；保证吹灰更加有效；布置尺寸紧凑；更少的管材用量。

三、防磨损、防积灰措施

磨损防控技术：优化烟气流速，降低受热面磨损；优化换热管横向节距和纵向节距，避免尾迹磨损；圆形翅片管自身有抑制贴壁磨损的功能；烟气进、出口和受热面组织均匀烟气流场。

积灰防控技术：选择合理的烟气流速，减轻积灰；在冷凝受热面选择蒸汽吹灰，第一级换热器下方设置灰斗；第二级换热器在除尘器之后，根据工程项目实例，此处灰分较少，仅设置蒸汽吹灰器，无需设置灰斗。

在实际的实施过程中，对管式GGH的管材进行了进一步的调整，具体的设备清单见列表3－1。

表3－1　具体的设备清单

系统设备	序号	名称	规格型号、参数、材质	单位	数量	生产厂家	备注
烟气系统	1	烟道	碳钢＋鳞片防腐	套	1		
	2	织物补偿器	每台机组共21套，其中9套需防腐（13m×7.6m，4套，8.3m×9.6m，5套），常规补偿器12套（4.2m×4.2m，6套，ϕ4.2，6套）	套	21	浙江海丰电力设备有限公司	
	3	烟道除雾装置		套	1		
低低温静电除尘系统改造部分	1	烟气冷却器	型号：SED100 外形尺寸：7m×7m×7m（深×高×厚） 换热面积：8135m^2； 壳体材质：ND钢 换热管材质：ND钢/ND钢（高温段/低温段）	台	6	上海电气	

续表

系统设备	序号	名称		规格型号、参数、材质	单位	数量	生产厂家	备注
低低温静电除尘系统改造部分	2	烟气加热器		型号：SEZ100； 外形尺寸：12.5m×16m×6.6m（深×高×厚）； 换热面积：34 481m^2； 壳体材质：316L； 换热管材质：SAF2205/316L/ND钢（高温段/中温段/低温段）	台	1	上海电气	
	3	热媒增压泵		型号：OTSR300-560B； 流量：1463t/h； 压力：70mH_2O； 电动机功率：400kW	台	2	上海水泵厂	
	4	热媒补给水箱		15m^3	只	1		
	5	加热器		60m^2	台	1		
	6	蒸汽吹灰器		形式：半伸缩式； 型号：PS-SB； 吹扫介质：蒸汽； 电动机功率：0.55kW	台	36	上海克莱德贝尔德曼机械有限公司	
	7	管道	热媒补给管	ϕ76.1×3.5	m	50		
			热媒循环管	ϕ457×6.0	m	650		
	8	管道支吊架			套	1		
	9	管件及连接紧固件			套	1		
	10	加药罐		1m^3	个	1		
	11	阀门						
	12	电动阀门	调节阀	DN300-450	只	4		
			闸阀	DN65-450	只	9		
	13	手动阀门		DN16-DN450	只	352		
低低温静电除尘器改造	1	内件常规检修后调整		含气流均布板校正	套	1		
	2	强制热风吹扫装置		风机3个，1.1kW，加热器3个	套	1		
	3	灰斗改造		蒸汽管道70t；阀门；疏水设备	套	1		
	4	人孔门周边		人孔门内衬不锈钢	套	1		
	5	高频电源		原工频电源拆除	只	24		
其他附属设施	1	碳钢管道		DN100-DN250，碳钢	套	1		
	2	阀门		DN100-DN250，碳钢	套	1		
	3	保温及附属材料		岩棉	套	1		

第二节　湿式静电除尘器系统

1. 概要

(1) 配套设备（每台机组）：湿式静电除尘器（WWEP）1台；水处理设备1套；各种

配管1套；电气控制设备1套。

（2）基本计划条件

1）气体条件（WWEP入口气体条件）：FGD出口烟气体量（湿基，实际氧）3 364 015m^3/h；FGD出口烟气体量（干基，实际氧）2 953 396m^3/h；FGD出口烟气体量（湿基，6%O_2）3 588 283m^3/h；FGD出口烟气体量（干基，6%O_2）3 150 289m^3/h；运行气体温度50.0℃（BMCR工况）；运行气压＋1800Pa；气体成分H_2O 32 8614kg/h，SO_3（干基，6%O_2）40mg/m^3。

2）粉尘条件：FGD出口烟尘浓度（含石膏）（干基，6%O_2）不大于16mg/m^3；FGD出口雾滴浓度（干基，6%O_2）40mg/m^3（其中石膏含量20%）；FGD出口烟气雾滴中Cl^-浓度20 000ppm；电除尘出口粉尘浓度不大于5mg/m^3；

保证效率（在前述条件下）：粉尘去除率（含石膏）不小于70%；PM2.5去除率不小于70%；雾滴去除率不小于70%；SO_3去除率不小于20%。

3）WEP环境设计条件：WEP设计温度80℃；WEP设计压力＋5kPa。

外界空气温度：设计气温15.7℃；最高气温28.1℃（最热月平均气温），38.4℃（极值）；最低气温3.5℃（最冷月（1月）平均气温），－10.6℃（极值）；最大风速37m/s；地震系数依据新抗震标准（水平震度为0.079g）；最大积雪15cm；压力损失0.196kPa以下（因出货范围而异）；电器设计温度0～40℃以下；电器设计湿度10%～95%。

2. 湿式静电除尘器规格

湿式静电除尘器：湿式静电除尘器的型号参数见表3-2，湿式静电除尘器主要零件的规格见表3-3。

表3-2　湿式静电除尘器的型号参数

序号	名称	单位	参数
1	型号		2NYW168
2	除尘器台数/锅炉台数		2
3	室数/台		2
4	电场数		1
5	阳极板形式及材质		SUS316L
6	板宽	m	4.19
7	板长	m	10
8	板厚	mm	1.0
9	阴极线形式及材质		针刺线，SUS316L
10	沿气流方向阴极线间距	mm	200
11	通道	个	28
12	极间间距	m	0.3
13	截面积/台	m^2	168
14	烟气速度	m/s	3.62
15	集尘面积/台锅炉	m^2	9386
16	EP外形尺寸（单台炉）		

续表

序号	名称	单位	参数
17	宽	m	37.1
18	纵深	m	5.8
19	高度	m	25.2
20	壳体设计压力	kPa	5
21	电源（单台炉）	台	8（72kV/2000mA）
22	水膜水量（连续使用）（单台炉）	t/h	133.1
23	压损	Pa	200
	整流变压器数量（单台炉）	台	8（高频）
	外排废水量（单台炉）	t/h	39.2
	NaOH（32%）耗量（单台炉）	t/h	0.145
	工业补充水量（单台炉）	t/h	39.2

表 3-3　湿式静电除尘器主要零件的规格

序号	名称	规格型号、参数、材质	单位	数量	生产厂家	备注
A	本体部分					
1	本体设备	型号：2NYW168 外形尺寸：18m×11m×12.7m（H） 壳体材质：碳钢＋鳞片防腐 阴极线及框架：SUS316L 进口件 阳极板：SUS316L 进口件 喷嘴：SUS316L 进口件气流均布板、定位梁与定位槽：SUS316L	套	1		
1.1	壳体（含灰斗）	Q235＋鳞片防腐	t	170		
1.2	阳极板	SUS316L	t	110	日本日立	
1.3	阴极线及框架	SUS316L	t	55	日本日立	
1.4	定位梁及定位槽	SUS316L	t	30		
1.5	进出口烟箱	Q235＋涂鳞	t	68		
1.6	气流均布板	SUS316L	t	6		
1.7	内部配管	SUS316L	t	14		
1.8	喷嘴	SUS316L	个	1652	日本日立	
2	本体保温	岩棉板（厚度 60mm）	m^3	150		
3	本体保温保护板	0.7mm 压型彩钢板	m^2	2000		
4	油漆	支腿、平台扶梯第二道面漆	kg	200		
5	高频电源	含高频电源检修起吊	台	8		
6	绝缘子密封系统		套	1		
6.1	密封风机	型号：9-19.4.5A 流量：2281m^3/h 压力：4.297kPa 电动机功率：5.5kW	台	2		

续表

序号	名称	规格型号、参数、材质	单位	数量	生产厂家	备注
6.2	绝缘子电加热器	0.3kW	个	32		
6.3	配管		套	1		
7	变压器雨棚		套	2		
B	水冲洗系统					
1	自动清洗过滤器	0～100t/h	台	1		
2	循环水箱	ϕ4.4×4m	台	1		
3	排水箱	ϕ4.4×5m	台	1		
4	给水箱	ϕ4.4×4m	台	1		
5	碱计量泵（含电动机）	0.24m^3/h，70m，0.37kW	台	4		
6	循环水泵（含电动机）	型号：IHE100－65－250 流量：96m^3/h 扬程：87mH_2O 电动机功率：55kW	台	2	襄阳五二五泵业有限公司	
7	排水泵（含电动机）	43.5m^3/h，36m，11kW	台	2		
8	潜水排污泵	4m^3/h，30m，0.75kW	台	1		
9	补水泵（含电动机）	50m^3/h，80m，22kW	台	2		
10	卸碱泵（含电动机）	25m^3/h，20m，3kW	台	1		
11	循环水箱搅拌机（含电动机）	11kW	台	1		
12	排水箱搅拌机（含电动机）	11kW	台	1		
13	碱储罐（含平台、扶梯）	40m^3	台	2		
14	安全淋浴器		台	1		
15	外部配管	DN25－DN150	t	20		
16	各类阀门	DN25－DN150	个	107		
17	水冲洗用管道支吊架		套	1		
C	排水处理部分					
1	除雾器清洗水箱	ϕ5000×5000，碳钢涂鳞	台	1		
2	除雾器清洗水箱搅拌器	11kW	台	1		
3	预澄清器	ϕ9000×6000，带刮泥机，碳钢涂鳞	台	3	南通海容	一台公用
4	废水底泥输送泵	4m^3/h，20m，2.2kW， 介质通流部分材质：合金钢	台	2	耐弛	
5	除雾器清洗水泵	130m^3/h，H=55m，45kW， 介质通流部分材质：合金钢	台	2		
6	湿式静电除尘区域浆液泵	型号：FYL65－250A 流量：60m^3/h 扬程：16mH_2O 电动机功率：11kW	台	2	襄阳新金开泵业有限公司	
7	衬胶管道及附件	DN25－DN150	套	1		
8	碳钢管道及附件	DN25－DN1500	套	1		

第三节　脱　硫　系　统

脱硫系统的主要零件规格见表 3－4。

表 3－4　　**脱硫系统的主要零件规格**

改造部分	序号	名称	规格型号、参数、材质	单位	数量	生产厂家	备注
循环泵改造部分	A	新增部分					
	1	新增循环泵（含电动机）	型号：LC900/1150II 流量：11 400D 泵 m^3/h 扬程：27.7m（D 泵）27.5m（A 泵）；24.8m（B 泵）；22.1m（C 泵） 电动机功率：1400kW（A 泵）；1250kW（B 泵）；1250kW（C 泵）；1400kW（D 泵）	台	1	襄樊五二五泵业有限公司	
	2	循环泵电动机	原 1100kW 更换为 1250kW	台	1	湘潭电机厂	
	3	循环泵叶轮	更换	只	3	襄樊五二五泵业有限公司	
	4	衬胶管道	DN50－DN1200	套	1		
	5	衬胶电动蝶阀	DN1200	只	1		
	6	衬胶电动蝶阀	DN80	只	2		
	7	手动阀门	DN50－DN200	套	1		
	8	循环泵检修单轨吊	20t，10m	台	1		
	9	碳钢管道		套	1		
	10	机封水泵	$15m^3/h$，10m	台	1		
	11	工艺水泵	$200m^3/h$，55m	台	1		
	B	拆除部分			1		
	1	循环浆液管道	DN1200	m	15		
	2	循环泵电机	1120kW	台	1		
	3	循环泵叶轮		只	3		
	4	工艺水泵及除雾器冲洗水泵		台	3		
	5	碳钢管道及附属阀门、管件		t	3		
吸收塔本体改造部分	A	新增部分					
	1	托盘箱型梁及附件	碳钢 Q345B	套	1		
	2	喷淋管箱型梁及附件	碳钢 Q345B	套	1		
	3	喷淋母管（交互式）	FRP	套	2		
	4	喷嘴	4″，SiC	个	600		
	5	吸收塔增效装置	组合装置	套	1		

续表

改造部分	序号	名称	规格型号、参数、材质	单位	数量	生产厂家	备注
吸收塔本体改造部分	6	托盘及合金连接件	S32205 及 1.4529 等	套	1		
	7	防腐	鳞片树脂	套	1		
	8	平台	碳钢	套	1		
	B	拆除部分					
	1	原三层喷淋母管		套	1		
	2	原吸收塔 3″喷嘴		个	840		
	3	原喷淋母管箱型梁		套	1		
	4	原吸收塔防腐层	鳞片树脂	套	1		
	5	原吸收塔平台		套	1		
增压风机改造	1	增压风机改造		台	2	成都电力机械厂	
	2	增压风机转子检修起吊改造	15t	套	1		

第四节 脱硝系统

脱硝系统的主要零件规格见表 3-5。

表 3-5 **脱硝系统的主要零件规格**

序号	名称	规格型号、参数、材质	单位	数量	生产厂家	备注
1	催化剂		m^3	427	浙能催化剂公司	
2	声波吹灰器	Powerwave™ DC-75 型	只	14		

第五节 仪控仪表

一、电气部分

1. 380V 湿式静电除尘器母线接地方式选择

380V 低压厂用电系统有直接接地和高阻接地系统两种。380V 低压厂用电系统接地方式的选择既要考虑整个厂区电气系统的配置，也要考虑该 380V 母线上负荷的特性。湿式静电除尘器系统 380V 母线下有高频电源、电动机、加热器等。考虑加热器、电除尘电场等属于易发生接地故障设备，380V 湿式静电除尘器母线接地方式采用高阻接地方式。

高电阻接地即电力系统中性点通过一电阻接地，其单相接地故障时的电阻电流被限制到等于或略大于系统总电容电流，即 $I_{RN} \geqslant 3I_{C0}$。

中性点经高阻接地后，对电弧接地过电压和串联谐振过电压有较大的抑制作用，从而有效地防止了异常过电压对电动机、电缆绝缘的危害，保证了用电设备的安全运行。电阻接地的380V系统的安全性比380V直接接地系统更高，它最大特点是发生接地时不直接跳闸，留有足够的时间查找接地点。

380V湿式静电除尘器母线应配有小电流接地选线装置，以便发生接地故障时能快速找到接地支路。

2. 湿式静电除尘器电源选型

湿式静电除尘器电源是电除尘装置中的核心部分，为电除尘器提供所需的高压电场，其性能直接影响除尘的效果和效率。因此湿式静电除尘器电源的改进是提升电除尘器性能、提高除尘效率的关键，同时也是节能降耗的主要环节。

传统的电除尘器普遍采用工频可控硅电源供电。其电路结构是两相工频电源经过可控硅移相控制幅度后，送整流变压器升压整流，形成100Hz的脉冲电流送除尘器。高频电源则是把三相工频电源通过整流形成直流电，通过逆变电路形成高频交流电，再经过整流变压器升压整流后，形成高频脉动电流送除尘器，其工作频率可达到20～50kHz。

从国内外对电除尘器高频电源的理论研究及应用实践中证明其相对于传统工频电源具有明显的优势。在电源设备本身电能转换效率上，高频电源可达90%以上，工频电源只有70%左右。与工频电源相比，高频电源可增大电晕功率，从而增加了电场内粉尘的荷电能力。高频电源在纯直流供电方式时，电压波动小（一般在1%左右，而工频电压波动大于30%），电晕电压高（可达到工频电源二次电压的130%），电晕电流大（峰值电流是工频电源二次电流的200%）。高频电源的火花控制特性更好，仅需很短时间（小于25μs，而工频电源需10 000μs）即可检测到火花发生并立刻关闭供电脉冲，因而火花能量很小，电场恢复快（仅需工频电源恢复时间的20%），从而进一步提高了电场的平均电压，提高了除尘效率。

高频电源比工频电源对复杂多变的烟气工况具有更强的适应性。高频电源的供电电流由一系列窄脉冲构成，其脉冲幅度、宽度及频率均可以调整，可以给电除尘器提供各种电压波形，控制方式灵活，因而可以根据电除尘器的工况提供最合适的电压波形。间歇供电时，可有效抑制反电晕现象，特别适用于高比电阻粉尘工况，对细粒子的去除效果也有明显改善。

高频电源的体积更小、质量更轻，可高度集成。高频电源的配电系统、控制系统、高频整流变压器可根据需要设计集成在一个箱体内，体积及总质量大大减小。高频电源的安装也更方便，辅助设备更少，直接安装在电除尘器顶部，既能节省配电室空间，又能节省大部分信号电缆和控制电缆，减少安装费用。高频电源采用三相平衡电源，对电网影响小，无缺相损耗。

因此湿式静电除尘器电源选用高频电源，高频电源容量、数量按设计要求配置，其中变压器二次电压为72kV。

3. 变压器选型

每台机组设1600kVA干式变压器2台，设380V低压A、B段，中间设联络开关。变压器中性点经44Ω电阻接地，低压工作段每出线回路设零序电流互感器1只，另设小电流选线装置。每台机组设杂用MCC柜2只，每台杂用MCC柜采用固定柜，内含100kVA

干式隔离变压器1只及进出线开关，隔离变压器中性点直接接地，供需N线的负荷使用，杂用MCC出线采用微型空气断路器。

4. 电动机选型标准

电动机满足表3－6总的要求。

表3－6　　电动机选型标准表

项目	功率等级	电压等级	绝缘等级	温升等级	形　式	能效等级
AC	200kW及以上	6kV	Class F	Class B	全封闭，外壳防护等级：IP55	2级及以上
	200kW以下	380V				75kW及以上能效等级要求2级及以上
DC	控制	110（直流）/380V（交流）				

（1）电动机的设计应符合本技术规范书和被驱动设备制造厂商提出的特定使用要求。当运行在设计条件下时，电动机的铭牌出力应不小于被驱动设备所需功率的115％。75kW及以上电动机能效等级要求2级及以上。

（2）电动机应为异步电动机。电动机应能在电源电压变化为额定电压的±10％内，或频率变化为额定频率的±5％内，或电压和频率同时改变，但变化之和的绝对值在10％内时连续满载运行。电动机的输出功率、电压、频率均为额定值时，电动机的功率因数为0.85以上，效率的保证值为93％以上。

（3）电动机应为直接启动式，应保证在80％额定电压下平稳启动，6kV电动机能在65％额定电压下自启动，380V电动机能在55％额定电压下自启动。

（4）电动机的启动电流应达到与满足其应用要求的良好性能与经济设计一致的最低电流值。在额定电压条件下，6kV电动机的最大启动电流不得超过其额定电流的600％，380V电动机的最大启动电流不得超过其额定电流的650％。潜水泵电动机启动电流应不超过满载电流的2.5倍。所有绕组的绝缘应足以承受全部浸没在自然状态水中的条件。

（5）在规定的启动电压的极限值范围之内，电动机转子允许启起动时间不得低于其加速时间。

（6）电动机应能满足在冷态下连续启动不少于2次，热态下连续启动不少于1次。

（7）当电动机电源由正常电源向备用电源切换的过程中，对应备用电源，电动机残压可能为50％U_n，相角差为180°，电动机应能承受此转矩和电压应力。电动机的破坏扭矩不小于满载扭矩的220％。

（8）电动机应选用全封闭外壳，防护等级至少IP55。电动机应具有F级绝缘，B级温升考核。电动机绕组应经真空浸渍处理和环氧树脂密封。电动机的连接线与绕组的绝缘应具有相同的绝缘等级。电动机的绝缘还应能承受周围环境影响，包括传导体或磨屑，如具有硫的飞灰、烟气、雨水等，并考虑防爆要求。屋外电动机的暴露部件均需涂上一层适用于屋外设备的防腐层。铁芯冲片和其他内部部件也需涂一层保护层以防止腐蚀。

（9）电动机的振动幅度不应超过标准所规定的数值。

（10）电动机的最高噪音水平应符合所列规范和标准的要求。距外壳1m远处，电动机

的平均声压级不得大于 85dB（A）。

（11）每台电动机在电动机机座上应有接地装置。额定容量大于 75kW 的电动机应设有两个接地装置。若采用螺栓连接，在金属垫片或是电动机的底座上，应有足够数量的螺栓保证连接牢固，直径不小于 12mm。卧式电动机应在相反的两侧接地；立式电动机，一个接地装置设在电缆接线盒下面，另一个接地装置设在第一个接地装置转 180°的另一侧。

（12）电动机内部应配备接线与外部电缆接合的全封闭接线盒（防护等级至少为 IP54）。在接线盒内应标明电动机的相序。旋转方向标记在铭牌上，箭头直接指向旋转方向。出线盒的方位，面对轴伸端看，一般在电动机右侧。安装在电动机机座上的独立的易卸接线盒应提供下列回路接线：动力回路导线、加热器导线、CT 回路导线、RTD 和热电偶导线。动力接线盒尺寸、开孔尺寸以及端子板尺寸应考虑到电缆因降压和敷设温升效应需比按电动机额定电流选择的截面要大，需考虑将有关尺寸至少放大一挡。

（13）容量在 75kW 以上的电动机需装有电压为 380V 的空间加热器，但适用于单相 220V 运行，以保证较长的寿命。加热器的设计应保证电动机在静止状态时的电动机内部湿度在露点以上，加热器应安装在电动机内部可以检查的地方。

5. 6kV 开关选型标准

原有 6kV 开关柜基本技术参数：

形式：金属铠装全隔离手车中置式真空开关柜。

型号：上海通用广电工程有限公司 P/V－12 真空柜（主厂房 6kV 工作段）。

形式：金属铠装全隔离手车 F－C 开关柜。

型号：上海富士电机 VC－VF12/400 型 F－C 开关柜（脱硫 6kV 段）。

成套设备参数见表 3－7。

表 3－7　　成套设备参数

内　容		要求值	备　注
系统标称电压（kV）		6.3	柜体的额定电压和绝缘按 12/7.2kV 计
柜体额定电压（最高运行电压）（kV）		7.2	
额定频率（Hz）		50	
额定电流（A）	柜体主母线	4000	各部分温升应符合 GB/T 11022 的要求。接受额定电流大于要求值的投标设备
	工作段进线柜	4000	
	真空断路器馈线柜	按图供货	
	F－C 馈线柜	按图供货	
额定热稳定电流（方均根值 kA）		50	额定热稳定电流大于要求值
额定动稳定电流（峰值 kA）		125	动稳定电流以大为优，但大于 100kA 应提供依据
各回路开断短路电流周期分量（方均根值 kA）		50	接受短路开断电流大于要求值的投标设备
开断非周期分量百分比（%）		≥35%	
VCB 柜雷电冲击耐压（峰值 kV）		75	对地
		85	隔离断口
VCB 柜 1min 工频耐压（均方根值 kV）		42	对地

续表

内　容	要求值	备　注
	49	隔离断口
F－C柜雷电冲击耐压（峰值kV）：	75	对地
	85	隔离断口
F－C柜1min工频耐压（均方根值kV）：	42	对地
	49	隔离断口
柜体的防护等级	IP41	

真空断路器参数见表3－8。

表3－8　　　　真空断路器参数

内　容	要求值	备　注
真空断路器型号		
额定电压（kV）	7.2	
额定电流（A）	1200	额定电流大于要求值
额定短路开断电流（周期分量，方均根值kA）	50	额定短路开断电流大于要求值
额定频率（Hz）	50	
额定短路开断次数（次）	≥30	
额定短路关合电流（峰值kA）	≥100	
额定热稳定电流（方均根值kA）	40	额定热稳定电流大于要求值
额定动稳定电流（峰值kA）	≥100	
额定短路开断电流的直流分量（%）	≥35	
雷电冲击耐压（峰值kV）	≥75	
1min工频耐压（方均根值kV）	42	
合闸时间（ms）	≤70	
分闸时间（ms）	≤60	
断路器操作机构形式	弹簧操作机构	
操作电源电压	110V　DC	
操作电源电压变动范围	65%～120%	

接触器参数见表3－9。

表3－9　　　　接触器参数

内　容	要求值	备　注
型号		
额定电压（kV）	7.2	
额定电流（A）	400	
额定接通能力（kA）	6	
额定频率（Hz）	50	

续表

内 容	要求值	备 注
额定开断能力（kA）	6	
半周波内允许通过最大电流（峰值 kA）	40	
热稳定电流（kA）：4s	6	
最小额定开断感性电流能力	$0.2I_e$，$\cos\varphi=0.15$	
雷电冲击耐压（峰值 kV）	75	
1 分钟工频耐压（方均根值 kV）	42	

熔断器参数见表 3-10。

表 3-10　　熔断器参数

内 容	要求值	备 注
额定电流（A）	按图供货	
预期短路电流（周期分量、方均根值 kA）		
额定频率（Hz）	50	

技术性能要求：高压配电装置统一协调，开关柜的深度尺寸、高度尺寸和色标完全统一。颜色与原 6kV 段开关柜颜色一致。

6. 低压开关柜选型标准

380V 湿式静电除尘器母线中性点采用高阻接地方式，低压开关按负荷类型配置。一般 100kW 及以上馈线负荷、75kW 及以上电动机负荷采用框架式断路器。100kW 及以下馈线负荷、75kW 及以下电动机负荷可以采用塑壳断路器。

二、仪控部分

根据有关火电厂热工自动化技术规程、规定，结合本工程和我国技术经济发展情况，选用性能高、质量好、安全可靠、成熟、经济的产品。对有关系统的重要控制设备如国内无高质量的产品，将选用合适的进口产品。设备的选型尽可能与主体工程的设备选型相统一。本次除尘和脱硫改造，仪表控制设备原则上尽可能的利用原有设备，新增仪表设备选型尽可能与原有设备一致。

1. 控制系统

（1）DCS 控制系统：采用与机组 DCS 一体化的系统。本项目管式 GGH 纳入对应机组原有 DCS 进行监控。采用与机组 DCS 一体化配置的 DCS 控制柜（机组 DCS 品牌为西屋 OVATION 系统），配置一对独立的控制器，接入机组 DCS 系统。详细见表 3-11。

表 3-11　　DCS 控制柜清单

中文名称	型号规格	制造厂
OCR400 控制器	5X00247G05	ovation
24V 新电源套装	5X00490G09 5X00528G05	ovation
ROP 板	5D94804G10	ovation

续表

中文名称	型号规格	制造厂
模拟量输入卡（8 通道）	1C31224G01 1C31227G01	ovation
热电阻输入卡 RTD（8 通道）	5X00119G01 5X00121G01	ovation
热电偶输入卡件（8 通道）	5X00070G04 1C31116G04	ovation
模拟量输出模块（4 通道）	1C31129G03 1C31132G01	ovation
数字量输入卡（16 通道）	1C31234G01 1C31238H01	ovation
数字量输出模块（16 通道）FORM C（带交流继电器）	1C31219G01 1C31223G01	ovation
数字量输出模块（12 通道）FORM X（带直流继电器）	1C31219G01 1C31222G01	ovation
I/O Base	1B30035H01	ovation
系统机柜（采用 220V AC 风扇）	2200X600X600	ovation

（2）湿式静电除尘器 PLC 采用与全厂辅网同一系列的产品。PLC 品牌采用施耐德 MODICON QUANTUM 产品，CPU 选用目前主流型号 140CPU67160。每套 PLC 设备的控制模件、电源模件、通信摸件和交换机应冗余配置（包括远程 I/O 站电源模块），PLC 系统采用双网、双 CPU 模件、双电源卡热备用，I/O 摸件应与 CPU 同一系列。详细见表 3－12。

表 3－12　　湿式静电除尘器 PLC 组件清单

名　称	规格型号	品　牌
电源模块	140CPS12420	昆腾
CPU 模块	140CPU67160	昆腾
以太网模块	140NOE77101	昆腾
通信模块	140CRP93200	昆腾
通信模块	140CRA93200	昆腾
开关量输入模块	140DDI35300	昆腾
开关量输出模块	140DDO35300	昆腾
模拟量输入模块	140ACI03000	昆腾
模拟量输入模块	140ACI04000	昆腾
模拟量输出模块	140ACO02000	昆腾
端子排	140XTS00200	昆腾
机架	140XBP00600	昆腾
机架	140XBP01600	昆腾

2. 控制台、柜、箱

DCS 机柜等随 DCS 控制系统配供。热控 380/220V AC 电源分配柜、变送器保温/保护箱、就地控制盘、供电箱及接线盒等采用技术可靠的国内设备。

3. 监测仪表

脱硫系统测量仪表选用质量可靠的产品，其中关系到重要调节品质和保护的仪表采用冗余配置。

(1) 变送器。所有变送器采用罗斯蒙特3051系列和横河EJA系列智能变送器，并具有HART通信协议。

控制系统监视与控制用的压力和差压信号，应采用压力/差压变送器测量，压力/差压变送器二线制，输出4～20mA DC信号。变送器应具有HART协议，就地液晶指示的智能变送器，精度达到0.075级，提供的外部负载至少为500Ω，螺纹接口为采用1/2NPT阴螺纹；过程逻辑开关精度至少为0.5级，防护等级IP65，螺纹接口为采用1/2NPT阴螺纹，变送器与仪表管采用卡套连接方式。所有不使用的连接口应予以封堵。差压型变送器应能过压保护来防止一侧的压力故障对其产生的损害。变送器选型时应遵循下列原则：即变送器标定的量程应使正常工作压力（差压）在其标定量程刻度的1/2～2/3处。

室外的所有变送器应就近集中安装在测点附近的仪表保护箱或保温箱内。

(2) 温度测量。所有温度元件采用国产WZP2－230型双支热电阻。热电阻应采用国产优质品牌产品或国家科技部等五部委颁发重点新产品证书及相当水平的国产产品。热电阻应采用双支PT100，热电阻的精度应满足以下要求：A级（0.15±0.2%）；热响应时间能满足$\tau_{0.5}<30s$。轴承温度选用轴瓦专用双支Pt100防振型热电阻，测量电动机线圈温度选用电动机专用双支Pt100防振型预埋热电阻。热电阻的信号-信号、信号-接地的绝缘电阻应不小于100MΩ；采用绝缘型的铠装热电偶，信号-信号、信号-接地的绝缘电阻应不小于1000MΩ。

热电阻保护套管选用不锈钢保护套管，引出线应配防水、防尘式接线盒；对于烟气测量，测温元件护套应具有防酸腐蚀和耐磨措施，材质为铁－镍－铬合金。

测温元件安装的插入深度应符合相应的标准，并根据安装管路、部件来选择法兰式或者螺纹连接型。

试验测点应预留。烟道上测温装置布置应尽可能开孔倾斜向下，暂未使用的测点也应安装护套并有保护盖。

现场安装的就地温度计应采用可抽芯、万向型双金属不锈钢温度计，测温元件直径为6mm，应为无振动安装，使显示仪表远离振动场所。

(3) 流量测量。用于远传的流量测量传感器应带有4～20mA DC两线制信号输出。管式GGH系统，因介质为低电导水，流量测量采用“节流装置＋变送器”。节流装置应采用环室取样方式的孔板，带有引出管与差压测量管路连接，节流装置前后的直管段长度应符合要求。孔板选用江苏江阴节流孔板厂的LGBH系列；变送器采用横河EJA系列智能变送器，集中布置在仪表保温箱，为了防止冬季气温过低的影响而配置伴热带控制回路，取样管路敷设伴热带。

湿式静电除尘器水系统，因介质为高电导水，流量测量使用电磁流量计。电磁流量计选用一体化流量计，流量计传感器选用罗斯蒙特8705系列，流量计变送器选用罗斯蒙特8732EST2A1NAM4。电磁流量计能同时提供瞬时流量和累积流量远传信号，精度不小于0.5%，防护等级IP67；测量腐蚀介质的电极材质应选用防腐材料；电磁流量计应有市级以上计量单位出具的检定合格证以及检定报告。

(4) 液位测量。用于集中控制与监视用的水位、液位、料位信号，所采用的变送器应具有4～20mA DC信号输出。就地水位测量不应采用玻璃管水位计，而应采用磁翻板水位计。

对于箱罐的液位测量，使用磁翻板水位计配套的液位变送器，测量范围满足要求，输出信号 4～20mA DC，外壳防护等级 IP67，液位变送器可靠贴合磁翻板液位计的测量筒壁。

对于有悬浮物介质、废水池，其液位测量选用 E＋H 的 FMU30AAHEAAGGF 超声波液位计，超声波液位计带就地液晶显示，波束角应满足安装要求，输出信号 4～20mA DC，外壳防护等级 IP67，并具有不小于 13mm 的螺纹电缆接口。

液位计的连接法兰应根据测量工质是否具有腐蚀、挥发等特性来选择材质，同时要保证连接法兰的严密性。

（5）pH 值测量。pH 计应为优质成熟产品，测量精度至少将达到±0.01pH 值，4～20mA DC 两线制信号输出。本项目主要在湿式静电除尘器循环水箱和喷淋回水箱设置了 pH 计，采用罗斯蒙特品牌。

pH 电极选型为 396P－01－10－55－99CB32，采用插入式电极，可靠安装在带手球球阀的安装装置中，接口保证严密性。

变送器选型为 1056－01－22－32－AN，防护等级至少为 IP65，配置 316 不锈钢保护箱，以防止现场长期雨淋和粉尘的影响。

（6）烟尘仪。装设 Wet ESP 和管式 GGH 后，要求每台机组烟囱上增加烟尘连续排放监测仪表。烟尘仪应符合国家相关规范的要求，同时并根据本改造工程的烟尘排放浓度合理选择烟尘仪的量程。烟尘测量值通过原有 CEMS 数据采集系统送入厂区环境监测站数据库和通过硬接线接入 DCS。

烟尘仪应满足 HJ/T 75—2007《固定污染源烟气排放连续监测技术协议（试行）》、HJ/T 76—2007《固定污染源烟气排放连续监测系统技术要求及检测方法（试行）》和《浙江省污染源自动监测数据有效性审核实施细则（修订）》的要求。

（7）执行机构。本项目阀门执行机构均采用电动执行机构，最终采用 Rotork IQTC 系列。

开关型电动阀门的电动装置采用智能型一体化产品，防护等级 IP67，电动装置内装设有接触器、热继电器等配电设备，只需提供三相三线 380V AC 动力电源和开/关信号就可驱动阀门。所有阀门均提供装置的接线图和特性曲线。所有开关型电动阀门应至少提供全开、全关、开力矩、关力矩、就地/远方切换、故障报警等接点输出信号，在全开全关位置应至少配有两开两闭接点输出的行程开关。执行机构的工作制为可逆断续工作制，当接通持续率为 25%时，每小时接通次数一般为 60 次，但应允许接通次数达每小时 600 次。

调节型电动执行器应是智能一体化产品，电源等级三相三线 380V AC，防护等级 IP67，能接收 4～20mA DC 的控制信号控制信号，输出 4～20mA DC 的位置反馈信号，具有断信号保持的功能，并有开关量限位开关、故障报警输出信号，触点数量应满足系统设计需要。执行机构负载持续率 10%～80%，每小时接通次数 1200 次。

电动执行机构应能通过手轮，对执行机构实行就地手动操作。所有的电动执行机构（电动装置）应带有接线端子或插座与电力电缆和控制电缆相连。这些插头应按照 IEC309 或等同标准制造。

所有电动执行机构（电动装置）的力矩、全行程时间、精度、回差等性能指标应能满足热态运行时工艺系统的要求和 DL/T 641—2005《电站阀门电动执行机构》要求。

(8) 脱硝声波吹灰器。原脱硝系统声波吹灰器使用效果较好，为了保证检修维护的方便性备品管理的统一性，声波吹灰器沿用原脱硝系统的声波吹灰器型号（Powerwave™；DC-75 型）。

燃煤机组超低排放系统的安装

第一节　燃煤机组超低排放系统施工特点

一、概述

“十二五”期间，燃煤发电机组掀起了脱硝改造的高潮，目前，全国大部分机组已基本完成了脱硫、脱硝改造工作。一般来讲，火电机组在脱硫、脱硝改造后，炉后场地、空间已十分紧张，根据超低排放改造设计，工程桩基施工、新增或改造的烟道、设备等安装均需利用原有空间，因此作业空间狭窄、作业风险大等是超低排放改造施工的主要特点，需采取充分的措施以确保施工安全有序。

二、主要施工内容

1. 土建工程

对于湿式静电除尘器卧式布置的改造方案，湿式静电除尘器、管式 GGH 加热器区域及箱罐区域均需新增桩基、承台及钢结构，管式 GGH 冷却器区域一般考虑采用原有钢支架加固。

根据厂区原有建筑情况考虑是否需新增湿式静电除尘器电控楼及电子室。

2. 安装工程

(1) 湿式静电除尘器及管式 GGH。湿式静电除尘器及管式 GGH 加热器及其进出口烟道属于新增设备，一般布置于引风机出口水平烟道上部，新增管式 GGH 冷却器一般布置于原静电除尘器入口水平烟道上，原静电除尘器进口烟道和吸收塔进出口烟道部分需要改造。另外，包括新增湿式静电除尘器附属水箱、预澄清器和除雾器冲洗水箱的安装工程。

每台机组新增两台湿式静电除尘变压器对新增的两电场湿式静电除尘器供电，湿式静电除尘器相应水泵、电动阀门等由新增湿式静电除尘变压器供电。需增加主厂房 6kV 段供湿式静电除尘变压器的开关、湿式静电除尘器改造相应新增动力电缆及控制电缆。

每台机组新增两台管式 GGH 热媒水泵，一用一备，相应新增动力电缆和控制电缆。

新增湿式静电除尘器本体采用脱硫 DCS 控制，湿式静电除尘废水排放部分、管式

GGH及烟道除雾器等的控制以DCS远程控制站的方式纳入脱硫DCS，并实现运行人员通过除灰控制室内PLC和脱硫DCS操作员站完成对上述设备的启/停控制、正常运行的监视和调整，以及异常与事故工况的处理和故障诊断。

（2）低低温静电除尘器改造。

1）对壳体密封进行改造。

2）通过采用低低温技术对干式静电除尘器进行改造，干式静电除尘器内部件及壳体不需做大的改动，改造工作量相对较小。

3）对电除尘灰斗加热由电加热改为蒸汽盘管加热，安装相应盘管及蒸汽、疏水管道。

（3）吸收塔本体改造。

1）塔内件拆除工作：

a. 拆除原有部分喷淋层母管及对应层喷嘴。

b. 拆除部分原喷淋母管箱形梁及对应U形抱箍、母管端部支托。

c. 拆除部分与新安装的喷淋母管相碰的除雾器层平台。

2）塔内安装工作：

a. 安装新的喷淋母管管接口、箱形梁及母管端部支托。

b. 新增的喷淋母管管接口、箱形梁及支托重新鳞片防腐，喷淋层沿塔壁一圈鳞片防腐。

c. 安装FRP交互式喷淋母管、U形抱箍及喷嘴。

d. 安装托盘箱形梁及环形角钢。

e. 安装托盘及紧固件。

f. 安装吸收塔脱硫增效装置。

3）浆液循环系统改造。原有的喷淋系统改成交互式喷淋系统后，吸收塔循环浆液管道也随之改变。原循环泵进口管道及出口垂直段管道保持不变，原浆液循环管道入吸收塔前水平段拆除后重新布置。

新增一台循环泵，相应的电气开关柜、动力电缆及控制电缆新增或改造。

新增浆液循环泵及除雾器喷淋改造的I/O点，以在原机柜备用插槽新增卡件和利用原脱硫DCS备用点的方式纳入脱硫DCS进行控制，并实现运行人员通过除灰控制室内脱硫DCS操作员站完成对上述设备的启/停控制、正常运行的监视和调整，以及异常与事故工况的处理和故障诊断。

（4）脱硝系统改造。SCR脱硝改造主要包括两台机组各增加一层催化剂和相应的声波吹灰器。

加装催化剂后的声波吹灰器I/O点，以利用原脱硝DCS备用点的方式纳入到脱硝DCS进行控制，并实现运行人员通过主机集控室内DCS操作员站完成对上述设备的启/停控制、正常运行的监视和调整，以及异常与事故工况的处理和故障诊断。

（5）其他系统。

1）照明及检修系统。正常交流照明系统可考虑由就近MCC供电，事故照明系统装设有自带可充电电池型应急灯。

2）防雷接地系统。防雷保护根据需要设计和安装。所有的高耸建筑物用接闪杆、接闪带或接闪网防止直击雷。接地装置采用水平接地体（热镀锌）为主和垂直接地体组成的复合人工接地网，并与电厂主接地网相连。

三、施工特点及相应措施

1. 施工技术特点及相应措施

（1）施工技术主要特点：

1）改造工程一般需要新增桩基及对原有钢支架加固，需对该区域内的部分设备、管道、电缆等进行移位改造，且部分设备或烟道移位需在机组停运时方可进行。

2）新增管式 GGH 冷却器按布置于原有静电除尘器前设计时，由于静电除尘器前的烟道水平段较短，场地布置非常紧张，该区域一般有综合管架及电缆桥架，施工机械布置、大件吊装难度较大。

3）脱硫提效涉及到吸收塔塔内部结构改造，改造涉及机务、防腐、电仪等各专业，施工区域小，交叉作业多，工作量大，塔内作业对消防要求较高。

（2）主要控制措施：

1）项目前期业主、施工单位、设计单位等加强沟通，设计时提资充分，掌握全面的设计资料（特别是老机组原设计单位的相关设计资料），确定合理的施工图，制定周密的移位方案，对需移位的设备及管道进行分类，对不影响机组正常运行的管道、设备、电缆等尽量安排在机组运行期间完成；影响机组正常运行的烟道移位及混凝土结构改造工作在机组结合机组调停机会尽量提前处理完成，以缩短停机改造工期。

2）施工前对施工难度较大区域的作业进行充分策划，施工单位和设计单位加强沟通，总平布置时充分考虑施工机械的布置及操作空间，技术方案充分考虑施工的可操作性和施工能力，合理配置塔吊、汽车吊、履带吊等大型吊机，必要时辅以电动葫芦进行安装作业。

3）吸收塔改造前制定周密的计划，编制详细的施工方案及专项防火方案并进行严格的会审审批手续。合理安排作业人员及作业时间，尽量避免交叉作业，同时在防腐期间采取相应范围内禁止动火的措施。

2. 施工进度难点及相应措施

（1）施工进度主要特点：

1）由于发电厂一般都有年度的发电计划和任务，同时发电量是考核电厂的主要指标，因此从电厂的角度总是希望停机改造工期尽量缩短，施工方与业主方在工期方面的矛盾是不可避免的，需要达到一个双方认可的平衡点，如某厂湿式静电除尘器卧式布置的 600、1000MW 机组停机改造工期均为 75 天。

2）根据电厂的企业特点，改造的停机施工与计划检修一般是结合开展，而计划检修时间都是提前申报，不要因设计、设备采购周期较长而造成施工进度紧张。

3）由于部分改造作业需待机组停运后方可实施，如机组原设有回转式 GGH 则必须待其拆除后方能在此区域进行钢结构改造、烟道及设备安装工作，停机期间改造施工时间紧张。

（2）主要控制措施：

1）根据施工内容详细排定施工工序及工期，各参建方加强对工期的会审讨论，在确保安全作业的前提下合理优化工期，同时在施工过程中，根据各种边界因素的变化对工期

进行及时动态调整，尽量避免赶工或窝工现象。如烟道、湿式静电除尘器壳体、吸收塔箱梁可采用地面防腐，再进行吊装后修补防腐，以缩短工期。

2）编制详细可操作设计出图计划、设备供货计划，过程中与设计、采购密切沟通，在主要设备厂家资料未及时提供的情况下，估算荷载进行部分预设计工作，采取集中设计、驻厂蹲点催货等方式，确保相关图纸、设备及时到场，同时结合项目进展情况合理安排计划检修时间。

3）准备工作充分，确保具备条件时能及时开工；合理安排工机具进场时间、劳动力资源配置计划，确保各工种之间的衔接和有序施工。在停机前具备条件施工的（如湿法电除尘、管式GGH再热器及相连进出口烟道的安装及防腐等）内容尽量完成，减少停机期间改造的主线。

3. 施工安全文明主要特点及相应措施

（1）施工安全文明特点：

1）桩基、土建、钢结构吊装施工主要在机组运行状态下完成，要确保施工时人员及机组设备、系统运行安全，杜绝由于措施不当导致设备停运或机组跳闸等事故发生。

2）吸收塔、回转式GGH、老烟道内均为鳞片防腐，在防腐区域进行动火作业必须严格做好防火措施。吸收塔改造及新烟道、湿式静电除尘器在安装完成后均需进行防腐修补，防腐期间产生的挥发性气体极易燃烧，必须要有严格的动火管理制度及防火措施。

3）作业现场场地小，施工机械、临时材料设备堆放场地不足。

（2）主要控制措施：

1）机组运行期间施工时需做好施工人员安全技术交底工作，并完善施工区域的围护和警示标志；土建施工时，以机械开挖为主，离运行设备较近的重点区域采用人工开挖，同时合理选择施工机具，确保机组运行安全；冬季施工需重点做好防冻、防滑、防火、高空作业、机械吊装安全监督，确保安全措施到位。

2）针对吸收塔、烟道、湿式静电除尘器等防腐作业，需编制防腐作业安全专项方案和应急预案并经审批后发布，施工过程中严格按方案要求。严格执行工作票及动火票制度，避免防腐与动火交叉作业，做好防腐区域的隔离、监护。

3）制定有限空间作业、交叉施工等危险性较大作业管理制度，要编制GGH及烟道系统拆除、防腐施工作业、脚手架搭拆、大型机具拆装等安全专项方案，对于现场布置的塔吊的安全专项方案组织专家评审，按规定程序完成审批，并严格执行。

4）开工前对安全文明施工进行提前策划，设置可行的隔离方案，设备、材料、工具等定置堆放，每日做到工完、料尽、场地清。

第二节　燃煤机组超低排放系统施工方案（改造机组）简介

一、概述

施工方案是针对某一分项工程的施工方法而编制的具体的施工工艺，它将对此分项工程的材料、机具、人员、工艺、安全措施等进行详细的部署，保证质量要求和安全文明施工要求，具有可行性、针对性，符合施工及验收规范。

施工方案是防止施工事故的有效手段，为此国务院安委会专门发出《国务院安委会办公室关于开展建设工程落实施工方案专项行动的通知》（安委办〔2015〕4号），要求强化施工现场安全管理，落实企业和从业人员安全管理责任，提高从业人员遵法守规意识，降低施工现场系统性安全风险。

超低排放改造工程施工作业区域集中，受限空间、防腐施工、高空吊装等高风险作业较多，为确保工程施工的安全有序推进，重点区域、重要系统施工及风险较大的关键工序作业前必须进行施工策划，编制完善的施工方案并严格执行，才能保证施工的安全高效。

二、施工方案清单

根据超低排放项目特点，需编制的方案清单一般如下：

（1）土建专业：桩基施工方案；基础承台施工方案；电控室施工方案；围栏布置施工方案。

（2）机务专业：烟道制作安装施工方案；湿式静电除尘器（如有）安装施工方案；管式GGH安装方案；管道安装施工方案；电除尘改造施工方案；钢结构施工方案；保温油漆施工方案；吸收塔改造施工方案；吸收塔防腐施工方案；烟道防腐施工方案；湿式静电除尘器防腐施工方案；吸收塔改造施工方案；辅助设备安装方案。

（3）电仪专业：电气施工方案；仪控施工方案。

（4）专项方案：塔式吊机拆装方案；脚手架搭设方案；大型履带吊安装、拆卸施工方案；施工用电方案；GGH系统拆除方案；冬季施工专项安全措施。

（5）防火专项方案：吸收塔防腐施工防火专项方案；湿式静电除尘器防腐施工防火专项方案；烟道防腐施工防火专项方案；吸收塔改造施工防火专项方案；立式湿式静电除尘器施工防火专项方案；吸收塔除雾器拆装防火专项方案；水平烟道除雾器施工防火专项方案；其他附属设备防腐施工防火专项方案。

三、施工方案简介

根据本工程特点，本节简要介绍以下两个典型的施工方案案例。

方案1：桩基施工方案

1. 编制依据（略）

2. 工程概况

说明工程名称、工程内容、工程量等。

3. 作业前必须具备的条件

说明开工需办理和报审的开工报告、方案、交底、工作票等是否齐备；材料、工器具、通信设备等是否准备好；人员是否经过培训合格具备相应资质；施工用水、电、气等是否落实。

4. 施工部署

（1）施工难点。施工桩位离厂区运行设备很近，大部分桩上部6m处是钢梁或运行设备，小部分桩上面3.5～4.5m是钢梁或运行设备，桩位下部是水泥地面和含大块石、塘

渣等回填物。

本工程特点是桩孔较深，桩径较大，施工区域前后左右上下空间非常小而且设备都在运行中，所以施工设备要求设备功率要大、设备扭矩要大、钻杆要短而大、钻塔高度要适宜、钻机底盘要小、设备性能要可靠。

施工中不能干扰电厂的正常运行，同时钻孔灌注桩施工应合理地安排好施工作业及选好机械作业设备，做好泥浆处理和孔口回填工作，保护好周边环境。

(2) 施工作业机械设备的选择。本次土建工程钻孔灌注桩，采用 ϕ600 钻孔灌注桩，桩长 35m，桩数为 34 根；采用 ϕ800 钻孔灌注桩，桩长 48m，桩数为 35 根。所有桩为通长配筋。根据钻孔灌注桩施工地层和场地特点及工期要求，选用 1 台挖机配合人工处理地表上部 2m 障碍物，局部地方挖土宽度 3～4m；1 台 KPH－1000 钻机、3 台 GPS－10 改进型钻机设备即可满足施工要求，施工过程中结合各方面的情况对实际进场设备进行调整。

(3) 施工现场碰到管线、管道及设备的处理方法。如现场有管线对打桩施工造成影响，提前通知相关部门进行处理，不得私自改动管道；上部有钢支撑影响施工，在情况允许的情况下改造桩机；在桩机无法改造的情况下，要提前通知相关部门具体需割除的钢梁。

(4) 施工测量定位。本次施工的工程桩基项目主要是为配合发电厂内主厂区环保改造而进行建造的一些重要建（构）筑物，且厂区内主要建筑群体已经存在，用上部挖机及人工处理障碍物，再用 GPS－10 改进型钻机进行施工，故测量工作难度较大。根据其特点，测量工作首先为确保工程质量的第一要素，施工中要配备高精度的经纬仪、水准仪进行工程测量和测量复核工作。测量工作严格按照总平面布置图和规划放样，严格按照建筑程序进行测量放样施工。所有定位、轴线测量均采用经纬仪进行测定和复核，做到工程测量先行并有专人复核验算。

施工中同时做好地面水准的观察和打桩过程中的场地及厂区建筑物的变化工作。

(5) 施工场地地下障碍物的处理。该建设场地情况为地面厚 25cm 的水泥地坪，水泥地坪采用镐头机和小型挖机处理，水泥地坪以下 2.5～3.5m 都是大块塘渣的回填物，需要每根桩位先用小型挖机清理桩位下面大块塘渣，然后护筒下放至标高要求，桩机就位，轴线复合，方可施工。

(6) 沉降观测。土建工程打桩期间，由于在运行机组内施工，故施工期间应对周边环境进行密切的保护和减少施工给周边带来的干扰；同时每天派专人对工地周边的建筑物、道路及地下管线进行检查，在已有的钢柱上制作 7 个沉降观测点，统一编号，每隔 7 天测量一次，确保施工不给周边环境带来破坏及不安全因素。

(7) 场地围护和清洁。根据现场实际情况，对现场施工区域进行围护，围护材料为砖块、建筑钢管和彩钢瓦。局部位置加强对设备的围护，具体布置按照施工平面布置图施工。由于需正循环泥浆护壁施工，施工产生废泥浆较多，同时混凝土运输、废泥浆废土外运（弃至指定地点）处理等配合施工工艺较多，容易对周边环境带来污染，施工中将采取专人守护、专人保洁和不定期检查落实清理等多项保洁措施确保不会污染周边环境和设备。

(8) 施工布置。根据工期要求等情况，投入 4 台 GPS－10 改进型钻孔桩机进场施工。

工程场地内不设工程现场办公用房，职工、工人住宿用房在厂区外租赁解决。

钻孔灌注桩施工前应设置好泥浆池、废浆池、钢筋笼制作堆放场地等临时布置场地。

本工程钻孔灌注桩采用泵送商品混凝土，施工中将根据运输路线和现场实际情况统筹调配、策划。

施工用水：钻孔灌注桩桩机施工过程中，用水量较大，要求甲方提供口径 DN50 以上的供水管，供水点采用在电除尘设备下面杂用水管。

施工用电：钻孔桩施工，根据施工设备配套要求，需要甲方提供 565kW 以上的施工电力。

(9) 施工顺序：

1) 1 号桩机：1→2→4→3→13→14→16→15→37→38→36→35→33→34→32→31；

2) 2 号桩机：21→22→20→19→62→58→63→59→61→60→66→69→67→68→41→42→44→43；

3) 3 号桩机：64→57→65→54→56→55→18→17→53→49→52→48→50→47→51→46→39→45→40；

4) 4 号桩机：5→7→6→8→11→9→12→10→29→28→30→27→24→26→23→25。

(10) 竣工验收。工程桩施工完毕后 2 天内，桩机退场，同时做好与上部工程之间的一系列交接工作，并且做好桩位偏差复核、桩基检测等一系列验收工作，资料在完成施工后 7 天内结束并且按要求汇编成册，及时递交给上部工程总包单位或业主单位。

5. 钻孔灌注桩施工工艺

钻孔灌注桩主要采用 GPS－10 改进型钻孔桩机施工，回转钻进，泥浆护壁，正循环两次清孔，并采用油轮式导管灌注水下混凝土，详见钻孔灌注桩施工流程图（略）。

(1) 测量定位。测量定位选用高精度全站仪，工程测量基准点用混凝土浇筑固定，并安装防护标志，防止重车辗压和重物碰撞而产生的移位，基准方位安设在视线范围内的不产生变形物上，或设点加以混凝土保护。

在测定桩位前，先复校建筑物基点，闭合测量。搞清基点与红线关系，符合误差允许要求后，再测定桩位。

测定桩位分三次，在挖孔前测量一次，在挖孔后复测一次使护筒中心与桩位偏差不大于 50mm，并做好桩位标志。然后用水准仪测量护筒标高，做好测量记录，第三次测量，在钻机就位前进行，并检查钻机是否对准桩心标记。

(2) 埋设护筒。护筒利用挖孔处理障碍物时的空间下放，定位后固定。

(3) 钻机就位。钻机就位时，转盘中心对准桩位中心标志，偏差应小于 15mm，用水平尺对转盘水平进行测量及校正，并做到天车中心、转盘中心与桩位中心（三心）成一垂线。

(4) 成孔。本工程成孔采用正循环钻进施工工艺，钻头均选用三翼条形刮刀钻头。

正循环钻进参数控制范围如下：

正转（r/min）：18、34、48、57、71、105、150、218；

反转（r/min）：15、47。

立轴最大超重能力 106kN，立轴最大加压能力 800kN（GPS－10 型改进型）。

施工中应根据地层情况，合理选择钻进参数，一般开孔宜轻压慢转，正常钻进时钻进速度控制在 8m/h 以内，临近终孔前放慢钻进速度以便及时排出钻屑，减少孔内沉渣。

(5) 护壁。钻孔形成时，由于受地层覆盖土压力的作用，使自由面产生变形，泥浆使用得当可以抑制变形的产生。根据本工程地质岩土物理性能，选用原土地层自然造浆，局部加膨胀土调浆施工，以改善泥浆物理性能，确保护壁质量。

(6) 泥浆。根据不同的地质情况，选用不同的泥浆性能参数，来平衡地层的侧压力，以抑制孔壁的缩颈、坍塌。泥浆使用的基本原则为孔内自造浆施工，同时针对循环钻机施工和复杂地层的施工，泥浆池设置为13.5m×9m×1.3m（长×宽×高），施工产生的泥浆，采用由泥浆泵抽至槽罐车运至指定的堆放点。根据设计孔深要求对照工程地质报告和上返泥浆和岩样确定入持力层深度。

(7) 清孔。清孔是钻孔灌注桩施工中重要的一道工序，清孔质量的好坏直接影响水下混凝土灌注施工、桩身质量与承载力的大小。为了保证清孔质量，本工程直径800mm的钻孔采用二次正循环清孔。在钻进将至终孔深度时，减缓钻进速度，使土层颗粒充分水化分散，为清孔的顺利进行，做好必要的前期准备。第一次清孔利用成孔结束时不提钻慢转清孔，调制性能好的泥浆替换孔内稠泥浆与钻屑，时间一般控制在60min左右。第二次清孔是在下好钢筋笼和导管后进行，利用导管采用大泵量正循环清孔，清孔时，经常上下窜动导管，以便能将孔底周围虚土清除干净。每次清孔后沉渣均达到50mm之内，并在第二次清孔后立即灌入第一斗混凝土。

(8) 钢筋笼。

1) 钢筋选用具有质量保证书，并通过抽样复检合格的钢筋。钢筋笼由专职钢筋工和持证电焊工上岗制作，并对钢筋搭焊质量抽样送检，抽样数量为每300个焊接接头做一组试验。

受场地限制本工程采用4.5～9m长的钢筋笼，钢筋笼在预制模中点焊成型，做到成型主筋直、误差小、箍筋圆、直观效果好。钢筋笼之间采用单面电弧焊连接，焊接长度不小于10*d*（*d*为钢筋直径），且同一截面接头面积不超过50%。

钢筋笼的制作偏差范围如下：

主筋间距为±10mm；箍筋间距为±20mm。

钢筋笼长度为±50mm；钢笼直径为±10mm。

焊接长度不小于10*d*（单面焊接）、

2) 钢筋笼保护措施图。为了保证钢筋笼主筋不产生露筋现象，工程采用3个100mm×50mm混凝土块在钢筋笼上设置，每3m一组，对称设置，详见钢筋笼保护措施图（略）。

(9) 水下混凝土灌注。

1) 浇注前准备工作：根据设计混凝土强度要求供应商做好混凝土级配测试报告；要求进现场的商品混凝土按级配取料，要求供应商严格控制好搅拌时间及坍落度，并制作试块，28天后对试块进行测试；清孔开始之前准备好浇注工作的一切准备工作（运浆斗、储料斗、翻斗车、固定泵车、用水、用电及相应人员到场等）。清孔结束卸去清孔器具、装好储料斗，同时由搅拌车通过泵车进料。

2) 导管。导管采用ϕ219油轮式钢管。该导管密封性好、刚性强、不易变形。使用前必须检查管内是否有残物；使用后将导管清洗干净，在指定位置排放整齐。

3) 水下混凝土灌注。根据孔深的不同配置导管长度，导管口下入距孔底0.3～0.5m处。当两次清孔结束后，立即灌入足够的初灌量（$\pi 0.4^2 m^2 \times 1.2m$），满足导管埋入深度超过1.2m。本工程由于采用商品混凝土施工，每车6～8m^3，初灌量远远满足要求。

混凝土灌注工作一般不超过4h，中间停待不超过30min，同时勤拔导管，勘测混凝土面灌注高度，确保混凝土施工连续进行，不漏拔、不空拔。

4）测量。成孔后采用标准测绳测量孔深，保证孔深。

5）桩顶标高控制。为确保钻孔桩桩顶部分质量，一方面清孔时尽量降低泥浆比重，另一方面经常检测混凝土灌注的上升速度，准确地掌握上升数据并及时拔管，同时须保证导管有2m以上的埋深之外，还应合理地控制混凝土最后一次的灌入量。桩顶超灌长度工程桩不少于1.00m，桩顶空孔部分采用土方回填，以确保场地平整。

6）试块制作和养护。现场随机对混凝土搅拌车出料取样，每桩一组，采用150mm×150mm×150mm标准试模，按规定要求制作，隔日拆模后现场水中养护，定期送试验室做抗压强度试验，并及时做好试验报告的统计评定工作。

6. 处理障碍物的施工方法

受场地条件限制探明地下障碍物和处理障碍物，需用挖机和人工配合施工进行，为下一步钻孔灌注桩施工清除障碍，从而能保证施工。对以下有障碍物的桩位，采取具体措施如下：

（1）开挖出来的泥土采用农用车外运至指定堆放点。

（2）桩位上方有电缆桥架，需要提前移位处理。

（3）桩位有下水口及下属管道，需拆除移位。

（4）桩位有管道沟道，需要提前移掉管沟内管道，凿除混凝土管沟，然后才能施工。

（5）由于施工场地的地面标高距离上部的钢梁及运行设备只有6.5m，施工场地上桩机无法移动到里面去施工，全部挖深2.5m，边坡加固。

（6）施工中碰到地下管线、接地扁铁、给排水管线等，及时通知技术专工现场确认，做好记录，拍好照片，然后再进行施工，如接地扁铁，则采取先割除，等工程桩灌注好以后再恢复。

7. 施工进度计划和工期保证措施

（1）施工进度计划。包括施工进度计划分析和施工进度计划表（略）。

（2）工期保证措施。

1）确保工程进度的主要管理技术措施。

a. 做到接到中标通知后立即着手进行施工准备工作。

b. 同时按照招标文件中的组织体系成立项目部，全体人员到岗。

c. 充分发挥企业在专业基础施工中的技术、管理优势，合理地调度机台，确保目标工期的实现。

d. 严格按施工流程打桩，缩短中间环节时间，提高打桩效率。

e. 加强现场管理，避免施工干扰，争取提高打桩时间利用率。

f. 施工时采用交叉作业法，桩机施工与场地开挖、障碍物清理同步进行，统筹兼顾，适当安排，争取最佳工作效率。

2）施工进度计划控制。

a. 项目部召开主要负责人碰头会，根据前一天完成的工作量情况与计划对比，发现差距，立即寻找原因，提出有效的措施确保目标工期的实现。

b. 每周进行总结，根据周计划的对比，发现差距及时提出解决方法。

3）保障措施。

a. 根据总体计划，详细制订出相应的供应计划，编制劳动力、设备的投入计划，分别由专人负责和落实。

b. 加强设备维护保养，减少设备运行故障，施工现场机修人员 24h 值班。

c. 及时与材料供应厂联系，保证材料及时到场，施工正常进行。

d. 加强打桩质量控制，确保工程一次性验收合格，避免返工现象发生。

e. 对施工中碰到的一些问题，特别是地下障碍物处理，及时与业主、设计、勘察等相关单位沟通，并采取针对性措施，做到不影响施工。

8. 主要施工机具设备

主要施工机具设备见表 4-1。

表 4-1　　主要施工机具设备

序号	设备名称	规格（功率，kW）	单位	数量
1	钻孔桩机 GPS-10	75	台	3
2	钻孔桩机 KPH-1000	75	台	1
3	经纬仪 DJ6		台	1
4	水准仪 DS3E		台	1
5	全站仪 RTS632B		台	1
6	交流焊机 BX-400	16	台	3
7	泥浆泵 3PNL 型	22	台	7
8	潜水泵 QB40-25	1.5	台	7
9	排污泵	7.5	台	4
10	风镐机 ZV-0.9/4	5.5	台	2

9. 劳动力组织

劳动力组织见表 4-2。

表 4-2　　劳动力组织

序号	工种	人数（人）	职　责
1	项目负责人	1	现场总负责
2	施工员	1	负责现场施工技术、质量及进度等过程进行控制指导和协调现场施工工作，发现问题及时制止与反映
3	质量员	1	具有独立性，负责现场施工质量监督，检验施工现场所有与质量有关活动是否符合大纲、程序和施工方案等的要求，发现问题及时制止与反映
4	安全员	2	负责监督检查施工现场安全工作，发现问题及时向上级反映或越级反映
5	班长	4	责施工组织并安排人员、材料、机具，协调现场施工工作
6	钻孔桩班组	24	钻孔灌注桩施工
7	焊工	8	埋管、埋件、支模构件等制作、焊接工作

续表

序号	工种	人数（人）	职　责
8	钢筋班	10	钢筋施工
9	木工班	21	模板施工
10	混凝土灌注班组	18	浇筑混凝土
11	挖土班组	10	土方开挖
12	测量员	1	现场施工测量
13	电工	2	施工用电安装
14	机械修理员	1	施工机械保养及维修
15	其他	2	配合施工

10. 质量保证措施

（1）质量目标（略）。

（2）质量保证措施。

1）严格执行公司 ZHDB 123001—2003《质量、职业健康安全、环境、管理手册》，建立完善质量体系，制定与之配套的规章制度、奖罚措施，确保质量体系正常、有效进行。

2）施工前，严格执行安全技术交底工作，并有书面记录。

3）各级施工人员要熟悉图纸，严格按图施工。

4）严把材料关，对各类入库材料均应有厂家资质、出厂合格证书或质保书，并经过监理、业主的同意后方能使用，严禁使用不合格材料。

5）特殊工种必须持证上岗。

6）严格执行规定的施工工序，必须在验收合格后，方可进行下道工序。

7）加强对班组的技术交底工作和施工操作检查，严格“自检”“互检”“专检”三检制度，做好每道工序的交接工作，及时办理各项技术复核和隐蔽验收手续，并做好书面记录。

8）工程技术资料做到同步、齐全、准确。

（3）常见问题预防措施及处理方法（略）。

（4）桩基检测要求。施工完成后，应按照有关规范要求进行桩身质量和承载力检测。根据 JGJ 106—2014《建筑基桩检测技术规范》，由监理结合打桩记录确定，高应变检测数量不少于 5 根，低应变检测数量不少于 15 根（三桩及以下承台抽检桩数不得少于 1 根）。

11. 安全、文明、环保施工保证措施

建立健全施工人员的日常安全教育、技术培训和考核制度，并严格组织实施，建立健全施工人员的上岗证制度，特别是对于从事特殊工种的人员，按国家、省培训证明上岗。施工前应做好运行设备的隔离措施，严禁碰撞；严禁施工用水进入运行设备；严禁无关人员进入施工现场触碰运行设备。施工过程要动火的，必须到安保部办理动火工作票，取得同意后方可动火。施工时作业面上有易燃材料的地方，用防火布覆盖，并准备水桶或灭火器，以便应急时使用。

（1）安全管理责任人：项目经理为负责施工安全管理的第一责任人，并配专职安全管理员。

(2) 安全技术措施 (略)。

(3) 对电厂原有运行设施的保护措施。

1) 在施工中每天进行对电厂已有的运行设施的保护知识的宣传教育，提高施工人员的安全技术素质，从各工序各环节开展，并贯穿工程的施工的全过程，确保施工顺利进行。

2) 严格执行建设单位工作票制度，施工时安全监护人必须在场。现场作业人员不得做与施工工作无关的工作，不得进入与施工无关的场所，不得擅自进入重要的生产场所，不得擅自乱动与施工无关的设备，严禁施工机械碰撞设备基础。

3) 钻机的安装、拆卸和迁移必须有专人统一指挥。钻机安装平整稳固、周正水平，预防施工或移位时的沉陷和倾斜。机台上的机具必须有可靠的底盘与台架连接。

4) 现场配设三台探照灯和各类照明灯具，灯具高出操作面 2.5m，使任何一个操作和人行通道都有足够的亮度。

5) 施工区域周围采用钢管设置护栏加彩钢瓦与电厂运行设备进行隔离，施工作业人员不得越过安全护栏及用其他物品撞击护栏和电厂设施。

6) 详细阅读、熟悉掌握设计单位和甲方提供的地下管线图纸资料，并在工程实施前进一步搜集管线资料。在此基础上，挖孔时对受施工影响的地下管线必须核对弄清其确切情况 (包括标高、埋深、走向、规格、容量、用途、性质、完好程度等)，做好记录，报告业主由业主定夺。

7) 观察打桩过程中的场地及厂区建筑物的变化，如有变化马上通知甲方商定处理方案。

12. 应急预案措施 (略)

13. “强制性条文”实施计划 (略)

附件 1：作业过程危险/环境因素清单 (略)。

附件 2：作业风险控制计划 (略)。

方案 2：吸收塔改造施工方案

1. 适用范围 (略)

2. 编制依据 (略)

3. 工程概况及特点

工程简介、系统和设备介绍、工程范围、工程特点等。(详细内容略)

4. 施工组织及进度计划

(1) 劳动力配置计划见表 4-3。

表 4-3 劳动力配置计划

序号	作业内容	工种	人数 (人)	资质要求	备注
1	技术负责	技术负责人	1	要求熟悉施工、技术、管理、协调能力，具有多年的工程管理经验	
2	施工	班长	1	要求熟悉图纸，掌握技术标准，有安装经验	
3	质检	质检员	1	有质检工作经验，熟悉，《火电施工质量检验及评定标准(锅炉篇)》，熟悉施工图，经过培训，持有上岗证书	

续表

序号	作业内容	工种	人数（人）	资质要求	备注
4	安全	安全员	1	有5年以上现场工作经验，熟悉DL 5009—2014（所有部分）《电力建设安全工作规程》，责任心强，有敬业爱岗精神，并经过安全员岗位培训，持有上岗证书	
5	焊接	焊工	12	有在有效期内的焊工合格证并经考试合格	
6	切割、打磨	钳工	35	有吸收塔制作安装经验，技术熟练	
7	吊装	起重工	4	起重工持证上岗	
8	脚手架搭设、拆除	架子工	10	有架子搭设经验，熟练质量、安全措施，技术熟练	

（2）机工具及消耗性材料配置计划。

1）大型机械见表4-4。

表4-4　　大　型　机　械

序号	名称	规格（t）	单位	数量	备注
1	履带吊	250	台	1	
2	汽车吊	50	辆	1	
3	平板车	20	辆	1	
4	叉车	5	辆	1	

2）小型机工具见表4-5。

表4-5　　小 型 机 工 具

序号	名称	规格（t）	单位	数量	备注
1	电焊机		台	12	
2	葫芦	5	个	6	
3	葫芦	1	个	5	
4	磨光机	$\phi100$	只	15	
5	切割机	$\phi150$	只	3	
6	氧乙炔		套	5	
7	榔头	4磅	个	2	
8	拖线盘		只	4	

3）消耗性材料见表4-6。

表4-6　　消 耗 性 材 料

序号	名称	规格	单位	数量	备注
1	磨光片	$\phi100$	片	200	
2	切割片	$\phi100$	片	80	
3	金刚石切割片	$\phi150$	片	4	

续表

序号	名称	规格	单位	数量	备注
4	电焊手套		副	100	
5	布手套		副	400	
6	防爆灯		盏	5	
7	焊条	J507/ϕ4.0	kg	1200	
8	防护眼镜		副	60	
9	口罩		副	200	

4）计量器具见表4-7。

表4-7　　　　计量器具

序号	名称	规格（m）	单位	数量	备注
1	经纬仪		套	1	
2	钢卷尺	50	把	1	
3	钢卷尺	20	把	1	
4	钢卷尺	5	把	4	
5	钢角尺	1	把	2	
6	线锤		把	2	

（3）总平面及力能布置（略）。

（4）进度计划（略）。

5. 施工准备（略）

6. 施工工艺流程和施工工艺

（1）施工工艺流程图如图4-1所示。

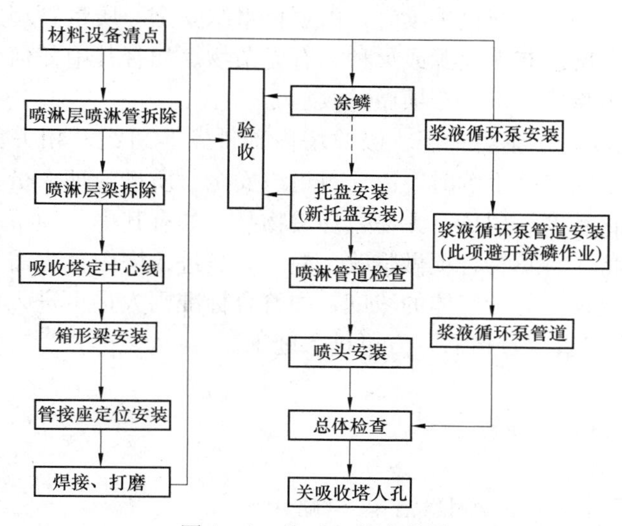

图4-1　施工工艺流程图

（2）工艺方法。

1）在吸收塔区域进行所有的切割、焊接作业前，必须开具动火工作票。由相关人员签字确认且现场安全措施落实到位，且在动火前，将原塔壁或相关部位的防腐部位做处理，然后动火，防止在动火时，将防腐材料点燃，引起火灾，并在动火前，在动火位置旁边配备放置好灭火器材并将消防水带拉设至吸收塔内部相应位置，且将灭火器材的使用方法及消防水带阀门位置对施工人员做专项交底。

2）吸收塔中心线制定及管接座布置。本体改造过程中，其连接系统的管道开孔均应由技术人员、质检人员共同确认许可后进行。开孔位置以塔体基础放线时的中心 0 点和 0°、90°、180°、270°四等分点为定位点进行圆周方向的定位，按照图纸标注角度，换算出开孔部位的筒体圆周方向尺寸，找出水平定位点，用经纬仪沿定位点向上引出，按照图纸标注尺寸，沿定位线，用钢卷尺引出该高度作为定位点，根据定位线和定位点确定开口位置。

圆口定位线即为垂直中心线，定位点即为开口中心点；开口中心确定后，借助样板或根据理论尺寸放样划线，核实后切割开口。

3）主要安装工艺。包括吸收塔内件安装、循环浆液泵的安装、循环浆液管安装、循环浆液泵改造、现有除雾器及其冲洗系统改造等，具体安装工艺略。

（3）注意事项。

1）吸收塔内在进行焊接与切割作业前，必须开具一级动火工作票。由相关人员签字确认且现场安全措施落实到位，并由专人监护，在动火位置旁边配备放置好灭火器材。

2）严格执行“涂鳞不动火，动火不涂鳞”原则。

3）施工班组将喷淋母管就位后，进行现场粘接管件，粘接材料为易燃易爆品，施工时用量需严格按照每天实际用量，运至塔内进行施工。无关的材料，都需堆放于指定地点。

4）吸收塔内梁等部件安装完成后，由内件安装班组、涂鳞班组、相关负责人共同办理好中间交接手续。办理中间交接手续时，由项目组织安全、质量管理人员及涂鳞班组进入吸收塔内检查塔内温度、有无火源或火种、有无杂物。如有其中任何一项不符合涂鳞条件时，须要求移交班组将所有不符合项做整改。

5）吸收塔涂鳞完成后，涂鳞班组、吸收塔内部件安装班组、相关负责人共同办理好中间交接手续。办理中间交接手续时，由项目组织安全、质量管理人员及内件安装班组检查吸收塔内部鳞片固化程度、现场有无易燃易爆物品。如有其中一项不符合内件安装要求时，须要求移交班组将所有不符合项做整改。施工人员进入塔内首先需用仪器测量塔内涂鳞后空气中易燃气体及挥发有毒气体的浓度，如符合标准则人员可进入施工，不符合标准的，过 6h 再测量一次，直至合格后，方可进入施工。

7. 质量控制措施（略）

8. 安全文明施工措施（略）

9. 应急预案措施（略）

附件 1：作业过程危险/环境因素清单。（略）

附件 2：作业风险控制计划。（略）

附件 3：强制性条文执行情况检查表。（略）

附件 4：总平面布置图。（略）

附件 5：施工进度计划表。（略）

第三节　燃煤机组超低排放系统施工中安全、质量管理主要措施

超低排放改造施工难度、时间跨度、投资均远远超过原来的脱硫或脱硝改造，因此安全、质量管理尤加重要，这既是保障工程顺利实施的需要，也是保证改造效果的需要，必须有正确合理的策划及措施确保工程的施工安全、质量。

一、安全目标

以下安全目标供借鉴参考：

（1）不发生重伤（包括全口径）以上人身事故。

（2）不发生直接经济损失 50 万元以上的设备及在建设施损坏事故。

（3）不发生一般火灾事故。

（4）不发生项目部责任引起的电厂一类障碍以上事故（不安全事件）。

（5）不发生造成人员轻伤、电厂主设备停运或损坏等后果的误拉、误合、误碰、误动、误关、误开、误整定、误调试等各类误操作事件。

（6）不发生负主责以上由人员重伤构成的一般以上交通事故。

（7）不发生一般以上环境污染事件因环保问题造成的群体事件；不发生被政府相关部门通报批评的环保事件。

（8）不发生恶性人身未遂事故。

（9）不发生员工永久性职业伤害事故。

（10）不发生以下任一治安事件、刑事案件。

1）5 万元以上现金或 15 万元以上物品被盗抢案件。

2）危险物品（剧毒品、爆炸品等）被盗、丢失或被非法转让案件。

3）设备、设施遭破坏，严重影响安全生产。

4）内保工作不到位被上级部门通报批评的事件。

（11）不发生本项目部责任造成的重大社会影响的其他安全生产事故（事件）、群体事件。

（12）杜绝重复发生相同性质的事故。

二、质量目标

以下质量目标供借鉴参考：

（1）设计质量目标。设计指标先进、方案优化、评审严格、供图及时、设计成品合格率为 100%。设计性能达到主要污染物排放控制指标：NO_x 排放浓度不大于 $45mg/m^3$、SO_2 排放浓度不大于 $35mg/m^3$、烟尘排放浓度不大于 $5mg/m^3$。

（2）设备质量目标。采购选型合理、技术可靠、严格监造、供货及时、设备开箱检验率为 100%。

(3) 施工质量目标。

1) 单位工程、分部工程、分项工程、检验批质量合格率为100%。

2) 工程建设W、H质量控制点的验收签证合格率为100%。

3) 受检焊口一次检验合格率不小于98%。

(4) 调试质量目标。

1) 分部试运项目及整套试运验收项目均达到优良率100%。

2) 热控、电气自动投入率为100%，保护装置投入率为100%。

3) 机组服役后一年内不发生因设计、施工、调试质量引起的设备事故。

三、保障体系

1. 完善管理制度

根据工程特点，浙能集团制定《发电厂烟气系统消防安全补充规定》(浙能生〔2014〕287号)《浙能集团实行施工总承包模式的技术改造（检修）项目各方安全职责补充规定》(浙能生〔2014〕335号)，浙能电力组织召开超低排放消防安全专题会议，明确后续超低排放改造项目一级动火工作范围及相关管理流程，同时发出《关于燃煤机组烟气超低排放改造施工安全管理指导意见的通知》，进一步明确各相关参建单位的职责与分工，建设单位制定了施工现场管理制度、项目安全文明施工管理制度、超低排放动火作业三方消防监护管理制度等相关细化的制度，各管理层级不断细化管理，严格执行，切实加强安全管理。

制定工程质量管理制度、单位工程开工报审制度、工程质量检查与验收制度、隐蔽工程质量验收制度、不合格项处理管理规定、大体积混凝土浇筑监理规定、工程主要设备材料质检制度等，统一质量管理工作程序、方法和内容，规范工程建设各责任主体及有关机构的质量行为，加强机组烟气超低排放改造项目的质量管理工作，使工程质量管理工作处于有序状态，保证建设工程质量，保护人民生命和财产安全。

2. 建立健全组织机构

安全保障体系是工程安全的基础。成立以建设单位总经理为主任、各参建单位参与的安全生产委员会，全面负责工程的安全管理工作。明确安委会及各参建单位的安全职责及管理界面，相关单位签订安全管理协议。各参建单位建立以项目经理为组长的安全管理网络，配置专职安全员。实行建设单位、监理单位、总承包单位、施工单位各参建单位多层次管理。

各参建单位联合成立工程现场质量监督站，在开工前、过程中、投产前组织对工程开展质量监督检查，及时发现工程实施中的质量问题。业主单位专门抽人成立超低排放改造办公室，全程参与协调改造相关事宜，加强现场过程的安全、质量监督管理。

四、监督体系

1. 安全监督

有效的安全监督是工程安全的保证。由建设单位牵头成立安全督查组，每天（包括周六、周日）到施工现场进行安全巡视检查，及时掌握施工过程中安全设施、作业环境、文明施工的情况，对不符合要求的及时要求整改。建立施工单位自查、各级安全管理人员例

行检查、督查组定期督查、业主组织的不定期抽查及专项检查的安全监督管理模式。做好施工的两头管理，即早晨开工和夜间施工的检查，防止安全监督管理出现真空。定期开展专项检查，根据工程特点分阶段对施工中存在的问题集中检查整治。制订安全文明管理及考核实施细则，对于习惯性违章加大处罚力度。在关键工序施工采取实行业主、总包、施工单位消防三方监护，确保消防安全。

实行安全动态检查，根据工程动态及时做好现场重点检查管理，如模块、结构吊装时重点检查起重安全规范；吸收塔和烟道防腐作业时重点检查现场消防措施是否到位，动火工作票制度是否严格执行，消防监护人资质能力检查；系统调试运行时，重点检查设备试运流程是否规范，设备工作票制度执行情况以及各种可能影响到正常运行机组的不安全因素。

2. 质量监督

(1) 在设计阶段，包括基本设计方案及施工阶段的图纸、资料等均按程序进行会审和评审，项目经理参加所有重要评审。

(2) 对用于工程的主要材料，进场时必须具备正式的出厂合格证和材质化验单。如不具备，拒绝在工程中使用。

(3) 设备材料必须选好供货厂家，主要设备和批量大的材料采取招投标的办法优选。工程中所有各种构件，必须具有厂家批号和出厂合格证。钢筋混凝土构件应按规定的方法进行抽样检验。凡标志不清或认为质量有问题的材料，对质量保证资料有怀疑或与合同规定不符的一般材料，应进行一定比例抽检，以控制和保证其质量。对于进口材料设备和重要工程或关键施工部位所用的材料，则应进行全部检验。

(4) 对于主要设备要委派人员驻厂监造，确保设备出厂质量合格。

(5) 施工过程的质量监督。

1) 严格持证上岗制度，对从事特殊作业的操作人员进行资格审查。执行开工报告制度。

2) 在每个单位工程开工前，严格按相关规定办理开工手续。

3) 施工过程严格检验各道工序是否符合相关标准，应严格执行质量验收制度，上道工序未完成，不得进行下道工序。同时必须根据质量控制点，完成各项工作的检测，并做好记录。

4) 严格控制隐蔽工序和停工待检点的质量。隐蔽工程及重要的停工待检点的质量是控制的重要部分，应由监理方和项目部专工参加验收签证。

(6) 调试过程质量控制。

1) 调试人员及早进厂，掌握安装进度，熟悉图纸和设备情况。

2) 建立调试质量管理体系，编制调试质量控制计划以及单机、分系统和整套启动调试方案。

3) 编制调试质量检验计划，确定调试项目见证点或控制点。

4) 按要求做好调试前的交底工作及每个系统调试前、调试后的验收工作。

(7) 根据项目特点识别重要质量控制点，编制项目关键质量控制点清单并监督施工、调试单位实施。在质检计划中应对各重要质量控制点设置签证点（W/H/S），并在施工方案（作业指导书）中对重要质量控制点制定专门的控制措施。施工单位在进行重要质量控制点作业前，必须对施工人员进行专项技术交底，对重要质量控制点的工艺要求、质量标准等进行详细的交底。

3. 安全管理具体措施

燃煤机组越低排放改造施工过程中安全风险很大，主要表现在防火灾风险控制、防高空坠落及高空落物的风险控制、起重作业风险控制和施工用电风险控制等方面。

(1) 防火灾风险控制。燃煤机组超低排放系统改造施工中火灾风险主要体现在三方面。一是燃煤机组超低排放系统需要对低温饱和湿烟气腐蚀钢材进行防腐处理，通常采用衬胶或玻璃鳞片树脂衬里的防腐方法，将脱硫吸收塔、湿式静电除尘器及进出口烟道等钢材进行防腐衬里，以隔断低温饱和湿烟气与钢材的直接接触，其施工过程需要采用的苯乙烯、二甲基苯胺、K－80过氧化氢异丙苯等溶剂具有挥发性强、闪点低、点火能量小、爆炸下限低等特点，遇明火、高热极易燃烧爆炸。二是脱硫吸收塔和湿式静电除尘器出口烟道布置除雾器，除雾器材料大多采用PP－R聚丙烯无规共聚物制品，属高热固体易燃物，由于除雾器的自身结构原因，一旦着火，火势会迅速漫延难以控制，采用衬胶防腐的，衬胶也是易燃固体，加大火势发展。三是施工过程需要大量动火作业，具备燃烧所需的点火能量。因此燃煤机组超低排放系统改造施工中必须严控火灾风险。

火灾的充分必要条件是可燃物、助燃物、火源，三者同时存在并相互接触。

防火技术措施是防止可燃物、助燃物、火源的同时存在和相互接触，防火管理是禁止可燃物、火源的同时存在及相互接触。

涂鳞作业的防火管理包括涂鳞施工期间的火源管理、动火作业管理、安全管理、应急准备。具体措施如下：

1) 涂鳞施工期间的点火源管理。涂鳞施工期间，防火工作应围绕杜绝火源为目的。涂鳞配方的稀释剂、黏结剂因闪点低、易挥发、爆炸下限低等特点，通风措施很难保证通风死角的局部空间易燃气体浓度低于安全浓度。为防止火灾事故，涂鳞施工期间必须采取一切可行措施管死点火源，不允许任何形式的火源出现。以下几项为涂鳞施工期间可行的防火灾措施。

a. 对涂鳞区域下达禁火令，各施工单位严格按禁火令要求做好禁火工作。

b. 在脱硫吸收塔、湿式静电除尘器及进出口烟道等受限空间内涂鳞作业，在受限空间外敞面，划定禁火隔离区，设置警戒线、警戒标志。设置1～2个进出口，实行专人负责出入登记管理，禁止将火种、铁制工具带入禁火隔离区内，关闭随身携带的无线通信设备。禁火隔离区内在涂鳞期间或鳞片未固化前禁止做与涂鳞无关的任何工作，清除与涂鳞无关的所有可燃物。

c. 涂鳞施工前应对施工电源接地情况进行清查，保证所有用电设备接地不通过涂鳞设备。尤其应检查焊接地线，禁止焊接电流通过涂鳞设备。

d. 涂鳞区域应使用冷光防爆灯或防爆型矿灯，电压不得超过24V（吸收塔、箱罐等受限空间内照明应采用12V低压防爆灯具)。电源应安装漏电保护器，采用防爆型控制开关。在受限空间作业时应将漏电保护器、控制开关放置于受限空间外，并有专人看管。所用电缆线在禁火隔离区域内的部分不得有连接接头。

e. 防腐作业人员进入防腐作业区域时，需穿戴防静电工作服并佩戴相应的劳动防护用品。严禁穿戴带金属的鞋及化纤衣物等进入作业现场。

2）动火作业管理。超低排放改造需要对原烟道走向进行大面积的改动，动火作业量大、面多，为防止火灾事故，动火过程必须采取一切可行措施使可燃气体浓度低于安全浓度，受限空间可燃气体的浓度应低于可燃烧极限或爆炸下限的10％，并控制好可燃物不与火源的接触。对可燃气体浓度可能超过安全浓度的地点，禁止动火。

a. 涂鳞固化后的脱硫吸收塔、湿式静电除尘器及进出口烟道动火，应保持通风良好，并对苯乙烯、二甲基苯胺等易燃气体浓度进行检测，在安全浓度以内方可动火。

b. 脱硫吸收塔、涂鳞烟道、湿式静电除尘器、烟气加热器等防腐设备需要多个班组连续轮换动火作业的，应建立动火交接制度，保证每个时段的动火工作负责人、消防监护人始终在动火现场进行动火监护。

c. 脱硫吸收塔除雾器（可燃物）附近动火，应将作业点周围除雾器片拆除，禁止在除雾器上直接铺设防火布作为隔离措施。

d. 脱硫吸收塔除雾器动火作业过程中，吸收塔底部须注入一定高度的水。除雾器冲洗水管道进行动火作业时，应进行局部系统隔离，保留其余除雾器冲洗水系统备用。不能备用时，应临时布置消防水枪。

e. 动火工作间断、结束时，应检查现场无残留火种，必要时可对焊渣的堆积点实施淋水处理，消除热源。同时应检查动火工具电源确已断开。

3）安全管理。

a. 涂鳞施工的玻璃鳞片与稀释剂、黏结剂配方搅拌地点应设在空旷、阴凉、通风的地方，严格管控只有经过配方搅拌均匀后的玻璃鳞片方可进入受限空间，严禁稀释剂、黏结剂等溶剂直接进入受限空间内，禁止在受限空间内进行配方和搅拌作业，涂料在使用中需要黏度调整时也应在指定的空旷、阴凉、通风的地方按指定的稀释剂进行适当调整。

b. 脱硫吸收塔、湿式静电除尘器、烟道等受限空间内涂鳞作业应保证良好通风和足够风量，并对苯乙烯、二甲基苯胺、K－80过氧化氢异丙苯等易燃物质在空气中的浓度进行定期检测，浓度超过安全范围应暂停涂鳞作业。当涂鳞作业告一段落需要进行与非涂鳞交叉作业时，非涂鳞作业开始前必须检测上述可燃气体浓度，浓度持续低于可燃烧极限或爆炸下限的10％方可开始作业，否则禁止非涂鳞作业。

在通风净化设备和系统中，易燃易爆的气体、蒸汽的体积浓度不应超过基爆炸下限的25％。

c. 涂鳞作业原材料应按照种类与危险等级分别放置，做到当天用多少领多少，每天施工结束后应清理场地并将多余原材料与废弃物运回仓库，严禁将未用完的材料与废弃物堆置在现场。每日施工结束后应有专人对场地进行检查并签字确认。

d. 合理安排超低排放改造的作业程序。胶结、涂鳞作业的设备进出口烟道应开口，工作安排时尽可能使胶结、涂鳞作业完成后安装膨胀节连接相关烟道。

e. 严格动火工作票制度。根据超低排放改造特点，对动火工作票执行范围、对应安全措施、动火工作票种类、动火工作负责人、执行人、消防监护等做出针对性强、可操作的具体规定。

4）应急准备。

a. 施工区域各作业点应保持应急疏散通道畅通，保证人员在紧急情况下能快速撤离。

b. 吸收塔、湿式静电除尘器、烟道等受限空间涂鳞作业应将消防水带引至人孔门附近，配置专人负责开启消防栓。动火作业时消防人员始终在现场监护，不得擅自离开。动火地点配备适量灭火毯和灭火器。

c. 脱硫吸收塔内、湿式静电除尘器动火作业前，应确认脱硫除雾器冲洗水系统及水源、湿式静电除尘器喷淋水系统及水源可靠备用，以便烟道着火后及时启动，保护设备安全。

（2）防高空坠落及高空落物的风险控制。燃煤机组超低排放系统改造施工过程防高空坠落、高空落物的风险控制主要体现在高空作业和脚手架的搭设。高空作业点多，三级及以上的高风险、特高风险的高空作业多；施工过程中装拆零部件和螺栓某些时段还存在特殊的高空作业。脚手架搭拆工作量大、面广；搭设环境关系，搭设难度大，存在大量挂架、悬挑中架等特殊脚手架，给搭设人员带来很大风险。

1）高处作业风险控制重点应落在“四口”“五邻边”安全管理。

a. 基坑周边应设置防护栏杆。

b. 顶层楼梯口应随工程结构进度安装正式防护栏杆。

c. 脚手架等与构筑物通道的两侧边，必须设防护栏杆。

d. 各种垂直运输接料平台，除两侧设防护栏杆外，平台口还应设置安全门或活动防护栏杆。

e. 洞口根据具体情况采取设防护栏杆、加盖板、张挂安全网与装栅门等措施时，必须符合下列要求：

（a）在钢结构上设置安全绳（扶手绳）备作业人员挂安全带，钢结构下方设置满铺的安全平网。

（b）位于车辆行驶道旁的洞口、深沟与管道坑、槽，所加盖板应能承受不小于当地额定卡车后轮有效承载力两倍的荷载。

（c）侧边落差大于 2m 脚手架操作层，应设置 1.2m 高的拦杆。

（d）对邻近的人与物有坠落危险性的其他竖向的孔、洞口，均应予以盖满或加以防护，并有固定其位置的措施。

f. 高处作业之前，应进行安全防护设施的逐项检查和验收。验收合格后，方可进行高处作业。验收可分层、分阶段进行。

g. 所有邻边、洞口等各类技术措施完备。

h. 技术措施所用的配件、材料和工具的规格和材质符合要求。

i. 技术措施的节点构造及其与建筑物的固定情况符合要求。

j. 安全防护设施的用品及设备的性能与质量是否合格。

2）脚手架搭拆风险控制。燃煤机组超低排放改造施工需要大量的脚手架。这些脚手架的搭设因环境受限，采用挂、悬挑搭设的居多，给搭设人员及使用者带来很大的安全风险，需要严格管理、严格要求。

a. 搭、拆脚手架必须由符合资格的专业架子工进行。搭拆脚手架时工作人员必须戴安全帽、系安全带、穿防滑鞋。递杆、撑杆作业人员应密切配合。施工区周围设围拦或警告标志，并由专人监护，严禁无关人员入内。

b. 对挂架、悬挑架等特殊脚手架架体搭设应编制专项施工方案，结构设计应进行专门计算，并按规定进行审核、审批。

c. 挂架顶部、悬挑架立杆底部应与钢梁连接牢固稳定；承插式立杆接长应采用螺栓或销钉固定；沿悬挑架体高度连续设置连墙件；架体应按规定设置横向斜撑。

d. 脚手架架体搭设前应进行安全技术交底，并应有文字记录。

e. 脚手架搭设完毕应办理验收手续，验收应有量化内容并经责任人签字确认。

f. 使用工作负责人每天上脚手架前，必须进行脚手架整体检查。在冬季应清除脚手板上的冰雪，并采取适当的防滑措施。

g. 搭好的脚手架应经施工部门及使用部门验收合格并挂牌后方可交付使用。使用中应定期检查和维护。

(3) 起重作业风险控制。

1) 起重机械报备。燃煤机组超低排放系统改造施工使用的塔吊、汽车吊等起重机械进入施工现场需提供设计文件、产品质量合格证明、安装及使用维护保养说明、监督检验证明等相关技术资料和文件。定期检验和定期自行检查记录；日常使用状况记录；附属仪器仪表的维护保养记录以及运行故障和事故记录等，并到监理单位备案。

2) 吊机安装、拆卸。安装、拆卸单位应具有起重设备安装工程专业承包资质和安全生产许可证，安装、拆卸作业人员及司机应持证上岗；制定专项施工方案，并经过审核、审批；安装完毕应履行验收程序，验收表格应由责任人签字确认。对于需要经过安装、试车方可运行的起重设备，应经检验检测机构检验合格并在投入使用前或者投入使用后30日内向所在地特种设备安全监督管理部门登记。

3) 起重吊装。起重吊装作业应编制专项施工方案，并按规定进行审核、审批；采用起重拔杆等非常规起重设备且单件起质量超过100kN时，应组织专家对专项施工方案进行论证；吊运有爆炸危险的物品（如压缩气瓶、涂鳞溶剂、易燃性油类等），应制订专门的安全技术措施，并经主管生产的领导批准。吊运易散落物件时，应使用专用吊笼；遇有大雾、照明不足、指挥人员看不清各工作地点或起重驾驶人员看不见指挥人员时，不准进行起重工作；吊装区域设置作业警戒区，并设专人监护，禁止无关人员进入吊装区。

4) 作业人员。起重机司机应持证上岗，操作证应与操作机型相符；起重机作业应设专职信号指挥和司索人员，一人不得同时兼顾信号指挥和司索作业；作业前应按规定进行技术交底，并应有交底记录。

5) 日常检查维护。每天吊装作业前应对起重机械的钢丝绳、吊钩、卷筒、滑轮等进行外观检查，吊钩、卷筒、滑轮的钢丝绳防脱装置正确可靠，荷载限制器及行程限位装置灵敏可靠；起重机械避雷装置，引下线连接正确可靠。

(4) 施工用电风险控制。

1) 燃煤机组超低排放系统改造施工用电应明确管理机构并由专业班组负责运行及维护，明确运行及维护职责及管理范围。严禁非电工拆、装施工用电设施。

2) 施工用电设计。燃煤机组超低排放系统改造安装施工用电的布设应按已批准的施工组织设计进行；施工用电设施应有设计并经有关部门审核批准方可施工，竣工后应经验收合格方可投入使用；施工用电设施安装完毕后，应有完整的系统图、布置图等竣工资料。

3) 施工用电管理。施工用电管理机构根据用电情况制订用电、运行、维修等管理制度以及安全操作规程，运行、维护专业人员必须熟悉有关规程制度；凡需接引或变动较大的负荷时，应事先向用电管理机构提出申请，经批准后由运行班组进行接引或变动，接引或变动前应对设备做好电气检查记录，进行接引或变动电源工作必须办理工作票并设监护人；施工用电设施除经常性的维护外，还应在雨季及冬季前进行全面地清扫和检修；在台风、暴雨、冰雹等恶劣天气后，应进行特殊性的检查、维护；施工用电的运行及维护班组应配备足够的绝缘工具，绝缘工具应定期进行试验；配电室、开关柜及配电箱应加锁、设警告标志，并设置干粉灭火器等消防器材；施工电源使用完毕后应及时拆除。

4）配电管理。现场集中控制的开关柜或配电箱的设置地点应平整，不得被水淹或土埋，并应防止碰撞和物体打击。开关柜或配电箱附近不得堆放杂物；开关柜或配电箱应坚固，其结构应具备防火、防雨的功能。箱、柜内的配线应绝缘良好，排列整齐，绑扎成束并固定牢固。导线剥头不得过长，压接应牢固。盘面操作部位不得有带电体明露；杆上或杆旁装设的配电箱应安装牢固并便于操作和维修；引下线应穿管敷设并做防水弯；配电箱必须装设漏电保护器，做到一机一闸一保；用电设备的电源引线长度不得大于5m，距离大于5m时应设便携式电源箱或卷线轴；便携式电源箱或卷线轴至固定式开关柜或配电箱之间的引线长度不得大于40m，且应用橡胶软电缆；多路电源开关柜或配电箱应采用密封式的，开关旁应标明负荷名称，单相闸刀开关应标明电压；不同电压的插座与插头应选用不同的结构，严禁用单相三孔插座代替三相插座。单相插座应标明电压等级。严禁将电线直接勾挂在闸刀上或直接插入插座内使用；热元件和熔断器的容量应满足被保护设备的要求，熔断器应有保护罩，管形熔断器不得无管使用，严禁用其他金属丝代替熔丝；严禁一个开关接两台及两台以上的电动设备；工棚内的照明线应固定在绝缘子上，距建筑物的墙面或顶棚不得小于2.5cm，穿墙时应套绝缘套管。管、槽内的电线不得有接头。

5）接地及接零。施工使用的电动机、电焊机、配电盘、控制盘、电缆接头盒的外壳及电缆的金属外皮的金属外壳、吊车的轨道及铆工、焊工、铁工等的工作平台均应装设接地或接零保护。

6）电动工器具。新购置的电动工器具应具有设备铭牌，并随机带有“产品许可证”“出厂试验合格证”“产品鉴定合格证书”“使用说明书”；电动工器具配置的安全防护、保护装置应保持良好，并应配置安全操作规定；电动工器具每半年测量一次绝缘合格，并在适当位置贴“试验合格证”标签，包括标明名称、编号、试验人、试验日期及下次试验时间，同时要采取防止“试验合格证”脱落的措施；建立手持电动工具、移动式电动机具台账，统一编号，专人专柜对号保管；严格Ⅰ类电气工具的使用管理，使用者戴绝缘手套的同时使用漏电保护器。

/第五章/

燃煤机组超低排放系统的调试

第一节　概　　述

一、超低排放调试简介

燃煤机组超低排放系统的调试主要包括单体调试、分系统调试和整套启动调试。

单体调试是指单台辅机及电动阀门、热控装置的试运（包括相应的电气、热控保护），单体调试必须按 DL/T 5210（所有部分）《电力建设施工质量验收及评价规程》进行，并按规程进行验评办理签证。

分系统调试是指按系统对其动力、电气、热控等所有设备及其系统进行空载和带负荷的调整试运。分系统试运必须在单机试运合格后才可进行。进行分系统试运目的是通过调试试运，考验整个分系统是否具备参加整套试运的条件。分系统调试是整套启动试运的基础，该阶段的调试质量直接影响到整套启动的顺利与否。分系统试运结束后认真办理分系统调试签证和调整试运质量评定。

一般认为自机组通烟气起即进入超低排放整套启动调试阶段，整套启动调试阶段主要是在热态情况下进一步完善各系统的自动调节及控制逻辑，及时发现问题并加以解决，通过调整使超低排放各项指标在合格范围内。

二、超低排放调试内容

燃煤机组超低排放系统的调试具体按系统划分主要有：

（1）脱硫系统改造调试。主要包括吸收塔及浆液循环泵、除雾器冲洗等附属设备的调试。

（2）湿式静电除尘系统调试。主要包括湿式静电除尘器内部阴阳极系统调整、高频电源、湿式静电除尘器升压、湿式静电除尘器冲洗水系统相关的调试。

（3）管式 GGH 系统调试。主要包括热媒水泵、热媒水蒸汽加热系统、管式 GGH 冷却器吹灰器热媒水系统自动的相关调试。

（4）低低温静电除尘系统调试。主要包括低低温静电除尘升压、振打装置及灰斗盘管加热系统调试。

（5）脱硝改造调试。主要包括吹灰器的调试及喷氨格栅调整、喷氨量自动控制调试等。

（6）超低排放系统整套启动试运。超低排放系统整套启动调试主要工作为在热态情况下各系统投运步骤调整、热工自动调整投运、引风机 RB 试验、吸收塔浆液浓度和水平衡调整试验、吸收塔浆液 pH 值控制试验、喷氨格栅调整和喷氨量自动控制调整、低低温电除尘和湿式静电除尘效率调整、管式 GGH 冷却器和加热器温度及其自动调整等。

三、超低排放调试特点及难点

（1）影响机组启动的调试内容较少，机组启动后调试内容多。

1）启动前调试内容。启动前基本以单体调试为主，在单体调试的基础上，主要完成如下调试内容机组即可启动：

a. 脱硝声波吹灰器调试。

b. 低低温静电除尘灰斗带电场升压合格，灰斗蒸汽加热系统投运正常。

c. 吸收塔浆液循环泵试运转正常。

d. 湿式静电除尘器水喷淋水系统循环正常，湿式静电除尘器带水升压及高频电源相关参数调试正常。

e. 管式 GGH 热媒水系统和蒸汽加热系统调试正常投运，吹灰器冷态调试完成。

2）低负荷调试内容。主要完成下列调试项目：

a. 工艺水系统：工艺水路分配热态调整，进行水量平衡调整。

b. 吸收塔系统：完成低负荷下除雾器冲洗水量调整。循环泵投用数调整试验。

c. 脱硝系统：喷氨量和出口 NO_x 控制。

3）满负荷调试内容。超低排放系统热态调整大量工作在满负荷阶段进行，其间，一般应完成下列主要调试项目：

a. 超低排放系统管式 GGH、低低温静电除尘器、脱硫系统和湿式静电除尘器启停步序的完善工作。

b. 工艺水系统：除雾器冲洗水和湿式静电除尘器冲洗水之间的水量平衡调整，使系统的用水量符合设计要求。

c. 吸收塔和增压风机（如有）系统：吸收塔浆液泵热态投运并完成循环泵切换对机组影响试验；完成除雾器冲洗水量调整。完成增压风机热态投运、入口负压控制调整试验以及增压风机 RB 试验。

d. 管式 GGH 和低低温静电除尘系统：完成管式 GGH 热态投运，完成管式 GGH 冷却器出口水温烟温和加热器出口水温烟温调整试验，吹灰器热态投运及吹扫频次试验，低低温静电除尘器高频电源一次电压、一次电流、二次电压、二次电流及运行方式选择等调整试验，确定电除尘除灰振打周期，投运电除尘蒸汽加热装置。

e. 湿式静电除尘器：完成湿式静电除尘器热态投运及不同负荷下冲洗水量调整。

f. 脱硝系统：完成脱硝系统热态投运和喷氨格栅调整，确定声波吹灰器吹扫频次。

g. 仪控系统：完成顺控投运工作；模拟量热态调整；CEMS（烟气连续监测系统）热态调整。

注：在热态投运过程中，逐步完善确定整个脱硫系统的投运及停运步骤（包括长期停运及短期停运）。

4）变负荷调试。变负荷调试指机组在负荷变化时，超低排放系统适应性调整。

a. 烟气系统：完成变负荷工况下脱硫增压风机（如有）热态调整和脱硝喷氨量自动控制优化。

b. 吸收塔系统：完成变负荷下吸收塔 pH 值控制调整。

c. 管式 GGH 系统：优化管式 GGH 热媒水量和冷却器、加热器出口烟气控制回路。

（2）系统有相对独立性。超低排放湿式静电除尘系统和管式 GGH 系统相对于整台机组来讲有其独立的一面。因此由于改造进度或其他原因，这两个系统在机组通烟气或者点火后还可以进行部分单体调试工作，因此这两个系统的部分单体调试、分系统调试和整套启动调试有时是同时进行的。

（3）部分调试内容直接影响机组稳定运行。低低温静电除尘、脱硫吸收塔相关系统调试质量直接影响到机组的安全稳定运行，脱硝喷氨格栅调整的是否及时以及调试质量关系到喷氨量，对后段系统有直接影响。

（4）超低排放调试的几个难点。

1）由于全国已投用的超低排放系统较少，因此专业有经验的调试人员较少，人员素质的好坏直接影响到调试进度、安全和质量。

2）管式 GGH 热媒水中铁离子含量较高，需经过较长时间的换水才能达到要求。

3）调试期间一般与机组其他系统启动同时进行，超低排放系统各阶段相关的操作、停送电等分工分界要明晰，否则容易发生不安全事件。

四、超低排放调试组织机构

按照 DL/T 5437—2009《火力发电厂基本建设工程启动及竣工验收规程》的规定设立调试组织机构。另外，根据项目调试的实际情况，设立调试办，作为试运指挥部的日常执行机构。试运期间的消缺及操作纳入试运组的统一管理。超低排放调试组织基本结构如图 5－1所示。

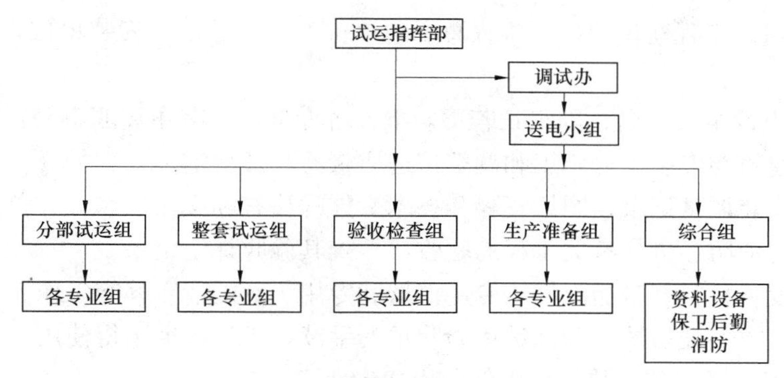

图 5－1　超低排放调试组织基本结构

五、组织机构分工

1. 分部试运组

分部试运组是本工程分部试运的现场指挥机构，由工程建设单位、工程总承包单位、调试单位、安装单位、监理等有关单位的代表组成。

分部试运组设组长一名、副组长若干，下设各专业组。其主要职责是：

（1）负责分部试运阶段的组织协调，统筹安排和指挥领导工作。

（2）核查分部试运（单机及分系统）阶段应具备的条件。

（3）组织和办理分部试运行后的验收签证及资料的交接等。

（4）负责组织实施调试方案和措施。

（5）对设备及系统的调试运行或停运检修消缺发布指令。

分部试运组下设工艺、热控、电气调试专业组，值班期间专业调试负责人和运行值长协助当值指挥进行工作。操作命令必须通过值长或由值长指定的单元长向下布置执行，其他人员无权直接指挥运行人员。

2. 整套试运组

整套试运组是本工程整套启动试运的现场指挥机构，由工程建设单位、工程总承包单位、调试单位、安装单位、监理等有关单位的代表组成。

整套试运组设组长一名、副组长若干，下设各专业组。其主要职责是：

（1）负责核查整套启动试运应具备的条件。

（2）提出整套启动试运计划。

（3）负责组织实施启动调试方案和措施。

（4）全面负责整套启动试运的现场指挥和具体协调工作。

（5）对设备及系统的启动、调试运行或停运检修消缺发布指令。

（6）审查有关试运和调试报告。

整套试运组下设工艺、热控、电气调试专业组，专业调试负责人和运行值长协助当值指挥进行工作。操作命令必须通过值长或由值长指定的单元长向下布置执行，其他人员无权直接指挥运行人员。

3. 验收检查组

验收检查组由工程建设单位、工程总承包单位、调试单位、安装单位、监理等有关单位的代表组成。

验收检查组设组长一名、副组长若干，下设各专业组。其主要职责是：

（1）负责建筑与安装工程施工和调整试运质量验收及评定。

（2）负责安装调试记录、图纸资料和技术文件的核查和交接工作。

（3）组织与消防、电梯有关工程的验收或核查其验收评定结果。

（4）协调设备材料、备品配件、专用仪器和专用工具的清点移交工作。

（5）负责验收签证后核准分部试运验收单的手续，未经核准不得使用。

验收检查组下设工艺、热控、电气、土建专业组。

4. 生产准备组

生产准备组主要是由业主和总承包单位的代表组成。其主要职责是：

（1）负责核查生产准备工作，包括运行、检修人员的配备、培训情况，所需的规程、制度、系统图表、记录表格、安全用具等的配备情况。

（2）负责完成整套启动试运期间氨气、水、电、压缩空气、化学药品等物资的供应。

（3）负责提供电气、热工等设备的运行整定值。

5. 综合组

综合组由工程建设单位、工程总承包单位、调试单位、安装单位、监理等有关单位的代表组成。其主要职责是：

（1）负责试运指挥部的文秘、资料和后勤服务等综合管理工作。

（2）发布试运信息。

（3）核查协调试运现场的安全、消防和治安保卫工作等。

6. 调试办职责

调试办由工程建设单位、工程总承包单位、调试单位、安装单位、监理等有关单位的代表组成。

调试办是试运指挥部的办事机构，从超低排放系统开始调试直至完成移交商业运行，执行以下职责：

（1）根据总承包单位编制的调试网络计划图，以及按调试网络计划图编制每周各专业的调试实施计划，督促和协调总承包单位及各参建单位，解决在调试过程中所产生的问题。

（2）审核总承包单位上报的调试简报。帮助解决各专业调试过程中所需的技术资料，保管手册、方案、报告、进度网络图等资料。

（3）汇总工作日志。

（4）负责统计超低排放系统装置的正常启、停及故障跳闸的时间、原因，调试所耗用的氨气、水、电、压缩空气和化学药品等的数量。

（5）负责监督总承包单位在调试过程中的缺陷管理及工作票管理。

（6）负责审批备品备件、燃料、材料、工器具的采购与供应。

（7）组织与安排专题研究会议，编写与印发研究会的会议纪要及有关决定。

第二节　燃煤机组超低排放系统调试方案简介

超低排放系统调试方案一般包括以下几项：DCS受电及IO通道测试方案，热工调试方案，低低温静电除尘系统调试方案，管式GGH系统调试方案，湿式静电除尘系统调试方案，脱硫系统调试方案，脱硝系统调试方案，喷氨格栅调整试验方案，整套启动调试方案。本节列举两个方案供读者参考。

方案1：湿式静电除尘系统调试方案

（一）前言

1. 调试目的

本方案用于指导湿式静电除尘系统安装工作结束后的调试工作，以确认湿式静电除尘器、循环水系统、加药系统、排水系统、到废水预澄清器废水处理系统及辅助设备安装正确无误，设备状态良好，系统能正常投入运行。

（1）检查该系统工艺设计的合理性，检查设备、管道以及控制系统的安装质量。

（2）确保该系统输入及输出信号接线正确，软硬件逻辑组态正确，系统一次元件、执行机构状态反馈符合运行要求，运行参数显示正确。

(3) 通过调试为该系统的正常、稳定运行提供必要的参考数据。

(4) 确认该系统内各设备运行性能良好，控制系统工作正常，系统功能达到设计要求，能满足湿式静电除尘系统整套启动的要求。

2. 调试范围

调试范围为湿式静电除尘系统主体、喷淋水系统、循环水系统、加药系统、排水系统等及辅助设备。调试从设备单体调试等项目交接验收完成后开始，包括冷态调试和热态调试。湿式静电除尘系统及相关辅助系统的各设备先进行独立试运转，然后进行各设备的冷态连锁试验和系统启动及关闭的顺控试验。在烟气接入湿式静电除尘器后进入热态调试阶段，进一步确认系统设备运行的连锁保护关系，优化工艺控制参数，以保证各系统正常运行和设计的除尘效率。

调试期间，系统内各设备的运行、操作应参照生产厂家有关说明及电厂相关运行规程执行，以确保设备安全运行。

3. 调试依据及调试质量标准

(1) 调试依据：

1) DL/T 5277—2012《火电工程达标投产验收规程》；

2) DL/T 5295—2013《火力发电建设工程机组调试质量验收及评价规程》；

3)《国家电网公司电力安全工作规程》(火电厂动力部分)；

4) DL/T 5437—2009《火力发电建设工程启动试运及验收规程》；

5) 系统 P&ID 图纸；

6) 天地环保提供的逻辑图、系统流程图和控制策略与说明等；

7) 有关工艺逻辑说明书。

(2) 调试质量标准。参考 DL/T 5295—2013 各项质量标准要求。

(二) 系统及设备的主要技术规范

包括系统说明和主要设备规范及技术参数，具体内容略。

(三) 调试应具备的条件和程序

(1) 根据设计要求，湿式静电除尘系统及相关辅助系统的设备已安装完毕，验收合格。

(2) 参照设备说明书和施工验收技术规范有关章节的要求，对湿式静电除尘系统的设备包括高压、低压电源柜、水箱、水泵及搅拌器等进行检查，并清扫干净，现场的沟、洞应有覆盖物并具有明显的警示标志。

(3) 箱罐和相关管道已进行过注水及水压试验并合格。

(4) 循环水泵、冲洗水泵、回水排水泵、搅拌器等单转试验结束，确认运行状况良好，转向正确，参数正常，CRT 状态显示正确。

(5) 各电动阀门单体调试结束，开、关动作正常，限位开关就地位置及 CRT 状态显示正确，操作灵活。

(6) 箱罐及浆液池的液位计、pH 计等热工仪表校验合格并可以投入使用。

(7) 现场照明、生活水已能满足安全要求，主要通道平整、畅通，现场附近无易燃易爆物，并有消防设施。

(8) 调试所需工具及仪器、通信设备准备就绪，现场化学分析场地、仪器、试剂已经

准备就绪。

(9) 现场系统设备及各阀门已经挂牌，管道流向标志牌已挂好。

(10) 系统图、规程措施、记录报表、交接班记录，由电厂准备齐全。

(11) 参加湿式静电除尘系统调试的人员应熟悉本方案及设备现场环境。

(四) 调试程序、步骤及内容

1. 调试程序

调试程序如图 5－2 所示。

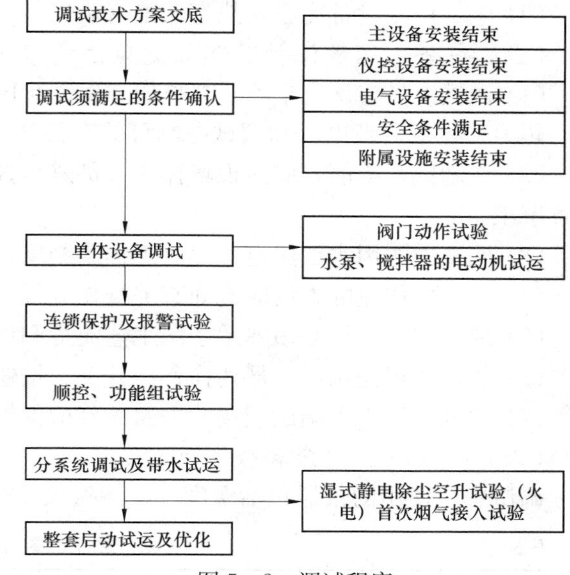

图 5－2　调试程序

2. 调试主要步骤

(1) 挡板、阀门的开关已试验。

(2) 箱罐及管路的冲洗（安装单位水压试验完成后），水箱已进水。

(3) 连锁保护条件确认。

(4) 密封风机、加碱泵、喷淋回水箱排水泵、循环水泵、冲洗水泵、搅拌器等已试运。

(5) 报警信号确认。

(6) 系统整套已启动和调整。

3. 调试内容

(1) 阀门的开关试验。电动阀门的开关动作试验，限位开关、力矩开关设定，阀门控制信号检查。调节阀调试内容包括限位开关、力矩开关设定，阀门控制信号检查，开度检查。手动阀门调试内容包括全开全关位置、操作灵活性等检查。

(2) 连锁保护及报警试验。根据系统安全运行要求，湿式静电除尘系统制定了相关的连锁保护及报警试验。

(3) 工艺水泵试转和管路冲洗。完成相关试验后，将工艺水泵与电动机连接，进行带水试运，再次确认转向，调整水泵出口压力，并同时进行管道和箱罐的冲洗。

(4) 循环水泵试转和管路冲洗。完成相关试验后，用工艺水对循环水箱进行冲洗，直至干净为止，并对循环水箱进水，满足液位要求后，进行循环水泵的带水试运，启动后再次确认转向，对循环水管和极板进行冲洗。冲洗过程中将废水进行外排，直至回水干净为止，最后通过调节阀对循环水泵出口压力和循环水流量进行调整。介质流量图如图 5－3 所示。

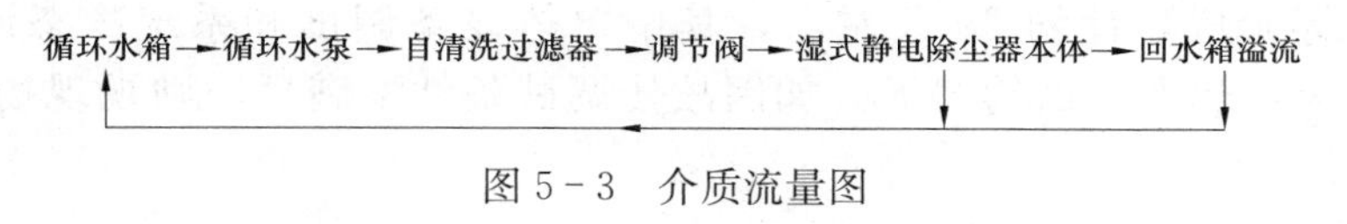

图 5－3　介质流量图

(5) 喷淋回水箱排水泵的试转。完成相关试验后，进行喷淋回水箱冲洗，直至干净为止，并对水箱进水，准备进行的试转试验，当液位满足条件后，对排水泵进行带水试运，再次确认转向，通过调节阀对排水泵进行压力和流量调整。

(6) 加碱泵的试转。碱液储罐冲洗干净后，注水至加碱泵启动允许液位，启动加碱泵，调整加碱泵的频率，使其出口压力和频率能达到设计值，在最大频率下运行试转 2h。

(7) 湿式静电除尘器出口烟道除雾器冲洗水泵试转。

(8) 水系统的平衡调节等热态启动后，进行自动优化，长期跟踪，力争达到最佳效果。

(9) 电气控制设备冷态及热态调整（略）。

（五）安全、环境保护及职业健康注意事项

(1) 调试人员应认真学习、严格遵守 GB 26164.1—2010《电业安全工作规程　第 1 部分：热力和机械》及电厂和调试办制订的有关规章制度。

(2) 在调试开始前，应向现场操作人员进行技术及安全交底，特别声明调试过程中的注意事项。

(3) 调试中的用水、用电应建立工作票制度，并有专人负责。

(4) 在高处作业的人员应遵守有关操作规程，以免发生意外事故。

(5) 现场调试人员必须熟悉系统工艺流程和设备性能。

(6) 禁止非程控调试人员切换程控开关、按钮，动用上位机操作站的鼠标、键盘等。

(7) 调试人员进入调试现场时需佩戴好劳保护具。

（六）调试所需仪器和仪表

调试中所使用的仪器包括温度计、测振仪及转速表等，具体见表 5-1。

表 5-1　　调试所需仪器

序号	仪器名称	型号	精度（%）	厂家	数量
1	红外线温度计	Raytek	1	Raytek 公司	1
2	存储式数字测振仪	VM-9502	5	成都市昕亚科技产业有限责任公司	1

（七）组织分工和调试进度

1. 组织分工

工艺系统调试由调试单位完成。

现场/CRT 操作由建设单位完成。

单体设备调试和消缺由施工单位完成。

程控部分调试由调试单位、DCS 厂家完成。

2. 调试进度

根据浙能嘉华发电有限公司机组烟气超低排放改造工程的总进度要求，开展该系统的调试工作。湿式静电除尘器水系统的调试包括系统检查、功能测试、功能组测试、带水试运等阶段，计划 20 天左右，其中单体设备调试和系统冷态调试约 8 天，管道冲洗约 4 天，热态调试约 8 天。如因故使调试条件不满足，则视现场具体情况合理调整调试进度。

（八）相关附表

附件表格主要包括调试质量控制实施情况表、危险源及环境因素辨识、控制措施表、分系统调试前检查清单、分系统调试安全、技术交底记录表、阀门动作试验记录表、连锁保护及报警试验记录单、分系统试运参数记录表、分项调整试运质量检验评定表、分部试运后签证验收卡。

方案2：管式GGH系统调试方案

（一）前言

1. 调试目的

为保障管式GGH系统调试工作的顺利进行，特编写本技术方案。本方案用于指导管式GGH系统安装结束，完成设备单体调试后的分系统试运行工作，以确认管式GGH系统内各主辅设备安装正确无误，设备运行性能良好，控制系统工作正常，系统功能达到设计要求，能满足烟气超低排放整套启动的要求。

2. 调试依据及调试质量标准

（1）调试依据。管式GGH系统调试应严格遵循以下有关规程：

1）DL/T 5277—2012《火电工程达标投产验收规程》；

2）DL/T 5295—2013《火力发电建设工程机组调试质量验收及评价规程》；

3）《国家电网公司电力安全工作规程（火电厂动力部分）》（国家电网安监〔2008〕23号）；

4）DL/T 5437—2009《火力发电建设工程启动试运及验收规程》；

5）系统P&ID图纸；

6）天地环保提供的逻辑图、系统流程图和控制策略与说明等；

7）有关工艺逻辑说明书；

8）改造系统其他制造商有关系统及设备资料。

（2）调试质量标准。参考DL/T 5295—2013的各项质量标准要求。

（二）系统及设备主要技术规范（略）

（三）调试前应具备的条件

（1）系统中各设备及管道安装完毕，备有完整的安装记录，且符合各自的验收规范。

（2）系统中各热媒水泵单机试转结束，备有完整的试转记录。

（3）系统中所有的测量、监控表计、控制装置安装完毕，其安装位置和整定值经检查、校验应准确无误。

（4）系统用水满足调试要求，水源供给可靠。

（5）吹灰器安装工作已结束，管路清洁，压力正常。

（6）烟道和吹灰器密封风道安装结束，并符合设计及验收规范。

（7）所有动力柜和控制柜均已通电或具备通电条件。

（8）与调试有关的场所清理干净，平台楼梯畅通无阻，并具备可靠的照明、通信和安全防护措施。

（9）系统中所有设备标记完备。

（10）调试方案编制完成并向有关人员交底。

（四）调试程序及内容

1. 调试程序

管式GGH系统的调试程序按如图5-4所示的流程进行。

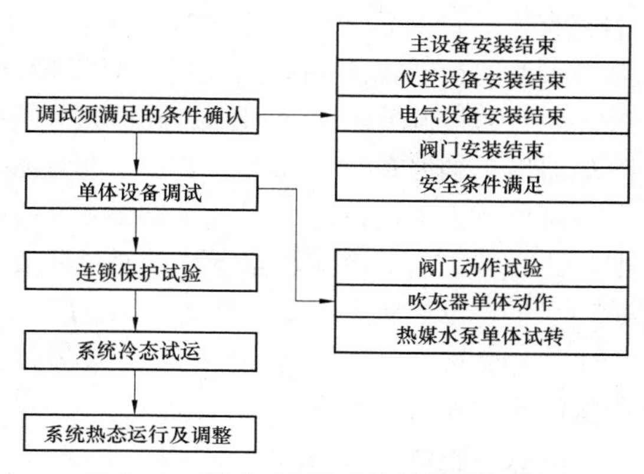

图5-4　管式GGH系统的调试程序

2. 系统的单体设备调试

(1) 系统内各阀门挡板的动作试验，确认阀门开启/关闭动作正确，阀门动作灵活、状态良好。

(2) 吹灰器单体试运行。按厂家说明书要求，在厂家指导下进行吹灰器的单体调试工作，确保吹灰器进退正常、无阻挡、无过流。

(3) 热媒水泵联锁保护试验。热媒水泵试转前应完成该连锁保护的验证工作，并确保动作准确。

3. 系统的冷态试运行

(1) 系统的上水及冲洗。上水之前，确保系统管路阀门处于全开状态，疏水阀关闭，烟气冷却器和烟气加热器排气阀打开，高位补水箱的排气阀打开。上水时保持除盐水压力正常，向系统内所有管路、设备、水箱进行注水。当烟气冷却器和烟气加热器排气阀依次连续出水时，关闭排气阀，待高位水箱排气阀连续出水时，关闭排气阀，系统注水完毕，关闭除盐水补水阀。上水速度不宜过快，1～2h为宜，冬季可适当延长时间。

上水期间加强检查各部位的阀门、堵头、仪表取样点等是否有泄漏现象。若发现漏水，立即停止上水并进行处理。

停止上水后，应注意水位是否稳定，否则查明原因，并校对就地水位计与控制室是否相符。

初次上水或停运较长时间后，应进行系统水冲洗。水冲洗在系统充满水后进行，分别打开系统各处的放水或排污阀，分块地进行冲洗，并重复几次，直至出水澄清。

(2) 热媒水泵试运。系统水冲洗合格后，即可检查启动热媒水泵，启动前检查水泵轴承润滑油正常、冷却水应接通、系统连锁保护已投入。

启动水泵前应使泵内充满水，并打开泵壳上部的放气阀，排空泵体内空气；启动后，立即打开泵的出口隔离阀，决不允许泵的出口隔离阀关闭较长时间，以防过热引起泵的损坏；运转后，观察泵的压力、电流、振动等参数，是否在正常使用范围内。

(3) 水循环建立后的热媒水加药。水冲洗结束后进行水循环的过程中对热媒水加氨，并进行热媒水质监测，直至pH值不小于10后停止加药。

4. 系统热态调试运行

(1) 系统的热态运行。低负荷及启动阶段，烟气温度较低，烟气冷却器出口烟温一般小于85℃，此时需要通过蒸汽对热媒水进行加热，投入蒸汽加热器，控制烟气冷却器出口热媒水温度在80℃左右，从而控制烟气冷却器和烟气加热器管壁温度在烟气露点温度以上。同时通过调节烟气冷却器的进水调节阀和旁路调节阀来控制循环水量，协调控制烟气冷却器出口烟温在85～92℃，以防止低温腐蚀。

高负荷正常运行时，烟气冷却器的换热量足以保证烟气加热器出口烟温在设计值以上，此时应退出蒸汽加热器运行，通过调节烟气冷却器的进水调节阀和旁路调节阀来控制循环水量，以控制烟囱烟温在80℃左右。

(2) 吹灰系统热态调试和运行。吹灰器投运时，蒸汽参数需要严格保证。吹灰顺控程序按纵吹和横吹两种方式设计。

纵吹（整体吹扫）：即按照冷却器A13、A23、A33、A12的次序依次吹扫；每个冷却器吹扫时都相应的投入单个冷却器吹灰顺控程序。

横吹：只针对某一个冷却器单独吹扫，当发现某管式 GGH 烟气冷却器前后差压明显高于设计值时（如已达到高报值 440Pa），则采用此种吹灰方式。

（五）安全、职业健康及环保注意事项

（1）在系统投入运行过程中，应加强对系统内各设备的监护，发现偏离正常运行情况及时进行调整，以确保系统处于最佳运行状况。

（2）调试过程中发生异常情况，如运行设备或管道发生剧烈振动以及运行参数明显超标等，调试人员应立即紧急停止，中止调试，并分析原因，提出解决措施。

（3）调试人员在调试现场应严格执行 GB 26164.1—2010《电力安全工作规程　第 1 部分：热力和机械》及现场有关安全规定，确保现场工作安全、可靠地进行。

（4）对环保控制（略）。

（六）调试所需仪器和仪表

调试中所使用的仪器仪表清单见表 5－2。

表 5－2　　调试用仪器和仪表清单

序号	仪器和仪表名称	型号	精度（%）	厂家	数量
1	红外数字测温仪	Raytek	1	Raytek 公司	1
2	数字测振仪	VM－9502	5	成都昕亚科技产业有限责任公司	1
3	光电转速表	HT4100	10	日本小野	1
4	对讲机	—	—	KENWOOD	2

（七）组织分工及时间安排

1. 组织分工

调试工作总协调由总承包单位完成。

工艺系统调试由调试单位完成。

现场/CRT 操作由建设单位完成。

单体设备调试和消缺由施工单位完成。

程控部分调试由调试单位、DCS 厂家完成。

2. 时间安排

根据工程的总进度要求开展该系统的调试工作。计划 15 天左右，其中单体设备调试和系统冷态调试约 10 天，热态调试约 5 天。如因故使调试条件不满足，则视现场具体情况合理调整调试进度。

（八）附表（略）

第三节　燃煤机组超低排放系统调试中注意事项

一、首次通烟气注意事项

（1）管式 GGH 系统跟随机组启动时，必须先提前进行热媒水蒸汽加热。同时在锅炉启动的各个阶段及时进行各种调节模式的转换。各种模式均应及时设定好目标值，目标值的设定应参考烟气酸露点参考表，及时更改，保证任何时候热媒水温度均高于当前烟气酸露点。

(2) 吸收塔再循环泵运行或湿式静电除尘器喷淋运行或除雾器冲洗投运，此时烟气加热器管壁由原来的干态立即进入湿态，此时酸雾直接已由系统生成，而非结露凝结产生。在此环境下，烟气加热器的管壁防腐由原来的防止烟气凝结转为减少酸雾量，则此时应尽快增投吸收塔再循环泵和湿式静电除尘器喷淋以及湿式静电除尘器电场并提高高频电源参数，尽量减少净烟气 SO_2、SO_3含量以及石膏液滴。此阶段管式 GGH 烟气加热器出口也即烟气冷却器进口水温会大幅下降，故此应在吸收塔再循环泵运行或湿式静电除尘器喷淋运行或除雾器冲洗投运前提高蒸汽量（即小循环水温自动模式的目标值提高至少90℃），以减缓对烟气加热器热媒水温急剧下降的影响，防止烟气加热器酸腐蚀和管壁外结露。

(3) 为保证管式 GGH 烟气加热器换热效果和控制差压，湿式静电除尘器运行期间必须严格控制好烟囱入口粉尘浓度，加强监盘与分析，如波动升高时应及时汇报处理，确保除尘效果，保证管式 GGH 加热器等正常、可靠运行。

(4) 首次通烟气时，应注意控制以下指标：

1) 控制吸收塔 pH 值在 5.2～5.4 之间，尽量避免吸收塔实际 pH 值超过 5.5。

2) 石灰石浆液密度基本维持在 1200～1220kg/m^3之间。

3) 超低排放指标符合设计要求。

(5) 锅炉点火后及时开启管式 GGH 烟气冷却器吹灰蒸汽总阀，投运管式 GGH 蒸汽吹扫连续吹灰程控，防止管式 GGH 烟气冷却器处积灰。

二、超低排放系统整套试运期间安全注意事项

(1) 运行人员在正常运行情况下，须遵照有关规程进行操作。在进行调试项目工作时，遵照有关调试措施或专业调试人员要求进行操作。如果调试人员的要求影响人身与设备安全，运行人员有权拒绝操作并及时向上一级指挥机构汇报。在无特殊情况下，按整套启动试运组要求进行操作。

(2) 在试运中发现故障，若暂不危及设备和人身安全，安装和运行人员均应向专业调试人员或整套启动试运组汇报，由专业调试人员决定后再处理，不得擅自处理或中断运行。若发现危及设备和人身安全的故障，可根据具体情况直接处理，但要考虑到对其他系统设备的影响（特别是对机组主体设备的影响），并及时通知现场指挥及有关人员。

(3) 超低排放系统调试期间，设备消缺应严格执行工作票制度。

(4) 超低排放系统单机调试前现场标牌、介质流向、设备转向标识等，应安装齐全。

(5) 在调试开始前，应向现场操作人员进行技术交底，特别声明调试过程中的注意事项。

(6) 烟气通道各检修门挂上“禁止进入”的警告牌。试运期间若要进入烟道内进行处理，则须确认系统完全停止，并做好安全防范措施后方可进入。

(7) 浆液循环泵全部跳停时，采取如下措施：脱硫系统撤出运行，同时马上启动除雾器冲洗水泵，并打开除雾器下层冲洗阀和预喷淋阀，以保护脱硫设备。调试人员应认真学习、严格遵守 GB 26164.1—2014《电力安全工作规程　第 1 部分：热力和机械》及电厂

和调试指挥部制订的有关规章制度，现场调试人员、化验人员、运行人员必须熟悉系统工艺流程和设备性能。

(8) 吸收塔再循环泵运行或湿式静电除尘器喷淋运行或除雾器冲洗投运，此时烟气加热器管壁由原来的干态立即进入湿态，则此时应尽快增投吸收塔再循环泵和湿式静电除尘器喷淋以及湿式静电除尘器电场并提高高频电源参数，尽力减少净烟气 SO_2、SO_3 含量以及石膏雨。

(9) 受电区域设专人管理，凭出入证登记后方可进出。

(10) 任何属代保管范围内的设备必须由运行人员进行操作，严禁调试、安装及其他无关人员操作。

三、超低排放系统调试相关分工分界

(1) 超低排放系统调试分工分界按单机调试（包括电动机单试）、分系统调试（包括设备带工质试运）、整体调试三个阶段控制。

(2) 单机试运、分系统试运由调试单位负责调试。分系统调试结束、质量验收手续完成，由总承包方提交单机试运、分系统试运质量验收单复印件（单机试运质量验收单应包括就地、电源开关、远程，三者一致确认签名）给电厂运行人员妥善集中保管。整体调试阶段由运行部人员进行操作、调整、就地巡检，施工单位、调试单位协助完成就地检查、监测、消缺。

(3) 单机调试阶段，总承包单位、施工单位和调试单位三方共同由各自的热机、电气、仪控专业签发相应的单机试运许可单；分系统试运，应有调试单位出具的分系统试运方案。

四、停送电管理

(1) 单机试运、分系统试运阶段，设备的停送电和就地相关检查和操作由施工单位负责，与原有电气系统有交界的电源开关（包括再循环泵 D、湿式静电除尘变 A/B）由电厂运行人员检查、操作。分系统调试完成并代保管后，停送电操作均由电厂运行人员负责。

(2) 超低排放新增、改造设备的首次送电，调试单位应使用设备送电联系单，并已完成设备检查验收确认表的多方签证，一次、二次设备完好并有可投运交底，包括检修工作结束，相关工作票已终结或押回，设备具备试运条件；试运设备电源开关保护确认正常；试运设备热工保护连锁试验合格；试运设备就地一次接线完好并已经查线确认一次设备接线正确等。

(3) 超低排放设备送电应逐一进行，电厂电气专业制定设备清单表并逐一核对设备操作员站、开关室和就地一一对应，并由施工单位和调试单位在单机试运确认表上确认和签名，否则不允许代保管，避免出现电气设备与机务设备不对应的情况。

(4) 超低排放设备送电后，应在就地设备上悬挂“设备已送电 注意安全”警告牌，并在设备停电后收回警告牌。

(5) 在整组启动前，由电气专业组织一次超低排放设备操作员站、开关室和就地核对工作，并保留核对清单及记录。

(6) 加强硫灰各配电室管理，运行人员进出各配电室时应检查门禁系统完好并做到随手关门。

五、其他注意事项

(1) 单机调试、分系统调试阶段，与原有设备有交界的电气开关、阀门由电厂运行人员负责操作，其他转动设备由调试单位负责远程或就地启停，阀门操作由施工单位负责，电厂协助，监理单位负责质量验收。

(2) 单机调试、分系统调试阶段，各控制策略、逻辑、定值等，由调试单位人员进行模拟操作，电厂运行人员进行逻辑和定值确认，并由电厂运行人员在逻辑确认清单上签名。

(3) 逻辑和定值根据实际调试情况需要进行修改或与原有控制策略不同的，必须由调试人员出具逻辑修改审批单，经审批同意后，交与运行人员签名后，进行逻辑修改，并由运行人员在逻辑确认单上再次签名在备注栏注明逻辑修改审批单号码。最终由总承包根据签名后的逻辑确认单进行逻辑定值等修订，完成修订的版本交予电厂专业人员。

(4) 设备试运，应在就地设备上悬挂“设备试运 注意安全”警告牌，并在设备试运后收回警告牌。

(5) 单机试运、分系统试运出现缺陷需要处理时，由施工单位开具工作票，调试单位接票、许可和终结。整体调试阶段，消缺工作采用电厂原有工作票流程和双签发制度，即采取电厂工作票签发人（超低排放办公室各电厂专业负责人）、火电外包单位签发人双重签发，并由电厂工作许可人执行安全措施、许可和终结。

(6) 单机试运、分系统试运期间，热工信号强制单由调试组负责审批，整体调试阶段，按电厂流程进行。

第四节　燃煤机组超低排放系统调试报告的主要内容

超低排放系统调试报告主要包括DCS受电及IO通道测试报告、热工系统调试报告、低低温静电除尘系统（含喷氨格栅优化调试报告、脱硫系统调试报告、管式GGH调试报告、湿式静电除尘系统调试报告、脱硝系统调试报告、整套启动调试报告和72h连续运行报告）。

一、喷氨格栅优化调试报告

（一）概况

1. 试验目的

本次优化调整试验目的是提高机组烟气脱硝系统的喷氨均匀性，降低烟气脱硝系统的氨逃逸，进而缓解烟气脱硝系统对机组安全稳定运行的影响。

2. 试验标准及规范

DL/T 260—2012《燃煤电厂烟气脱硝装置性能验收试验规范》；

GB/T 16157—1996《固定污染源排气中颗粒物测定与气态污染物采样方法》。

（二）系统设计参数及性能保证值（略）

（三）试验仪器

脱硝性能测试主要仪器一览表见表5-3。

表5-3　　脱硝性能测试主要仪器一览表

序号	名称	型号	测量范围	精度（%）	仪器编号
1	自动烟尘采样仪	3012H	10～45L/min	2.5	A08198707 A08390444
2	Rosemount 烟气分析仪	NGA2000	SO_2、NO_x等	±1	4512002771105
3	顺磁氧量计	PMA10	0%～25%	1	11040793
4	测温仪	Fluke51Ⅱ	—	±（0.05%+0.3℃）	16350368
5	微压计	Electron-p	0～199.9×10^5MPa	1.5	9701719
6	空盒气压表	YM3	800～1060hPa	1hPa	1104005

（四）试验条件和试验安排

浙江浙能嘉华发电有限公司超低排放改造工程4号机组脱硝系统优化试验为例，于2015年3月3～6日进行，整个试验分3个阶段进行，第一阶段为机组满负荷运行工况下，进行脱硝进口温度、流场和进口NO_x浓度测试；第二阶段为机组满负荷运行工况下，进行脱硝出口采样格栅处NO_x浓度测试和喷氨格栅的调整；第三阶段为机组负荷500MW和400MW工况下，进行脱硝系统氨逃逸测试。具体见表5-4。整个试验期间，锅炉煤种稳定，燃烧良好，脱硝系统运行正常。

表5-4　　脱硝系统优化机组负荷和试验内容表

试验阶段	机组负荷（MW）	主要试验内容	试验位置
第一阶段 2015.3.3	660	（1）脱硝进口温度场测试。 （2）脱硝进口流场测试。 （3）进口NO_x浓度测试	脱硝进口烟道
第二阶段 2015.3.4～5	660	（1）脱硝出口NO_x浓度测试。 （2）喷氨格栅的调整。 （3）氨逃逸测试	（1）采样格栅。 （2）喷氨格栅。 （3）电除尘
第三阶段 2015.3.6	上午500 下午400	氨逃逸测试	电除尘

（五）试验方法和内容

1. 脱硝系统运行状态测试

在机组满负荷工况下，对脱硝系统进口烟道处温度、流速、NO_x浓度以及出口采样格栅处NO_x浓度进行测试，通过对测试结果进行分析，了解目前脱硝系统运行状况为后续喷氨格栅调整提供依据。

方法：脱硝进口温度、流场和NO_x浓度均采用网格采样法，脱硝出口NO_x浓度通过采样格栅进行测试。

2. 喷氨格栅优化调整

4号机组烟气脱硝系统采用喷氨格栅技术来实现氨气和烟气的均匀混合，A、B反应器各有24个喷氨格栅，在催化剂最下层有36个采样格栅。通过这些采样格栅，对催化反

应器出口的 NO_x 浓度分布进行测试。根据这些测点的测量结果，调整 24 个喷氨格栅的开度即喷氨量来控制脱硝出口 NO_x 浓度的均匀分布。

3. 脱硝出口氨逃逸浓度测试

测试方法：使用加热枪和平行采样仪，把含 NH_3 的烟气从出口烟道中抽出，通过装有稀 H_2SO_4 溶液的冲击式吸收瓶，将烟气中的 NH_3 吸收，样气通过干燥剂硅胶干燥后，用流量计计量采气量，同时用热电偶测量烟气温度。采样结束后，用去离子水洗吸收瓶和采样连接管路获得样品。最后用离子色谱法测定样品中的 NH_4^+，从而计算出 NH_3 浓度。

除了采用烟气采样分析烟气中的氨逃逸外，还对 4 号锅炉电除尘器进口灰样进行取样分析，从而间接分析出 4 号烟气脱硝系统氨逃逸情况。

（六）试验结果及分析

1. 反应器进口烟道流速和烟气温度

脱硝反应器 A 侧和 B 侧进口烟气流速、温度分布表见表 5－5～表 5－8。

表 5－5　　脱硝反应器 A 侧进口烟气流速分布表　　m/s

测点	测孔						
	1	2	3	4	5	6	7
1	13.6	10.8	13.4	11.7	13.1	12.7	6.9
2	13.1	14.1	12.4	13.4	11.1	12.1	9.6
3	14.5	14.2	12.5	14.5	12.7	13.8	11.1

表 5－6　　脱硝反应器 B 侧进口烟气流速分布表　　m/s

测点	测孔						
	1	2	3	4	5	6	7
1	13.3	14.6	13.5	14.2	8.7	9.4	8.8
2	15.0	16.2	12.2	16.3	16.2	15.3	10.4
3	13.2	13.1	16.1	17.5	14.2	13.4	9.2

表 5－7　　脱硝反应器 A 侧进口烟气温度分布表　　℃

测点	测孔						
	1	2	3	4	5	6	7
1	360.1	369.2	376.3	376.8	380.5	383.5	381.2
2	361.0	370.5	376.7	377.6	380.3	385.0	382.9
3	360.1	372.1	376.1	378.1	378.8	377.3	380.4

表 5－8　　脱硝反应器 B 侧进口烟气温度分布表　　℃

测点	测孔						
	1	2	3	4	5	6	7
1	388.2	378.3	375.2	377.8	367.8	373.8	372.2
2	388.0	380.2	375.7	377.6	371.8	371.8	373.1

续表

测点	测孔						
	1	2	3	4	5	6	7
3	387.8	380.1	376.3	377.5	374.6	372.3	372.0

通过以上表格中的数据计算出脱硝反应器A、B侧进口烟气流速不均匀度分别为14.6%、20.1%，流速分布偏差适中，流场相对较均匀，平均烟气流速分别为12.4、13.4m/s。温度分布的不均匀度分别为1.98%、1.49%，温度分布较均匀，平均烟气温度分别为375.5、376.8℃。

2. 反应器进口烟道NO_x浓度分布

反应器进口烟道NO_x浓度分布数据表见表5-9、表5-10。

表5-9　　A反应器进口烟道NO_x浓度分布数据表　　6%氧量（mg/m^3）

测点	测孔						
	1	2	3	4	5	6	7
1	247.5	249.9	270.6	308.7	330.3	343.1	317.2
2	263.3	251.9	269.4	312.0	329.7	349.8	341.8
3	260.5	284.3	264.2	312.9	331.5	338.4	284.2

表5-10　　B反应器进口烟道NO_x浓度分布数据表　　6%氧量（mg/m^3）

测点	测孔						
	1	2	3	4	5	6	7
1	354.2	344.4	337.4	299.6	287.1	282.3	323.1
2	352.9	348.0	333.7	298.3	290.0	277.4	288.4
3	345.3	345.2	332.0	302.9	290.6	276.1	280.3

由以上表格所示数据计算得出，4号机组脱硝系统反应器进口A、B两侧的NO_x浓度分布不均匀度分别为11.7%、9.1%。

3. 反应器出口NO_x浓度分布（采样格栅）

反应器出口NO_x浓度分布数据表见表5-11、表5-12。

表5-11　　A反应器出口NO_x浓度分布数据表　　6%氧量（mg/m^3）

测点	测孔					
	1	2	3	4	5	6
1	41.5	54.6	45.9	81.6	78.1	19.4
2	51.6	81.6	43.9	84.7	93.7	6.9
3	29.8	60.9	66.8	86.1	66.2	3.4
4	22.4	51.5	54.6	68.7	72.2	5.1
5	21.5	58.3	53.9	65.4	67.2	19.2
6	5.5	28.5	32.4	72.9	48.3	4.7

表 5-12　B 反应器出口 NO_x 浓度分布数据表　6%氧量（mg/m^3）

测孔	测点					
	1	2	3	4	5	6
1	40.9	23.2	23.3	13.6	5.9	15.7
2	9.9	35.5	13.8	8.9	7.9	9.9
3	35.8	33.8	4.0	18.9	13.1	30.6
4	45.5	59.7	30.6	8.2	26.6	17.8
5	44.0	26.1	24.2	8.8	20.5	19.5
6	58.0	20.0	16.9	12.9	16.4	23.9

根据表 5-11 和表 5-12 数据计算得出，4 号机组脱硝系统反应器出口 A、B 两侧的 NO_x 平均浓度分别为 48.6、22.9 mg/m^3。分布不均匀度分别为 54.6%、61.1%，分布不均匀，必须对喷氨格栅开度进行调整。

4. 调整后反应器出口 NO_x 浓度分布（采样格栅）

本着安全、经济的运行，于 2015 年 3 月 4 日和 5 日对喷氨格栅进行了调整，结果见表 5-13、表 5-14。

表 5-13　A 反应器出口 NO_x 分布数据表　6%氧量（mg/m^3）

测孔	测点					
	1	2	3	4	5	6
1	40.4	43.0	27.1	28.0	24.3	29.8
2	33.0	44.4	30.2	28.1	29.0	30.4
3	36.0	41.1	28.1	29.2	30.2	26.4
4	23.6	42.0	31.7	43.0	27.4	28.4
5	29.6	27.9	25.2	27.1	24.4	24.1
6	22.9	21.8	24.1	26.3	21.3	21.1

表 5-14　B 反应器出口 NO_x 分布数据表　6%氧量（mg/m^3）

测孔	测点					
	1	2	3	4	5	6
1	21.7	27.9	29.7	35.1	41.8	33.6
2	38.4	41.6	27.7	47.0	36.3	35.2
3	33.4	39.6	25.1	29.7	40.0	42.0
4	23.4	38.6	32.2	33.3	39.9	28.6
5	30.3	25.9	25.8	16.8	30.6	41.3
6	30.1	27.9	16.5	23.2	25.7	29.8

从表 5-13 和表 5-14 分析得出，调整后的 4 号机组脱硝反应器出口 A、B 两侧的平均 NO_x 浓度分别为 29.7、31.8 mg/m^3，分布不均匀度分别为 22.1%、23.1%。

5. 调整前后反应器出口氨逃逸测试结果

喷氨格栅调整前后氨逃逸测试结果见表5-15。

表5-15　　喷氨格栅调整前后氨逃逸测试结果

日期	机组负荷（MW）	位置	出口 NO_x（mg/m^3）	氨逃逸（ppm）
2015.3.4	调整前660	A侧	47.5	4.51
		B侧	33.2	7.18
2015.3.5	调整后660	A侧	35.8	1.36
		B侧	37.6	1.73
2015.3.6	调整后500	A侧	29.8	2.33
		B侧	35.2	1.87
2015.3.6	调整后400	A侧	32.5	1.75
		B侧	31.2	1.32

从表5-15中数据分析得出，喷氨格栅调整前氨逃逸较为严重，已经超过3ppm；在机组负荷660MW时对喷氨格栅调整后，机组负荷在660、500、400MW时，氨逃逸浓度均小于3ppm，运行较为理想。

6. 调整前后脱硝系统喷氨量统计

喷氨格栅调整前后脱硝系统喷氨统计见表5-16。

表5-16　　喷氨格栅调整前后脱硝系统喷氨统计

机组负荷（MW）	位置	进口 NO_x（mg/m^3）	进口 O_2 量（%）	出口 NO_x（mg/m^3）	氨耗量（kg/h）	
					单侧	总计
调整前660	A侧	276	1.6	49	102.2	215.6
	B侧	292	2.2	36	113.4	
调整后660	A侧	288	2.0	37	97.1	200.3
	B侧	301	2.4	40	103.2	
调整后500	A侧	322	2.9	32	83.4	169.8
	B侧	338	3.2	35	86.4	
调整后400	A侧	325	4.0	29	68.1	133.4
	B侧	317	4.1	33	65.3	

从表5-16数据中，调整后的喷氨量较调整前数据有明显下降，表明调整后氨逃逸较小，氨硝比合理，保障了脱硝系统安全，经济稳定运行。

7. 调整前后喷氨格栅开度情况

喷氨格栅调整前后开度统计表见表5-17。

表5-17　　喷氨格栅调整前后开度统计表

A侧调整前	格栅	1	2	3	4	5	6	7	8	9	10	11	12
	位置	4.5	4.5	3	3.5	4	4	4	3.5	4	4	4	4
	格栅	13	14	15	16	17	18	19	20	21	22	23	24
	位置	4	4	4	4	4	4	3.5	4.5	3	4.5	5	4.5

续表

A侧调整后	格栅	1	2	3	4	5	6	7	8	9	10	11	12
	位置	4	4	4	4	4	4	4	4	4.5	4.5	4.5	4
	格栅	13	14	15	16	17	18	19	20	21	22	23	24
	位置	4	4.5	4	4	4.5	4	4	4	4.5	4	4	4
B侧调整前	格栅	1	2	3	4	5	6	7	8	9	10	11	12
	位置	4.5	4.5	4	4	5	4	4.5	4.5	4	4	4.5	4.5
	格栅	13	14	15	16	17	18	19	20	21	22	23	24
	位置	4	4	4	3	3	4	4	3	3	3.5	4	3
B侧调整后	格栅	1	2	3	4	5	6	7	8	9	10	11	12
	位置	4.5	5	4	4.5	4.5	4.5	4.5	4.5	4	4.5	4	4
	格栅	13	14	15	16	17	18	19	20	21	22	23	24
	位置	4	4.5	4.5	4.5	4	4.5	4	4.5	4.5	4	4	4

（七）结论和建议

（1）在脱硝系统调整前对运行状态进行了测试，机组满负荷运行，脱硝系统进口 NO_x 浓度分布相对均匀，偏差为10%左右，而出口 NO_x 浓度偏差达到50%以上，因此必须调整喷氨格栅开度，使其分布均匀。

（2）对脱硝喷氨格栅进行调整后，分析氨逃逸和喷氨量数据表明，氨利用率有较大提高，调整前氨逃逸达到5ppm以上，而调整后氨逃逸为2ppm以下。

（3）通过对比脱硝出口 NO_x 浓度分布，调整后的偏差为22%左右，相较调整前的偏差50%以上，有了明显的改善，由于实现超低排放后，对 NO_x 浓度分布要求更高，建议定期对脱硝系统进行调整，以免浓度不均，造成脱硝系统调节困难，氨逃逸较大。

（4）在机组升降负荷及锅炉燃烧调整时，建议加强喷氨流量监视，必要时进行手动干预。

（5）在进行数据测试时，发现CEMS进出口氧量存在倒挂现象，与实际数据不一致，怀疑是测点问题，建议定期对取样管路进行吹扫，停机时对取样点进行检查，以免由于取样点不均造成数据偏差。

二、脱硫系统调试报告

（一）概况

1. 目的

该系统的调试目的是检验工艺设计的合理性；检查设备及管道的安装质量；通过调试，为脱硫系统的正常稳定运行提供必要的参考数据；确认设备运行性能良好，确保输入/输出信号接线正确，软硬件逻辑组态正确；系统一次元件、执行机构状态反馈符合运行要求；运行参数显示正确，控制系统工作正常，系统功能达到设计要求，能满足脱硫系统整套启动的要求。

2. 调试说明

脱硫系统改造调试范围为吸收塔循环泵、吸收塔除雾器冲洗水泵等。调试从设备单体

调试等项目交接验收完成后开始，包括冷态调试和热态调试。系统的各设备先进行独立试运转，然后进行各设备的冷态连锁试验和系统启动及关闭的顺控试验。由于该改造工程与原有系统有密切关系，因此冷态试验还必须包括与其他系统之间的相关连锁保护试验和顺控试验。在烟气接入后进入热态调试阶段，进一步确认系统设备运行的连锁保护关系，优化工艺控制参数，以保证各系统正常运行。

3. 调试依据及调试质量标准

(1) 调试依据。脱硫系统改造调试应严格遵循以下有关规程：

1) DL/T 5277—2012《火电工程达标投产验收规程》；

2) DL/T 5295—2013《火力发电建设工程机组调试质量验收及评价规程》；

3) 国家电网安监〔2008〕23号《国家电网公司电力安全工作规程（火电厂动力部分）》；

4) DL/T 5437—2009《火力发电建设工程启动试运及竣工验收规程》；

5) 系统P&ID图纸；

6) 逻辑图、系统流程图和控制策略与说明等；

7) 脱硫系统其他制造商有关系统及设备资料。

(2) 调试质量标准。参考DL/T 5295—2013的各项质量标准要求。

(二) 系统及设备的主要技术规范

1. 系统说明（略）

2. 主要设备规范和技术参数（略）

(三) 分系统调试前已具备条件的确认

(1) 根据设计要求，脱硫及相关辅助系统的设备已安装完毕，验收合格。

(2) 参照设备说明书和施工验收技术规范有关章节的要求，对改造系统的设备进行检查，并清扫干净，现场的沟、洞应有覆盖物并具有明显的警示标志。

(3) 箱罐和相关管道已进行过注水或水压试验并合格。

(4) 现场照明、自来水已能满足安全要求，主要通道平整、畅通，现场附近无易燃易爆物，并有消防设施。

(5) 调试所需工具及仪器、通信设备准备就绪，现场化学分析场地、仪器、试剂已经准备就绪。

(6) 现场系统设备及各阀门已经挂牌，管道流向标志牌已挂好。

(7) 系统图、规程措施、记录报表、交接班记录，由电厂准备齐全。

(8) 参加改造的调试的人员应熟悉本方案及设备现场环境。

(四) 调试内容和调试仪器

1. 阀门的开关试验

确认开关灵活性、阀门的位置及反馈正确与否；具体见阀门动作试验记录表。

2. 各主要设备的调试

包括系统内各设备（吸收塔除雾器冲洗水泵、吸收塔浆液再循环泵等）试转。

(1) 吸收塔浆液再循环泵的调试。当吸收塔进水后达到启动允许液位后，在2015年12月4日对循环泵C/D进行了试转。试转结果正常。

(2) 吸收塔除雾器冲洗水泵的调试。当吸收塔除雾器冲洗水箱液位达到启动允许液位后，对除雾器冲洗水泵A/B进行试转，调整其出口压力。试转结果正常。

3. 连锁保护试验确认

系统内各设备连锁保护试验内容略。

4. 调试仪器

调试用仪器见表5-18。

表5-18　　调试用仪器

序号	仪器名称	型号	精度	厂家	数量
1	测振仪	208	1%	美国BENTLY公司	1
2	对讲机	—	—	美国MOTOLORA公司	2
3	红外温度计	Raynger ST	0.1℃	Raytek	1

（五）调试过程中遇到的问题及处理情况

(1) 吸收塔浆液再循环泵C开始试转时，无法满足启动允许条件。经检查后发现，C泵更换减速箱后，无外置的油泵，删除启动允许条件中有关油泵的逻辑后，问题解决。

(2) 吸收塔除雾器冲洗水泵的轴封冷却水水量小，经检查发现，冷却水管有堵塞，施工单位用压缩空气吹扫后问题解决。

（六）调试结论及建议

浙江浙能嘉华发电有限公司4号机组烟气超低排放改造项目工程脱硫系统改造的设备和管道安装质量良好，调试顺利，试运期间设备运行稳定，仪控可靠。调试期间按照调试方案中危险源辨识及预控措施，对存在的各危险源采取了相应的防范与控制措施，无因调试发生设备损坏和人员伤亡事故。为了使脱硫系统能够安全稳定的运行，特提出以下几点建议：

(1) 超低排放改造后，由于水平衡重新建立，应随时注意吸收塔液位、吸收塔区域浆池液位、除雾器冲洗水箱液位的平衡关系，防止各水箱液位过低或过高，造成系统水平衡的困难，一般情况下，要准备出石膏时，吸收塔液位尽量往低液位限值控制，这样有利于出石膏时控制液位。

(2) 伴随着负荷的升高，此时需注意吸收塔pH值的变化情况，如有必要，可以根据需要将吸收塔的pH值控制方式改为手动供浆。

（七）附表

调试过程记录卡清单、调试质量控制实施情况表、危险源及环境因素辨识控制措施表、调试前检查清单、调试安全技术交底记录表、挡板阀门动作试验记录表、连锁保护试验记录单、试运参数记录表、分项调整试运质量检验评定表。

第五节　燃煤机组超低排放系统测试

一、超低排放系统测试的目的

机组在投运超低排放系统后，尾部烟道各断面的烟气污染物均发生了变化，在不同煤种、机组负荷条件下，通过对机组烟气脱硝系统、脱硫系统、湿式静电除尘系统以及烟囱入口处的污染物浓度、温度、湿度、含氧量等参数的检测，并进行比对分析，掌握超低排放系

统投运后对烟尘、二氧化硫、NO_x、细颗粒物、三氧化硫、液滴的排放的影响和提效作用。

测试可了解，锅炉尾部烟气流程中各断面的烟气中污染物含量及其变化特性。

二、测试断面示意图

测试断面与测点布置示意图如图 5－5、图 5－6 所示。

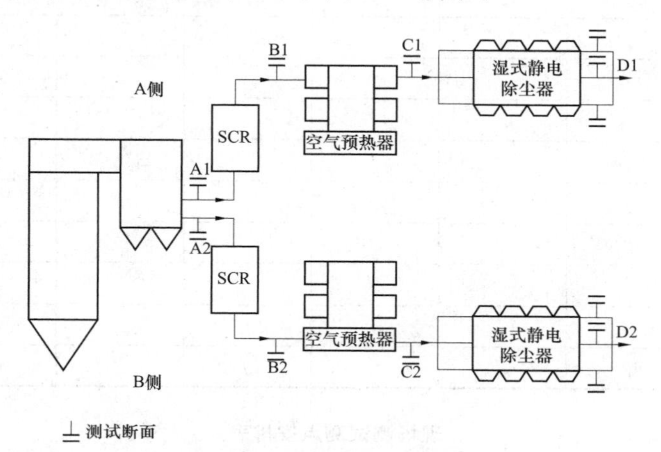

图 5－5　测试断面示意图

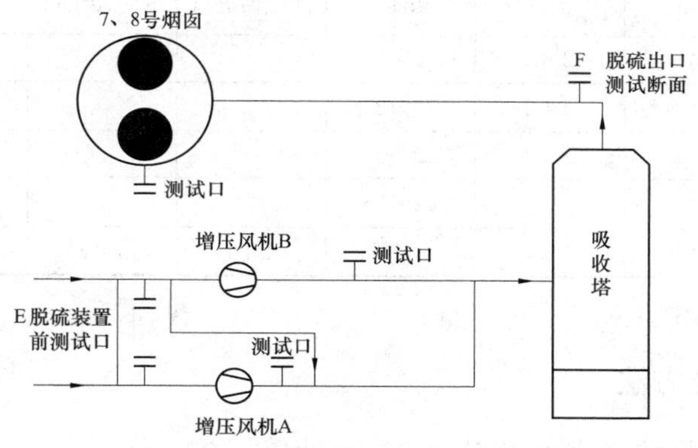

图 5－6　测试断面与测点布置示意图

三、现场测试项目及测点

现场测试项目表见表 5－19，现场测试测点安排表见表 5－20。

表 5－19　　现场测试项目表

分组	测量项目	省煤器出口	SCR 出口	空气预热器出口	湿式静电除尘器进口	湿式静电除尘器出口	脱硫进口	脱硫出口
1	烟温	√	√	√			√	√
	压力	√	√	√			√	√
	O_2	√	√	√			√	√
	CO_2	√	√	√			√	√

续表

分组	测量项目	省煤器出口	SCR出口	空气预热器出口	湿式静电除尘器进口	湿式静电除尘器出口	脱硫进口	脱硫出口
1	CO	√	√	√			√	√
	NO_x	√	√	√			√	√
	SO_2	√	√	√			√	√
2	SO_3	√	√	√			√	√
	NH_3		√	√				
	F	√		√			√	√
	Cl	√		√			√	√
3	飞灰浓度	√	√	√			√	√
	含水率			√			√	√
4	PM2.5			√			√	√
5	Hg	√	√		√	√		√

表 5-20　　现场测试测点安排表

分组	测量点	省煤器出口	SCR出口	空气预热器出口	湿式静电除尘器进口	湿式静电除尘器出口	脱硫进口	脱硫出口
1	烟气组分	2×7	2×5	2×7			2×3	1×4
2	微量组分	2×2	2×2	2×2			2×2	1×2
3	烟尘、水	2×2	2×2	2×2			2×3*	1×4*
4	PM2.5			2×3			2×3	1×3
5	Hg	1×4	1×4		1×4	1×4		1×4

* 采用多点分段式取样。

四、测试内容及方法

（一）烟气参数与常规成分测试

1. 测试项目

烟温、压力、O_2、CO_2、CO、NO_x、SO_2。

2. 仪器设备

（1）烟气分析仪、烟气取样枪。德国ECOM J2KN烟气分析仪，其主要参数见表5-21。

表 5-21　　德国 ECOM J2KN 烟气分析仪主要参数

测量成分	测量范围（ppm）	精度（ppm）	分辨率（ppm）	传感器类型
O_2（体积百分比）	0～21%	±0.2%vol	0.1%	电化学传感器
CO	0～4000	±10（0～200）或测量值5%	1	电化学传感器
NO	0～2000	±5或测量值5%	1	电化学传感器
NO_2	0～200	±5或测量值5%	1	电化学传感器
SO_2	0～2000	±5或测量值5%	1	电化学传感器

(2) K 形热电偶束、高精度热电偶温度计、电子微压计。

3. 测试方法、采样流程与注意事项

烟气分析仪直接从烟气取样枪抽取烟气，记录烟气分析仪稳定读数，烟气分析仪及相关辅件应防止漏气。脱硫后烟气分析需要采用伴热取样枪，控制干燥前烟气温度达到 60℃以上。

用高精度热电偶温度计直接测量热电偶束的温度值，注意测试前温度计达到温度平衡。

用电子微压计通过烟气取样枪测量烟气压力，注意防止泄漏。

4. 测试应具备条件

现场需提供 220V、10A 交流电源。测量孔应全部能够顺利打开。脱硫塔前后测点位置需要根据采样进程要求进行仪器设备吊运。

5. 测试组人员配备（略）

（二）烟气特殊成分测试

1. 测试项目

Cl、F、SO_3、NH_3。

2. 仪器设备

伴热烟气取样枪、美国热电奥立龙 Thermo Orion A214 酸度计、上海佑科 722N 分光光度计、玻璃仪器、试剂、吸收管、储液容器。Thermo Orion A214 酸度计技术参数见表 5-22，722N 分光光度计技术参数见表 5-23。

表 5-22　奥立龙 Thermo Orion A214 酸度计技术参数

pH 计	测量范围	−2.000～20.000
	分辨率	0.1、0.01、0.001
	相对精度	±0.001
	校准点	最多 5 点
	校准编辑功能	具备
mV/RmV	测量范围	±2000.0mV
	分辨率	0.1
	相对精度	±0.1mV
	EH ORP 模式	具备
离子浓度	测量范围	0～19 999
	分辨率	最多 3 位有效数字
	相对精度	±0.1mV
	单位	ppm、M、mg/L、%、ppb 或无单位
	校准点	最多 5 点
	校准编辑功能	具备
	校准功能	定时终点、线性校准、可选择非线性自动空白、低浓度测量稳定性
温度计	范围	−5～105℃
	分辨率	0.1
	相对精度	±0.1
	温度校准功能	具备（1 点）

表 5-23　　722N 分光光度计技术参数

项　　目	参　　数
光学系统	消色差 Czerny-Turner (1200L/mm grating)
波长范围	320～1020nm
波长准确度	±2nm
光谱带宽	4nm
波长重复性	≤1nm
杂散光	≤0.05%T@360nm
光度准确性	0.3%T
光度重复性	0.2%T
漂移	≤0.1%T
噪声	≤0.2%T
稳定性	±0.003A/h @500nm
工作方式	T、A、C
调零方式	自动
波长驱动方式	手动波长
能量（灯源）	进口钨灯

3. 测试方法、采样流程与注意事项

(1) 用次氯酸钠-水杨酸分光光度法测量烟气中的 NH_3 浓度（HJ 534—2009《环境空气　氨的测定》次氯酸钠-水杨酸分光光度法）；

(2) 用离子选择性电极法测量烟气中的 F 含量（HJ/T 67—2001《大气固定污染源　氟化物的测定　离子选择电极法》）；

(3) 用硝酸银滴量法测量烟气中的 Cl 含量［HJ 548—2009《固定污染源废气　氯化氢的测定　硝酸滴量法（暂定）》］；

(4) 用钍试剂分光光度法测量烟气中的 SO_3浓度，用冷凝法采集烟气中的 SO_3。

根据烟气测点位置，设定相应的烟气采样温度，现场同步采集烟气中的 Cl、F、SO_3、NH_3，在分析室内进行相应的组分分析。注意吸收液保管与吸收管清洗。

4. 测试应具备条件

(1) 现场需提供 220V、10A 交流电源；

(2) 测量孔应全部能够顺利打开；脱硫塔前后测点位置需要根据采样进程要求进行仪器设备吊运。

(3) 压缩空气：从电厂就近的检修空气压缩机连接空气母管，分成两路，分别连接到脱硫塔进出口的烟气检测口使用。

5. 测试组人员配备（略）

(三) 飞灰测试

1. 测试项目

烟尘浓度、烟气中的含水率。

2. 仪器设备

伴热烟气取样枪、0.3μm玻璃纤维滤筒、硅胶干燥管、烘箱（电厂借用）、干燥器、高精度天平（0.1mg）。

3. 测试方法、采样流程与注意事项

用压缩空气进行大流量采样，保持烟气温度在60℃以上。根据测点位置设定相应的采样时间，用玻璃纤维滤筒过滤烟气中的烟尘，用硅胶干燥管吸收烟气中的水分，用称重法测量烟尘浓度和烟气含水率。

玻璃纤维滤筒测试前干燥至恒重，并在测量前始终保持干燥。

4. 测试应具备条件

（1）现场需提供220V、10A交流电源；

（2）现场需提供检修用压缩空气，压缩空气管内径不小于10mm；

（3）测量孔应全部能够顺利打开；

（4）脱硫塔前后测点位置需要根据采样进程要求进行仪器设备吊运。

5. 测试组人员配备（略）

（四）PM2.5测试

1. 测试项目

PM2.5。

2. 仪器设备

（1）大流量粉尘采样器。大流量粉尘采样器、采样枪、喷嘴一套，0.1mg电子天平秤，烘箱（电厂配备），干燥皿，硅胶，称量瓶，丙酮，样品袋、镊子、滤膜。

（2）崂应烟尘平行采样仪。崂应及采样枪、滤筒两盒、喷嘴一套、镊子、样品袋、干燥皿、烘箱、硅胶、0.1mg称量瓶。

3. 测试方法、采样流程与注意事项

参照美国EPA method 5或method 17两种方法对电厂固定源燃烧颗粒物采样。

（1）大流量粉尘采样。尘粒分级仪进口连接采样管，采样前先用崂应预测流速，然后选择喷嘴并设定采样时间，开始采样。采样时间与烟气含尘浓度有关，到达设定采样时间将自动停止采样，取出尘粒分级仪中各级滤膜烘干称量。

滤膜和编号称量瓶首先要烘干（在105℃下烘干1h），然后放干燥皿里冷却至室温，称量初始质量（用精度0.1mg的天平秤）；然后滤膜装入大流量粉尘采样器中，采样后取出滤膜放入对应编号的称量瓶中烘干（105℃烘干1h），然后放入干燥皿里冷却至室温称重，根据滤膜增重及采样体积计算烟气中颗粒物浓度。

（2）崂应烟尘平行采样。首先，把崂应采样枪伸入烟道预测流速、烟温、压力、含湿量，打开崂应预测流速界面，转动采样枪方向，使得采样嘴对准烟气来流方向，记录流速数据（测10个取平均），然后根据选择喷嘴计算崂应采样流量（注意泵的功率不要超过额定功率60%），开始采样。适应烟气条件：烟气温度0～500℃，采样流量5～80L/min。

滤筒的处理与大流量粉尘采样器滤膜处理相同，先烘干和称量瓶一起称重。

连接：测流速时，连接皮托管（红、蓝色管子正负极，红正蓝负）和数据线（黑色线），测试之前要先不接红蓝色管子调零，然后开始侧流速。测完流速后，把红蓝色管子去除，连接采样管（灰色粗管），先通过高效水汽分离器，然后通过硅胶管连接到崂应主机上（测烟尘时高效水汽分离器中那个小孔始终密封）。

4. 测试应具备条件

（1）现场需提供220V、10A交流电源；

（2）测量孔应全部能够顺利打开；

（3）脱硫塔前后测点位置需要根据采样进程要求进行仪器设备吊运。

5. 测试组人员配备（略）

（五）汞相关测试

1. 测试项目

本次试验对浙能嘉兴电厂8号机组尾部烟道中的烟气处理装置SCR、ESP、WFGD设备的进口和出口处的汞形态及其排放水平进行测试研究。通过测试研究典型烟气污染物脱除设备中重金属汞的转移过程和排放特性，评估污染物控制装置（SCR、ESP、WFGD）对汞的脱除效率。

2. 仪器设备

测试中使用XC－30B烟气自动采样仪是Apex公司根据美国EPA方法30B研制而成，已被美国EPA下属的多处研究机构采用。仪器可自动采集/计算数据，自动调节采样流量、漏气检测、温度控制和校准，性能稳定、可靠。

在测试分析时，Hg的液体汞样分析和固体汞样分析均采用俄罗斯Lumex公司的RA915汞分析仪进行分析。该仪器几乎可以对任何样品（固体、液体、气体）的汞含量进行直接测定，不需要预处理方便快捷，符合USEPA 7473和ASTM D 6722－01标准。

3. 测试方法、采样流程与注意事项

为分析SCR、ESP和FGD等烟气处理装置对汞排放含量产生的影响，在浙能嘉兴发电厂8号锅炉尾部烟道的SCR前、SCR后，ESP前、ESP后和WFGD后进行烟气采样，同时固态采样点取底渣、ESP下底灰、FGD下石膏浆液。

（1）采样流程。

1）采样前检漏。测定泄漏率，整个采样部件的泄漏率不能超过4%。通过此标准后小心、缓慢释放采样枪前端的密封头。检查采样枪、吸附管加热温度和制冷器制冷温度是否达到设定值。须等待温度达到或接近设定温度后方可进行采样。

拆除烟道采样口的法兰或盖板，插入采样枪并固定，最后密封采样枪和采样口的位置，保证烟道和外界环境间无泄漏。

记录原始数据包括流量计初始读数、吸附管识别号、日期和采样启动时间。

采样过程中需要一直监视相关参数，特别是采样枪的加热温度一定要符合测点要求。按照目标流量进行采样时，应密切关注采样流量、真空度等参数变化情况，必要时调节采样流量。

2）数据记录。在试验期间获得并记录电厂的基本运行数据，如给煤量、烟气量、排渣量或排渣率、排灰量、锅炉的运行参数。在数据采集周期结束时，记录最终流量计读数和所有其他基本参数的最终值。

3）采样后检漏。采样完成后，关掉采样泵，从接口除去带有吸附管的探头，然后小心密封每个吸附管的两端。接口处插入新吸附管，对每个采样装置组进行重新检漏，使真空度达到最大，记录泄漏率和真空度。泄漏率不能超过目标采样的4%，否则需重新检

查泄漏原因后重新检漏。每次检漏之后，需小心释放采样装置组中的真空度。

4）样品回收。密封采样吸附管两端，擦净吸附管外壁。将吸附管装置放入样品储存容器中进行保存。

（2）样品分析流程。取所需范围内的三点或更多点进行分析，并绘制标准曲线（如有必要，应绘制多个校准范围的标准曲线）。标准曲线线性达到0.99以上时可进行样品的检测，且每个校准点的分析仪响应值必须在参考值的±10%之内，达不到0.99时需重新绘制标准曲线。校准之后，应独立分析一标样，要求实测值与标准曲线的差值小于±10%。对于气态汞采样应小心分开每个吸附管的各段吸附剂（包括石英棉隔离介质）。对于现场煤及其他固、液体样品应将样品混合均匀或进行制样。

遵照汞分析仪标准步骤分析吸附管及现场固、液态样品，每组样品应至少分析2次，当结果相差较大时应相应增加测试次数。对于气态汞样品必须单独分析吸附管的各吸附剂段，并保证所有的吸附管样品分析在分析系统的校准范围内。

为了避免样品被汞污染，在运输、现场操作、采样、回收、实验室分析以及吸收管中吸附剂准备期间应特别注意保持清洁。采集和分析空白试样（例如试剂、吸收剂等）有助于分析汞污染源。

4. 测试应具备条件

（1）试验采样期间尽可能保证机组满负荷运行。

（2）试验期间每台锅炉尽可能燃用单一煤种，且应在前一日中班开始上煤，以保证试验开始时能燃至试验所需煤种。

（3）试验期间保证SCR、ESP、WFGD在正常的参数下运行。

（4）试验期间禁止吹灰，如需吹灰应在中班进行。

（5）到厂煤采样：应采用机采方式留取测试期间煤种的到厂煤样，做好标签，供试验组进行分析，不少于50g。

（6）煤粉采样：采样位置为磨煤机出口煤粉管道，要求每天取得该日该机组的所有煤粉样一次，不少于50g，做好标签，供试验组进行分析，或入炉煤样。

（7）飞灰、炉渣采样：飞灰样在浙能嘉兴发电厂8号锅炉除尘器下取，各个电场下的灰用采样袋（瓶）分别包装（必须从ESP灰斗中采样以保证取到的为当前运行条件下新灰），不少于50g，做好标签，每天取一次，以供分析。底渣采样点为捞渣机刮板上。

（8）脱硫石膏、石膏浆液和废水的采样：石膏采样在石膏仓取，吸收塔浆液和脱硫废水在脱硫塔出口处采样，每天取一次，做好标签，供分析使用。

（六）其他

1. 入炉煤取样及分析

试验时，每个煤种试验期间，由电厂进行入炉煤采样，电厂进行全水分及其他常规项目分析，另制10kg煤样（煤粒直径不大于13mm）并密封包装，交给试验负责人。

煤样进行工业分析、元素分析、热值、灰熔点、灰成分、微量元素（F、Cl、Hg）等煤质分析。

2. 锅炉效率测试

每个试验工况下，进行锅炉热效率试验，测试内容包括空气预热器出口烟气成分、排烟温度、灰渣取样并进行含碳量、环境温度、大气压、环境湿度等分析，另导出试验期间相关 DCS 数据。

3. 湿式静电除尘器煤灰取样及分析

在湿式静电除尘器各电场灰斗内采集灰样，分析灰的比电阻、灰成分、NH_3 含量及微量元素 F、Cl、Hg 含量等。

4. 脱硫浆液取样及分析

采集脱硫反应塔内的浆液，分析浆液中的微量元素 F、Cl、Hg 等。

五、测试用仪器及仪表

测试用仪器及仪表清单见表 5－24。

表 5－24　测试用仪器及仪表清单

序号	名称	规格	产地	数量	用途
1	烟气分析仪及烟气取样枪	ECOM J2KN	德国	1套	烟气中 O_2、CO、NO 等成分分析
2	电子微压计	—	—	1组	测量动压
3	K 形热电偶束及高精度热电偶温度计	—	—	1组	测量温度
4	烟气特殊成分测试装置	A214	美国	1套	烟气取样；Cl、F、SO_3、NH_3 分析
5	飞灰测试装置	—	—	1套	烟尘浓度与含水率测试
6	PM2.5 测试装置	—	中国青岛	1套	测量微细颗粒
7	烟气自动采样仪	APEX XC-30B	美国	1套	烟气采样
8	汞分析仪	Lumex RA915	俄罗斯	1套	烟气中的汞分析

六、试验组织与进度计划

1. 分工总则

(1) 测试方：

1) 负责设备仪器的准备，试验工作人员的技术交底。

2) 检查测试工况，确认相关技术条件满足测试要求。

3) 组织实施所有项目的试验，合理解决测试过程中的技术问题。

4) 试验原始数据的分析计算，编写试验报告。

(2) 业主：

1) 试验期间机组负荷的申请、安排，试验煤种的准备。

2) 负责试验期间测试工况的调整，满足试验要求，负责设备的临时检修，确保试验相关装置正常稳定运行。

3) 配合记录相关运行参数，每天进行试验要求的煤质等相关分析工作。

(3) 总承包：

1) 提供测试需要的技术资料。

2）提供现场必要的测试条件和安全措施，配合有关测点脚手架的搭建，测孔焖盖的开启、关闭，组织必须的民工配合现场试验。

3）及时解决测试过程中可能出现的技术及设备故障，确保系统达到设计要求。

2. 试验组织（略）

3. 试验工况安排

试验机组：略。

试验煤种：神混（蒙混）＋优混，按照3∶2入炉掺烧，入炉方式根据电厂常规运行方式。

试验负荷：100％（1000MW）、75％（750MW）、50％（500MW）。

试验时间：共8天，其中第3至6天每天8：00～20：00进行测试（申请试验负荷），在8：00前将机组带到试验负荷，并切除AGC，调整炉膛出口氧量到试验需求氧量。具体安排见表5-25。

表5-25　试验计划安排表

负荷工况	日期	试验时间	炉膛氧量（％）	备注
	2014年12月9～10日	试验准备与预测试		
1000MW	2014年12月11日	8：00～20：00	2.5	早晨6：00烧到试验煤种
	2014年12月12日	8：00～20：00		
750MW	2014年12月13日	8：00～20：00	3	
	2014年12月14日	8：00～20：00		
500MW	2014年12月15日	8：00～20：00	4	
	2014年12月16日	8：00～20：00		

4. 电厂合作需求

（1）电厂负责调运试验煤种并单独堆放，整个试验过程中的入炉煤种、煤质必须稳定不变。

（2）负责试验时间安排、负荷调度申请。

（3）负责试验煤入炉调度，确保测试当日6：00前烧到试验煤种（2h燃烧稳定时间）。

（4）8：00前将机组带到试验负荷，并切除AGC，调整炉膛出口氧量到试验需求氧量，并完成其他必要的调整工作。

（5）由于每个工况需要2天测试时间，每个工况的第2天锅炉控制参数（主要是燃烧配风方式）尽可能与第1天保持一致。

（6）入炉煤采样，电厂进行煤质分析（包括全水分、工业分析、热值等），另缩分10kg煤样（煤粒直径不大于13mm）密封包装，交测试单位。

（7）灰、渣样一式两份，电厂进行其中一份的含碳量分析。

（8）导出必要的试验期间DCS数据，数据导出项目及要求由测试单位提供。

（9）相关测量孔的维护，提供各测量位置现场照明（夜间）、220V电源、压缩空气（脱硫塔前后）。

（10）试验前需要搭好试验所需的脚手架，脚手架搭建需要满足测试人员现场操作便利与安全。

七、试验要求

（1）测试前（8：00）燃用试验煤种 2h 以上（6：00 前烧到试验煤种）。

（2）在试验期间，锅炉负荷、氧量、蒸汽温度、蒸汽压力等保持稳定。

（3）试验期间维持试验负荷下正常运行，测试前应维持机组稳定运行 1h 以上。

（4）测试期间不能进行燃烧调整、磨煤机切换调整、所有设备吹灰等影响锅炉运行参数稳定的操作。如有重要设备操作或检修，应及时通知试验人员。

（5）建议试验期间每天在夜班进行一次锅炉吹灰，7：00 前完成所有吹灰工作。

八、安全注意事项

在厂测试期间，加强参与测试的全体工作人员的安全管理，进入电厂所有的试验人员，需要通过电厂相关的安规教育。按照电厂的有关规定搞好安全防护，工作时注意人身和设备安全。遵守电厂有关规定；遵守高空作业安全操作规程；安全帽和安全带佩戴良好；使用的梯子高度超过 2m 时，必须有人扶助；高空作业所需工具、物品必须有专用工具传递，不得抛掷；高空作业，需要系好安全带，防止人员伤亡事故的发生；加强对废物样品、化学药品的管理，指定专人保管和处理，不得随意丢弃。

测试还应当注意以下事项：

（1）试验中一切操作听从当值值长的指挥，由当班运行人员操作，试验人员不得操作任何开关按钮。

（2）机组出现危及锅炉安全生产的情况时及时终止试验，试验小组人员立即撤离现场。

（3）试验工作人员坚守工作岗位，认真测量，有异常情况及时与试验负责人联系。

（4）试验期间停止与试验设备有关的检修工作。如试验过程中出现事故，应立即停止试验，按电厂规程处理。

燃煤机组超低排放系统的运行管理

燃煤机组超低排放系统的运行主要分为整套试运和系统正常运行两个阶段。系统完成分步调试经验收合格、交接完成之后，经批准可开始整套试运，整套试运结束并移交生产之后进入正常运行阶段。

超低排放系统运行各有关阶段，应严格按照各项规章制度及其运行操作规程作业。本章第一节针对燃煤机组超低排放系统运行规程做简要介绍。第二节主要介绍燃煤机组超低排放系统整套运行必备条件、工作内容和调整试验。第三节主要介绍保证整套运行和正常运行顺利进行的各项注意事项。

第一节　燃煤机组超低排放系统运行规程简介

一、概述

某电厂烟气超低排放改造项目的主要环保设施有（按炉后沿烟气方向）：脱硝系统（SCR 系统）、管式 GGH 烟气冷却器、低低温静电除尘器、脱硫吸收塔系统、湿式静电除尘器、管式 GGH 烟气加热器等。各系统设备通过高效协同控制、相互配合，进一步降低主要烟气污染物含量，实现超低排放，使主要烟气污染物排放指标达到天然气燃气发电的标准。其技术路线如图 6-1 所示。

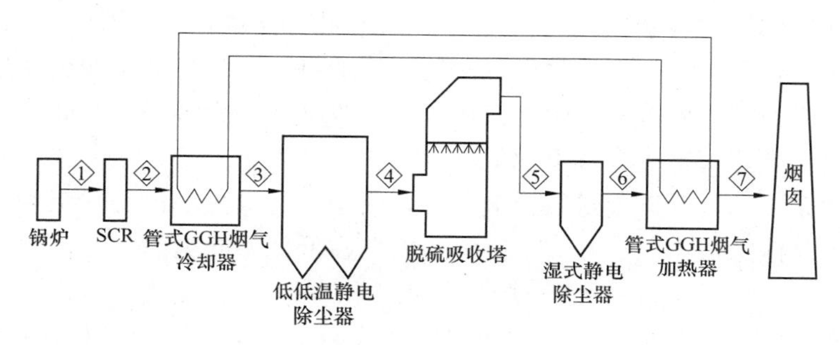

图 6-1　某电厂超低排放改造技术路线

脱硝系统主要由烟气脱硝装置和氨站组成。脱硝装置布置在锅炉省煤器和空气预热器之间，采用脱硝工艺，脱硝还原剂为液态纯氨，催化剂为2+1设计，三层蜂窝式催化剂总量为1025.31m^3，设计脱硝效率为85%。在BMCR工况下，脱硝装置入口NO_x排放浓度小于300mg/m^3，脱硝系统在设计效率下可将SCR反应器出口NO_x浓度控制在50mg/m^3以下。

脱硝装置主要包括带催化剂层的SCR反应器、喷氨格栅、声波吹扫装置、稀释风机、氨/空气混合器、氨蒸汽供应管路、稀释空气供应管路及配套的阀门、管道、仪控测量设备等。

从氨蒸发系统来的氨气与稀释风机提供的空气在氨/空气混合器中均匀混合后，形成含氨量为5%（vol）左右的混合气体，经喷氨格栅注入SCR反应器入口前的烟道中，与从锅炉省煤器来的烟气充分混合后进入SCR反应器。SCR中的多层催化剂将烟气中的部分NO_x催化还原为N_2和H_2O，烟气进入锅炉空气预热器。SCR反应器设计成烟气竖直向下流动，反应器入口设气流均布装置，反应器入口及出口段设导流板。为防止烟气中的灰尘堵塞催化剂表面，从而导致脱硝率下降，确保催化剂表面洁净，每个SCR反应器中每层催化剂上方布置声波吹灰器。锅炉一旦启动，声波吹灰器即投入运行，并定时循环吹扫。

管式GGH系统为新增装设备，由烟气冷却器和烟气加热器组成，二者之间通过热媒水传热，将空气预热器出口高温烟气的热量传递给湿式静电除尘器出口的低温烟气，提高烟囱入口烟温到烟气露点温度以上。随着进口烟温降低，飞灰比电阻降低，烟气体积流量和流速降低，湿式静电除尘器内部飞灰停留时间增加，提高除尘效率同时，改善解决了烟囱出口冒白烟和石膏雨现象。另外，烟气降至略低于酸露点温度以下后，其中SO_3以H_2SO_4形式存在的微液滴，可吸附于烟尘并与烟尘一起被捕集、收集，脱除大部分SO_3。

为了防止管式GGH传热管及热媒水系统配管的内表面腐蚀，提高热媒水pH值、降低热媒水中的溶解氧浓度是有效的控制办法。为此，需要定期向热媒水中加入一定量的氢氧化钠与除氧剂（二甲基酮肟），并定期监测热媒水pH值和除氧剂浓度，低于下限时及时补充氢氧化钠和除氧剂。由于系统设计时直接通过一专用加药箱由热媒水泵将药液带入热媒水中，因此加药操作时一定要保证顺序正确及阀门状态正确，否则高温热媒水可能会喷出。

低低温静电除尘器是在原低低温静电除尘器基础上进行了改造，其主要基本工作原理无较大变化，而本体结构区别在于随着其进口烟温的降低，需对原低低温静电除尘器进一步进行防腐等改造，主要是低低温静电除尘器灰斗加热、大梁绝缘子加热和各部人孔门等区域部位处的改进，低低温静电除尘器极线极板系统不变。为进一步提高除尘效率，低低温静电除尘器电场同步改造为高频电源供电。

脱硫吸收塔是在原来基础上进行提效改造，新增一台吸收塔再循环泵和一层托盘，将原三层浆液喷淋层改造成两层交互式。吸收塔安装在低低温静电除尘器出口之后，烟气中的绝大部分SO_2、HF、HCl等都将在脱硫吸收塔内脱除。烟气进入吸收塔，折向朝上流动，经两层托盘均流后，与自上而下的两层交互式石灰石喷淋浆液进行逆流气液相接触，并完成烟气脱硫的反应过程。除雾器安装在吸收塔上部，用以分离净化烟气中夹带的雾滴，除雾器出口烟气中的液滴含量不大于40mg/m^3、含固量约为20%。

湿式静电除尘器为新增装设备，双室一电场，布置在脱硫吸收塔出口，采用高频电源

供电，能更进一步去除烟气中的石膏雾滴、烟尘微粒、PM2.5、SO_3 微液滴和汞化合物等污染物。湿式静电除尘器通过喷淋水在集尘阳极板上形成连续的水膜，捕获烟尘等并形成湿浆，经湿式静电除尘器灰斗排出处理。为进一步优化水平衡，湿式静电除尘器配套采用了水循环再利用系统和废水处理系统，不额外增加脱硫废水，湿式静电除尘器废水处置后供吸收塔除雾器冲洗水回用，节约了水量。湿式静电除尘器出口烟道设置了固定式的百叶除雾板和阻流板，以尽量减少雾滴和浆液对烟气加热器的影响。

二、主要排放指标

某电厂烟气超低排放主要指标见表 6-1。

表 6-1　某电厂烟气超低排放主要指标

主要烟气污染物项目	单位	燃煤锅炉排放限值	燃煤锅炉重点地区排放限值	天然气机组排放限值	超低排放值	脱除效率（%）
烟尘	mg/m^3	30	20	5	5	99.97
二氧化硫	mg/m^3	200	50	35	35	98
氮氧化物	mg/m^3	100	100	50	50	85
三氧化硫	mg/m^3	—	—	—	5	91
汞及其化合物	$\mu g/m^3$	30	30	—	3	70

第二节　燃煤机组超低排放系统整套运行

（一）超低排放系统整套试运

超低排放系统整套启动试运分整套试运调整调试阶段和 72h 满负荷试运两个阶段进行，即从锅炉烟气引入脱硝反应器、脱硫装置、低低温静电除尘器、管式 GGH 和湿式静电除尘器开始，到完成 72h 试运结束移交试运行为止。

经检查确认具备整套启动应具备的基本条件后，超低排放系统进入整套启动试运阶段。首先进行超低排放系统首次通烟气试验及相关工作内容，接着进行相关的调整试验。

（二）整套启动应具备的基本条件

设备经分部试运合格，有关的连锁、保护、信号及调节装置调试完毕，可正常投运，并已办理验收签证。超低排放系统首次通烟气前应具备的条件：

（1）脱硫增效改造系统应具备的基本条件：

1）吸收塔循环泵试运完毕，可正常投运，吸收塔水位已加注至正常水位。

2）烟道清理完毕，人孔门已封闭。

3）脱硫其他辅助系统检修完毕，可正常投运。

4）按脱硫系统启动要求必须进行的检查项目都完成消缺和检查。

（2）脱硝增效改造系统应具备的基本条件：

1）催化剂安装完毕，反应器内部清灰工作已完成。

2）声波吹灰器调试完成。

3）脱硝其他辅助系统检修完毕，可正常投运。

4）按脱硝系统启动要求必须进行的检查项目已完成消缺和检查。

（3）管式 GGH 系统应具备的条件：

1）管式 GGH 热媒水泵试运完毕，可正常投运。

2）管式 GGH 烟气冷却器和烟气加热器管道冲洗完毕，系统上水完成。

3）循环水加药完毕。

4）高压蒸汽、辅助蒸汽电动阀、电动调节阀、烟气冷却器和烟气加热器热媒水调节阀、烟气冷却器热媒水旁路调节阀、循环泵进出口电动阀等调试完毕，动作正常。

5）烟气冷却器蒸汽吹灰器调整完毕，动作正常，吹灰器蒸汽管道冲洗完毕，蒸汽压力正常。

6）按管式 GGH 系统启动要求必须进行的检查项目已完成消缺和检查。

（4）低低温静电除尘器系统应具备的条件：

1）低低温静电除尘器升压试验已完成，一次电压、一次电流、二次电压、二次电流正常。

2）控制系统调试完毕，可正常监视和控制。

3）振打装置调整试验完毕。

4）低低温静电除尘器灰斗蒸汽加热器调试完毕，蒸汽品质正常。

5）低低温静电除尘器各人孔门已封闭。

6）按低低温静电除尘器系统启动要求必须进行的检查项目已完成消缺和检查。

（5）湿式静电除尘器系统应具备的基本条件：

1）湿式静电除尘器升压试验已完成，一次电压、一次电流、二次电压、二次电流正常。绝缘子小室密封风和加热装置能正常投运。

2）控制系统调试完毕，可正常监视和控制。

3）湿式静电除尘器水系统工艺水泵、冲洗水泵、加碱泵、喷淋回水箱排污泵和搅拌器、循环水泵和循环水箱搅拌器试运完毕，可正常投运。

4）阳极板喷淋水电动门、阴极线冲洗电动门、均流板冲洗电动门及水系统电动门调试完毕，可以正常投用。

5）工艺水箱、循环水箱水位已加注之正常投运水位。

6）湿式静电除尘器各人孔门已封闭。

7）按湿式静电除尘器系统启动要求必须进行的检查项目已完成消缺和检查。

（6）电气设备应具备的基本条件：

1）配电间各设备开关柜安装调试完毕，可以正常投运。

2）超低排放整套启动范围内的电气设备调试完毕，绝缘合格，随时可启动投运。

（7）热控设备应具备的基本条件：

1）控制系统工作正常。

2）有关变送器，电磁阀，压力、温度、流量及位置开关，气动、电动等操作装置调整校验结束，处于正常工作状态。

3）历史数据记录、事故顺序记录、报表打印及操作员操作记录、报警系统调试完毕。

4）各系统程控及自动调试完成，连锁保护准确，可正常投用。

5）锅炉跳闸保护逻辑已完善，并调试合格。

6）机组其他热工控制装置，程控装置调试完成可投用。

7）集控室操作员站上已能正确反映超低排放系统的状态画面，且连锁保护正常。

8）CEMS 完成标定工作，可投用。

（8）其他应具备的条件：

1）整套启动范围内的土建工程和生产区域的设施，已按设计完成并进行了验收。生产区域的场地已平整，道路畅通，平台栏杆和沟道盖板齐全，脚手架、障碍物、易燃物、建筑垃圾等已经清除。

2）调试、运行及检修人员均已分值配齐，运行人员已经培训并考试合格，整套启动方案和措施报审完毕，并按进度向有关参与试运的人员交底。

3）超低排放系统生产准备已将运行所需的规程、制度、系统图表、记录表格、安全用具、运行工具、仪表等准备齐全。

4）有关照明（包括事故照明）、通信联络设备和按设计要求的防寒、采暖通风设施已安装调试完毕，能正常投入使用。

5）消防系统已完成安装调试，并经消防部门检查验收合格，有上级部门的正式书面文件。

6）与其他机组有关的公用设备和系统已做好必要的隔离。

7）上下水、电梯等已按设计要求投入。

8）设备命名、挂牌工作已全部结束。气、浆液、水各种介质管道按规定已涂色或色环，并标明介质流向。

9）保温油漆工作已按设计完工，并验收合格。

10）管道支吊架安装完工，恢复调整结束并验收合格。

（三）整套启动过程工作内容

1. 脱硫系统启停操作步骤

（1）系统启动前检查正常，汇报上级，并经集控长同意，准备投运。

（2）确认吸收塔液位计显示正常。

（3）吸收塔石灰石供浆总阀前的石灰石浆液再循环已投运，确认石灰石浆液泵运行正常、良好。吸收塔补水至点火液位，启动吸收塔搅拌器，并投入连锁。吸收塔搅拌器启动正常后，从事故浆液箱或邻炉引品质较好的浆液，并至少引入吸收塔液位量的$\frac{1}{3}$。当吸收塔浆液 pH 值低于 6 时，向吸收塔供应石灰石浆液，浆液 pH 值调节稳定在 5.2～5.6 范围之内。

（4）如果需要停运脱硫系统，则按照运行规程要求分步分系统停运脱硫装置。

2. 脱硝改造整套启动和停运

（1）通知化学控制人员进行氨气制备待用。

（2）将 SCR 反应器 A/B 进出口烟气分析仪投入使用。

（3）确认 SCR 反应器 A/B 氨气快关阀、喷氨调节阀已关闭。

（4）锅炉引风机运行前，启动已选用的稀释风机，并且投入风机备用连锁。

（5）启动 SCR 反应器声波吹灰器顺控。

（6）待反应器入口烟气温度大于 300℃后，开启 SCR 反应器 A/B 喷氨调节阀前后隔离阀。

（7）手动缓慢开启 SCR 反应器 A/B 喷氨调节阀，将调节阀设为自动控制。

（8）检查各参数、设备、系统状态。

（9）如果需要停运脱硝反应器系统，则按照运行规程关闭 SCR 反应器 A/B 氨气快关阀，喷氨调节阀自动控制撤手动。锅炉不停运，则保持稀释风机和声波吹灰器长期运行。

3. 管式 GGH 启动和停运操作步骤

（1）管式 GGH 启动条件确认：

1）系统投运前检查完毕，情况正常，符合投运要求。

2）确认管式 GGH 循环水补水箱水位正常、补水阀动作正常可靠，管式 GGH 循环水加药箱液位正常。

3）管式 GGH 上水完毕，烟气加热器和烟气冷却器出口热媒水温已加热至 85℃。

4）联系化学试验人员检测确认管式 GGH 系统水质合格，管式 GGH 循环水加药箱补水阀、出口阀关闭，停运管式 GGH 热媒水泵。

（2）管式 GGH 启动：

1）管式 GGH 热媒水加热暖管。引风机投运前 2h，管式 GGH 循环水加热蒸汽总阀、管式 GGH 循环水加热蒸汽调节阀前/后隔离阀、管式 GGH 循环水蒸气加热器蒸汽疏水隔离阀、管式 GGH 循环水蒸气加热器蒸汽疏水阀开启，管式 GGH 循环水加热蒸汽调节旁路阀微开，联系集控人员投入管式 GGH 循环水加热蒸汽，进行疏水。

2）引风机投运后，启动管式 GGH 热媒水泵。

3）管式 GGH 热媒水同步烟气升温。锅炉微油点火后，管式 GGH 保持大循环，设定使烟气冷却器出口水温比其出口烟温略高，并随出口烟温同步上升，检查疏水正常，管式 GGH 循环水蒸汽加热器蒸汽调节正常，自动控制投入。

4）管式 GGH 热媒水大循环保温。保持两侧管式 GGH 烟气冷却器进水调节阀全开，待烟气冷却器入口水温到 80℃时，设定烟气加热器出口水温 80℃。若任一吸收塔再循环泵或湿式静电除尘器任一喷淋已投运，必须增大管式 GGH 热媒水蒸气加热器蒸汽调节直至全开。如果由于蒸汽加热效果有限，可关闭烟气冷却器进出口阀门，保持烟气冷却器空管状态，进行烟气加热器热媒水后循环保温。当烟气温度提高至 88℃以上时，烟气冷却器投入热媒水循环。

5）烟气冷却器投入吹灰。烟气冷却器出口烟气温度高于 86℃，吹灰蒸汽参数满足，对吹灰蒸汽母管疏水后，开启管式 GGH 烟气冷却器吹灰蒸汽总阀，投运管式 GGH 蒸汽吹扫连续吹灰程控。

6）待烟气冷却器出口烟气温度不小于 85.6℃，将烟气加热器出口循环水温度设定为 70℃。观察烟气加热器出口热媒水温度约 70℃，撤出“大循环水温自动”，投入“烟气冷却器出口烟温自动”，控制烟气冷却器出口烟温在 86℃，并逐渐根据锅炉烟温上升情况，提升设定值至 90℃。

7）设定烟囱入口烟温 80℃，投入“烟囱入口烟温自动”模式。

8）待系统稳定之后，根据环境温度、锅炉负荷和环境空气湿度以及烟囱酸露点，设

定相应的烟囱入口烟气温度自动控制值，并观察自动跟踪正常。

(3) 管式 GGH 系统的停运：

1) 接上级准备停机指令，通知有关岗位，准备短期停运管式 GGH 系统。

2) 撤出烟气加热器出口烟气温度自动控制。

3) 若烟气冷却器进口烟气温度不大于 86℃，并且有磨煤机运行时，及时投运管式 GGH 蒸汽吹扫连续吹灰程控。设定使烟气冷却器出口水温 80℃，保持出口水温略高于出口烟温并随之同步下降。

4) 磨煤机全停后：停止管式 GGH 烟气冷却器蒸汽连续吹灰，待引风机停运后，进行最后一次全面吹灰，关闭管式 GGH 烟气冷却器吹灰蒸汽总阀。

5) 确认引风机不再启动，烟气加热器出口热媒水温度设定 60℃充分暖机 4h，待管式 GGH 系统干燥后，撤除烟气加热器出口循环水温度设定，关闭管式 GGH 循环水加热蒸汽总阀，确认各点热媒水温和烟温均降至 95℃以下，停运管式 GGH 热媒水泵。

4. 低低温静电除尘器启动和停运操作步骤

当锅炉风机启动时，为了防止烟尘大量进入脱硫吸收塔，必须同时启动低低温静电除尘器。

(1) 低低温静电除尘器所有检修和安装工作已终结。

(2) 低低温静电除尘器启动前冷态调试检查工作已完成。

(3) 低低温静电除尘器启动前检查工作已完成。

(4) 低压控制柜、高频电源柜准备就绪，参数运行状态显示正确。

(5) 按规程要求进行低低温静电除尘器升压，投运振打装置和蒸汽吹灰器。

(6) 低低温静电除尘器升压完成后，根据运行工况选择高频电源运行模式，调整二次电流值和高频脉冲宽度。

(7) 当需要停运低低温静电除尘器时，按次序停运各电场，当二次电压降至 10kV 时，停止高频电源运行。

5. 湿式静电除尘器启动和停运

锅炉点火启动后，当一台脱硫吸收塔循环泵已投入的情况下，可以投运湿式静电除尘器。

(1) 湿式静电除尘器所有检修和安装工作已终结。

(2) 湿式静电除尘器启动前冷态调试检查工作已完成。

(3) 湿式静电除尘器启动前检查工作已完成。

(4) 低压控制柜、高频电源柜准备就绪，参数运行状态显示正确。

(5) 湿式静电除尘器工艺水箱、碱液罐、循环冲洗水箱已加注到工作液位。

(6) 启动湿式静电除尘器循环水泵，按规程对湿式静电除尘器进行连续冲洗和周期冲洗，确认冲洗水流量满足要求。

(7) 按规程要求进行低低温静电除尘器升压，投运湿式静电除尘器。

(8) 湿式静电除尘器投运后，湿式静电除尘器运行正常，应及时切至“闭环＋充电比节能控制”方式，无法选用的，选用“闭环＋自动跟踪控制”控制方式，并观察控制正常。

(9) 湿式静电除尘器运行时，应对一次电压、一次电流、二次电流、二次电压、闪频、功率及整流变压器油温、IGBT温度、风扇运行状态、烟尘浓度、闭环控制参数进行认真监视，掌握湿式静电除尘器的运行工况，及时做出调整。

(10) 当吸收塔循环泵全停或其他原因停运湿式静电除尘器时，各电场撤出闭环控制，选用“自动调节控制”方式，并观察控制正常。逐渐调整降低高频电源二次电压整定值至10kV，停运高频电源，按湿式静电除尘器要求对阳极板、阴极芒线管、均流板等进行冲洗，冲洗完毕后，停运湿式静电除尘器循环水泵。

(四) 整套试运期间调整试验内容

1. 满负荷调试

超低排放系统热态调整大量工作在满负荷阶段进行，期间一般应完成下列主要调试项目：

(1) 超低排放系统管式GGH、低低温静电除尘器、脱硫系统和湿式静电除尘器启停步序的完善工作。

(2) 工艺水系统：除雾器冲洗水和湿式静电除尘器冲洗水之间的水量平衡调整，使系统的用水量符合设计要求。

(3) 吸收塔系统：吸收塔再循环泵热态投运并完成循环泵切换对机组影响试验；完成除雾器冲洗水量调整。

(4) 管式GGH和低低温静电除尘系统：完成管式GGH热态投运，完成管式GGH冷却器出口水温烟温和加热器出口水温烟温调整试验，吹灰器热态投运及吹扫频次试验，低低温静电除尘器高频电源一次电压、一次电流、二次电压、二次电流及运行方式选择等调整试验，确定低低温静电除尘器除灰振打周期，投运低低温静电除尘器蒸汽加热装置。

(5) 湿式静电除尘器：完成湿式静电除尘器热态投运及不同负荷下工艺水喷淋周期调整。

(6) 仪控系统：完成顺控投运工作；模拟量热态调整；CEMS（烟气连续监测系统）热态调整。

(7) 脱硝系统：完成脱硝系统热态投运和喷氨格栅调整，确定声波吹灰器吹扫频次。通过调节AIG（手动调节氨节流阀），使反应器出口NO_x分布均匀，从而使脱硝效率和氨逃逸量都能满足设计要求；在催化反应器出口，选择可覆盖烟道横截面的取样点。根据这些测点的测量结果，使出口NO_x浓度相对于平均值的偏差系数需小于30%。偏差范围可通过调节相应的氨节流阀进行调整。

2. 低负荷调试

应完成下列主要调试项目：

(1) 工艺水系统：工艺水路分配热态调整，进行水量平衡调整。

(2) 脱硫系统：完成低负荷下除雾器冲洗水量调整，循环泵投用数调整试验。

(3) 脱硝系统：喷氨量和出口NO_x控制。

3. 变负荷调试

变负荷调试指机组在负荷变化时，超低排放系统适应性调整。

(1) 脱硝系统：脱硝喷氨量自动控制优化。

(2) 脱硫系统：完成变负荷下吸收塔pH值调整。

(3) 管式GGH系统：优化管式GGH热媒水量和冷却器、加热器出口烟气控制回路。

第三节　燃煤机组超低排放系统运行中的注意事项

按照超低排放系统试运流程要求的不同，分为三个典型阶段：试运过程、移交生产和正常运行。三个阶段的特殊要求注意事项，分类归纳为如下几点。

一、试运过程注意事项

试运过程中由于涉及人员较广，主要有现场调试指挥队伍、岗位值班人员、外包消缺单位等。整个试运过程需要有完备的制度要求和清晰的职责划定。整套试运制度对各方人员均提出严格的注意要点，需严格遵守；而各相关方也根据自身的责任要求提出各自的工作注意事项，确保试运的顺利进行。

（一）调试运行注意事项

（1）设备试运，应在就地设备上悬挂“设备试运，注意安全”警告牌，并在设备试运后收回警告牌。

（2）在正常运行情况下，运行人员须遵照整套启动试运组要求进行操作；在进行调试项目工作时，遵照有关调试方案或调试人员要求进行操作。如果调试人员的要求影响人身与设备安全，运行人员有权拒绝操作并及时向上一级指挥机构汇报。

（3）整套调试阶段。设备缺陷统一填入报修系统，由总承包公司派人接单消缺，运行负责验收工作。消缺工作采用电厂原有报修工作票流程，并严格执行工作票制度。

（4）调试阶段。工作票采用双签发制度，也即电厂工作票签发人、外包单位签发人双签发，并由电厂工作许可人执行安全措施、许可和终结。

（5）逻辑、定值修改。原有逻辑和定值根据实际调试情况需要进行修改，必须由调试人员出具逻辑修改审批单。经领导审批同意，运行专业人员签名后，进行逻辑修改。最后修改完成，运行人员在逻辑确认单上再次签名并备注逻辑修改审批单号码。最终由总承包公司根据签名后的逻辑确认单进行汇总修订，完成稿交于设备部和运行部各一份。

（6）热工信号强制单由调试组负责审批。在整套调试阶段，按电厂流程进行。

（7）在试运中发现故障时，安装和运行人员均应向专业调试人员或整套启动试运组汇报，由专业调试人员决定后再处理，不得擅自处理或中断运行。出现危及设备和人身安全的故障时，可采取紧急处理措施，并及时通知现场指挥及有关人员。

（二）岗位值班人员注意事项

（1）机组并网后，烟囱排烟 SO_2、烟尘和 NO_x 浓度必须严格且及时按超低排放限值要求监控调整到位。

（2）为保证烟囱出口 SO_2 浓度不大于 35mg/m^3，吸收塔 pH 值控制应留有裕量，防止负荷波动或煤种变化时 SO_2 浓度超标。石灰石供浆调节阀试投自动时应注意吸收塔 pH 值在正常范围内稳定，且实际值和设定 pH 值接近，以免引起供浆大幅变化。

（3）吸收塔液位正常后，确认吸收塔溢流密封管密封良好。

（4）超低排放调试期间，湿式静电除尘器喷淋、湿式静电除尘器高频电源、管式 GGH 热媒水泵等重要设备投停，需做好值班日志记录。及时投入湿式静电除尘器加碱泵运行，做好湿式静电除尘器水系统的远程或者就地的 pH 值监控。

（5）各处烟温测点需可靠显示。热媒水泵运行的情况下，通过调整烟气冷却器热媒水旁路调节阀开度和热媒水蒸汽加热调节阀开度，来控制系统各处温度（如管式 GGH 冷却器进口烟温、烟囱出口烟温、烟气冷却器进口水温）等重要参数处于正常范围内。

（6）考虑节能，可控制烟气冷却器进口水温 70℃以上的前提下，按通知调整烟囱入口烟温设定值。

（7）有关岗位值班人员，应注意加强监盘和就地检查所辖系统设备，特别是超低排放改造设备参数，防止系统设备满溢外流污染。主要化学试验指标需保证合格，否则按照超低排放应急措施处理。

（8）超低排放改造系统设备，异常运行需及时报修。特别需重视涉及主机安全、风烟系统、与老厂系统设备有接口影响、主要化验监控指标和可能污染雨水井水质等方面。

（三）试运外包管理注意事项

（1）调试人员应认真学习、严格遵守 GB 26164.1—2010《电力安全工作规程　第 1 部分：热力和机械》、GB 26860—2011《电力安全工作规程发电厂和变电站电气部分》及电厂和调试指挥部制定的有关规章制度。

（2）在调试开始前，应向现场操作人员进行技术交底，特别声明调试过程中的注意事项。

（3）调试中的用水、用电应建立工作票制度，并有专人负责。

（4）在高处作业的人员应遵守有关操作规程，以免发生意外事故。

（5）现场调试人员、化验人员、运行人员必须熟悉系统工艺流程和设备性能。

（6）防止废水超标排放，造成环境污染事故。

（7）烟气通道各检修门挂上“禁止进入”的警告牌，试运完成后收回。

（8）试运期间若要进入烟道内进行处理，则须确认系统完全停止，办理工作票并做好安全防范措施后方可进入。

（9）任何人进入生产现场必须戴安全帽。

（10）吸收塔再循环泵全部跳停时，需立刻启动除雾器冲洗水泵，以保护脱硫设备。

（11）管式 GGH 系统跟随机组启动时，必须先提前进行热媒水蒸气加热，各种运行模式均应及时设定好目标值，目标值的设定应参考烟气酸露点参考表，及时更改，保证任何时候热媒水温度均高于当前烟气酸露点。

（12）吸收塔再循环泵运行或湿式静电除尘器喷淋运行或除雾器冲洗投运，此时烟气加热器管壁由原来的干态立即进入湿态，则此时应尽快增投吸收塔再循环泵和湿式静电除尘器喷淋以及湿式静电除尘器电场并提高高频电源参数，尽力减少净烟气 SO_2、SO_3 含量以及石膏雨。

二、移交生产后注意事项

超低排放设备移交生产后，处于过渡时期，其设备运行方式与调试阶段相比有较大的区别。设备运行初期可能仍存在一些不稳定因素，为保证设备可靠经济运行，需格外注意以下几点。

（一）管式GGH系统

（1）加强管式GGH热媒水补水箱等运行检查监视，发生泄漏等异常中按照《硫灰运行规程》相关章节处置，并做好台账登记。

1）日常巡检注意对管式GGH烟气冷却器、烟气加热器和热媒水系统的检查，发现跑冒滴漏等异常需立即汇报和排查。

2）操作员加强管式GGH热媒水补水箱等运行参数的检查与监视：

a. 每班接班后先注意检查了解和掌握清楚各热媒水补水箱液位及其进水阀开关的历史曲线情况。

b. 当班抄表和日常监盘注意对各热媒水补水箱液位及其进水阀开关情况做好检查监视和分析。

c. 巡检发现汇报管式GGH烟气冷却器、烟气加热器和热媒水系统有泄漏情况，需立即查阅分析热媒水补水箱液位及其进水阀补水是否有异常。如有异常应逐级汇报，立即隔离查漏，并通知检修处理。

d. 热媒水系统正常无泄漏时不需补水，热媒水补水箱进水阀如有开启补水，除及时做好运行分析外，日志中还应记录好原因。

（2）控制热媒水补水箱液位、压力正常再补水，补水过程严密监视热媒水泵出口压力，接近高限则立即关闭补水阀。

（3）当热媒水补水箱尚未充氮时，由于补水箱压力不足，造成烟气加热器管组内热媒水汽化，从而换热面积大幅下降，造成烟囱入口烟温低，蒸汽耗量大。故此，需监视烟气加热器顶部出水侧水压检查和热媒水补水箱压力，发现压力趋于零，应根据补水箱水位适当补水，直至接近正常压力。

（4）受热膨胀引起的热媒水补水箱液位和压力过高，均应及时进行适量放水，管式GGH烟气冷却器出口热媒水未超温，否则适当增加烟气冷却器进水量，减少旁路开度。

（5）热媒水pH值低于10.0时，必须及时告知化学加药并做好记录。

（6）加强管式GGH水质检测，指标不合要求，必须及时加药。铁离子浓度不合格，且经观察无外部补水情况下指标恶化，可采用进行热媒水置换措施。

（7）管式GGH烟气冷却器出口烟温尽量暂控制在正常范围，尽量靠高限运行。

（8）当设计工况和实际运行工况不一致时，需根据实际烟气冷却器出口烟温和烟囱入口烟温调控好。

（9）烟气冷却器出口烟温自动调节异常，应及时联系处理，切手动调节。监视并调整烟气冷却器四个通道出口烟气温度接近。

（10）管式GGH烟气冷却器差压测点一次阀保持开启，并确认无堵塞。

（11）蒸汽加热器进汽调节阀自动调节，应跟踪选择A、B侧烟气加热器出口温度和蒸汽加热器出口热媒水混合温度，其中烟气温度设定按通知执行，烟气冷却器进水温度设定必须高于70℃。

（12）低负荷阶段或烟气冷却器进口烟温偏低引起烟气冷却器进口水温低于70℃时，必须及时调整热媒水蒸汽加热器进汽量，检查蒸汽加热调节阀开度是否正常。蒸汽侧疏水不畅应及时联系处理。

（13）加强热媒水泵轴承油位、油质、振动和冷却水等检查。

(14) 管式 GGH 吹灰正常投顺控，选择竖向吹灰，单个通道差压较高需加强吹灰时采用横吹。

1) 辅助蒸汽供汽吹灰前，联系协调、错开空气预热器吹灰和 GGH 吹灰，确认吹灰蒸汽参数正常。

2) 确认管式 GGH 吹灰设定值正常，正常吹灰周期，按现场通知要求执行。

(二) 脱硫系统

(1) 由于超低排放脱除的细尘可能影响真空皮带机的脱水效果，遇有明显堵塞加剧情况，应及时汇报处理。氧化风机必须根据提示及时投停，以免氧化不足而使得石膏粒径过细。

(2) 吸收塔除雾器冲洗，应选择好除雾器冲洗层后，投入自动冲洗。

(3) 做好各炉吸收塔脱硫系统浆液氯离子和废水外排量控制与巡检工作。

(4) 吸收塔再循环泵的启停：

1) 主要系统设备的启停，如 6kV 电动机等，必须及时汇报到位。

2) 烟气超低排放改造后，由于风烟系统阻力过大，凡关系到锅炉风烟系统阻力变化的硫灰设备投停，相关岗位值班人员事前事后必须及时加强联系。

3) 新环保法出台后，烟囱排烟二氧化硫和烟尘浓度均已按时均值考核，要及时运控好二者的时均浓度值不超标。机组负荷变动时，浓度短时变化须分析、关注变化趋势，三台吸收塔再循环泵可暂缓投，做好预判断。

(三) 湿式静电除尘系统

(1) 湿式静电除尘器绝缘子密封风压力过低，必须及时联系处理，以免绝缘子室积水引起高频电源跳闸。

(2) 湿式静电除尘器除雾器冲洗必须按照要求每班及时手动投停一次。

(3) 湿式静电除尘器的循环水箱必须保持无溢流状态运行，当循环水箱液位较高而溢流时，容易使得加碱仅在表面，直接溢流走造成循环水 pH 值仍较低，造成极板腐蚀。当溢流出现必须及时调整平衡喷淋回水箱排污量。

(4) 湿式静电除尘器的循环水箱、喷淋回水箱 pH 值应联系周期取样检测，并建立对比表格。

(5) 若因湿式静电除尘器补水原因至脱硫水平衡难以控制时，应在湿式静电除尘器循环水含固量和烟囱入口烟尘浓度合乎要求前提下，及时适当减少后段阳极板喷淋时长，并同步调整湿式静电除尘器外排水量。

(6) 湿式静电除尘器的废水排污量参照《硫灰运行规程》控制，注意匹配湿式静电除尘器工艺水进水量，避免水质恶化湿式静电除尘器效率、引起管式 GGH 烟气加热器、除雾器堵塞和喷淋回水箱和循环水箱缺水等情况。

(7) 湿式静电除尘器废水排入除雾器冲洗水箱后，注意监视除雾器冲洗水箱水位，及时进行除雾器冲洗，避免满溢或液位过低而引起工艺水自动补入。

(8) 注意观察湿式静电除尘器工艺水泵出口再循环阀随阴极线气流均布板顺控喷淋和后段阳极板顺控喷淋的动作情况，各冲洗阀状态信号正常情况下才能自动开关，若有异常及时联系处理。

(9) 注意监视湿式静电除尘器后段阳极板冲洗阀 1、2 的自动冲洗功能运行正常。

1）机组负荷越低，单位小时内后段阳极板喷淋总水量和单位小时内湿式静电除尘器喷淋回水箱排污量均越低。

2）各负荷条件下，后段阳极板AB侧冲洗阀1和冲洗阀2在单位小时内总开启时长下所喷进湿式静电除尘器的工艺水总量，应和对应负荷下单位小时内湿式静电除尘器喷淋回水箱排污量相当。

（10）为实现吸收塔出口烟温高连锁自启湿式静电除尘器前段阳极板连续喷淋，平时运行必须投入湿式静电除尘器循环水泵自动、远程，并投入前段阳极板喷淋自动。

（11）值班人员必须完成班内的管式GGH吹灰、湿式静电除尘器后段阳极板冲洗、湿式静电除尘器大流量冲洗、湿式静电除尘器阴极线和气流均布板冲洗。

（12）控制烟囱污染物排放全时段达标。加强对干式静电除尘器和湿式静电除尘器电场参数监视，并观察其闭环控制调节正常。

（13）重视超低排放相关缺陷的处理进展情况和逻辑保护、顺控合理性及适用性，及时反馈联系优化。

三、正常运行注意事项

（一）管式GGH系统运行注意事项

（1）管式GGH系统正常运行，热媒水水质pH值控制10～10.5，低于9.5及时联系加药。

（2）热媒水铁离子指标异常时需加强对化学数据比对分析，必要时置换工作到位，并注意联系化学加测、加药。

（3）管式GGH热媒水量正常运行恒定，烟气冷却器进水旁路调节阀、烟气冷却器进水调节阀协调烟气冷却器出口烟温，热媒水泵出口流量保持恒定，流量出现异常时按应急措施检查处理。

（4）热媒水蒸汽用量参照规程设计参数，实际运行如果与之偏差过大，必须及时联系热控和DCS检查数据准确性。

（5）为提高经济性，需控制烟气冷却器进口水温70℃以上的前提下，按通知调整烟囱入口烟温设定值运行。

（6）严格控制烟气冷却器出口烟温正常，偏离正常范围或设定值应及时调整，自动调节失效或跟踪较差时应切换手动调整。

（7）烟气冷却器按正常程控吹灰，保证蒸汽温度、蒸汽压力正常，异常时按应急措施处置。

（8）管式GGH烟气冷却器进口烟温低于86℃的启机时段，减少或暂停烟气冷却器吹灰，而一旦高于86℃且蒸汽参数满足，则应立即投入连续纵向全面吹灰至少2遍，条件许可应吹灰3遍后，恢复为正常周期。

（9）烟气冷却器和烟气加热器传热管、壳体底部可能会有硫酸附着，注意防硫酸灼伤。烟气冷却器底部放灰阀和烟气加热器底部疏放管因积灰、积露可能会堵，处理时需注意酸液腐蚀和扬灰。

（10）系统各部安全阀动作值设置准确，动作正常。安全阀运行异常时可能会排放出高温热媒水，周边通行或作业时需注意安全，防烫伤。

（11）正常运行需加强检查管式 GGH 水系统各疏放门保持关闭严密，各疏水管路无高温热媒水泄漏。

（12）热媒水有泄漏或其他异常致系统补水频繁、混入空气时，及时联系加测。

（13）管式 GGH 热媒水正常运行期间一般宜投入凝结水补水。凝输水和凝结水只能选择两者中一路补水，隔离阀必须可靠隔离，以免串水影响主机安全运行。

（14）风烟系统启动后以及正常运行期间注意分析烟气流各点压力是否正常，以及早发现和确认烟道内部挡板是否有异常。

（15）烟气加热器旁路阀起到平衡烟囱入口烟气温度与烟气冷却器进水温度的作用。开大烟气加热器旁路阀可以提高烟气冷却器进水温度并减少烟囱进口温度；关小烟气加热器旁路阀，温度变化与上面相反，但是由于烟气加热器的热媒水进水流量变大，某种程度上提高换热效率。

（16）烟气冷却器隔离后恢复，必须先将出口阀关闭严密，再一边小量进水一边排气，直到该冷却器各通道模块充满热媒水，再开启模块出口阀。

（17）因烟气冷却器管组内部有漏需临时隔离，无法检修时，尽管内部空管，仍会因管道阻力使得积灰不可避免。故此，可适当减少冷却器吹灰次数。同时需同步关注差压情况，如烟气冷却器差压上升异常，需及时调整。

（18）一般情况下，发生热媒水水箱下降应首先检查各烟气冷却器，以便及时发现和隔离，从而减少对低低温静电除尘器的影响，其他位置影响面较小，可以稍后检查。

（19）加强现场管式 GGH 水系统检查热媒水系统有无泄漏和保温效果是否满足要求等。

（二）低低温静电除尘器运行注意事项

（1）同一室两个以上电场异常或停运，或烟尘仪运行参数出现异常偏低时，应及时将闭环控制方式切至开环控制方式，并修改电场参数，工况恢复正常后方可重新投入闭环控制方式运行。

（2）低低温静电除尘器闭环控制方式切至开环控制方式或其他原因致使二次电流上升明显，应告知集控，加强除尘段巡检。

（3）低低温静电除尘器正常运行时，严禁开启高频电源柜柜门、高频电源高压隔离门、高压输出检查门和灰斗人孔门，安全连锁应可靠。

（4）低低温静电除尘器高频电源运行，严禁操作各电场隔离开关。

（5）一般情况下禁止在高频电源运行状态下突然断电。

（6）若环境温度过高而影响到 IGBT 和高频电源油温时，保证低低温静电除尘器出口烟尘浓度正常范围前提下，可通过适当调整脉冲周期和二次电压、二次电流值来控制该高频电源输入功率。

（7）阳极振打、阴极振打旋转部位的防护罩均应完整、牢固。

（8）低压设备发生保护跳闸，应先查找原因，如无异常允许试投一次，若再次保护动作，则应联系检修，不得强投。

（9）低低温静电除尘器运行时，不准触摸高温裸露部位，以防人身灼伤。

（10）高压设备及其控制柜严禁非操作人员接近、碰及触动。

（11）低低温静电除尘器进行电气操作时，应严格遵守 GB 26164.1—2010《电力安全

工作规程　第1部分：热力和机械》。

（12）低低温静电除尘器低压柜在投运后应注意检查主回路接线桩头，以及各加热器和振打设备空气开关和继电器接线桩头温度在正常范围内。

（13）低低温静电除尘器采用降压振打时，为避免烟尘浓度突变升高，不得同时多个电场进行，应交错递进，一般情况不投入降压振打，以免影响除尘效率，只在多渠道调整无效且确认为阳极板积灰引起效率下降时投用，但应在正常后及时恢复正常运行方式。

（14）监视灰斗蒸汽加热器设定正常，同时注意监视输灰系统压力等情况。

（15）低低温静电除尘器出口烟尘浓度超上限值，且经过其他方式调整无效时宜考虑适当调整管式GGH烟气冷却器出口烟气温度，可试加强管式GGH烟气冷却器蒸汽吹扫以降低飞灰比电阻和提高除尘效率。

（16）平时通过测定入炉煤灰分和低低温静电除尘器等参数，检查、分析CEMS、低低温静电除尘器出口烟尘浓度参数显示应正常，影响烟气烟尘浓度准确性的因素主要有脱硫进口（即低低温静电除尘器出口）和烟囱入口的实测烟尘含量和氧量，以及低低温静电除尘器、湿式静电除尘器闭环运行控制程序间接引起，如上述参数或程控异常，应及时通知处理。

（17）结合CEMS就地检查和监盘，注意做好对脱硫进口、烟囱入口烟尘浓度（包括当前、时均、日均、月均）的动态监视与分析，发现异常和失准时应立即汇报并报修处理，同时记录好异常和失准开始的时间和恢复正常的时间。

（18）及时调整管式GGH出口烟温、低低温静电除尘器、湿式静电除尘器控制的相关参数，包括实时二次电压、二次电流、闭环控制的二次电流上下限、低低温静电除尘器出口烟尘浓度上下限设定值，以及振打周期和时间等设定。遇有低低温静电除尘器参数异常，必须及时检查处理、分析。影响烟尘控制目标，必须逐级按规定汇报。

（19）超低排放机组控制烟尘浓度按不超过5mg/m^3控制；低低温静电除尘器闭环控制的上限按照低低温静电除尘器出口30mg/m^3设定（即湿式静电除尘器进口烟尘浓度15mg/m^3），下限按照低低温静电除尘器出口24mg/m^3设定。

1）如瞬时脱硫进口烟尘浓度超过24mg/m^3，则必须检查确认闭环状态下各电场二次电流是否正常上升，如上升到闭环二次电流上限后，仍超过30mg/m^3，应联系检修检查脱硫进口烟尘浓度仪。

2）如果烟囱入口烟尘浓度有大于5mg/m^3的趋向，检修确认数据准确，则应依电场前后次序逐次、逐排上调各低低温静电除尘器闭环设定二次电流上限参数（下限无需调整），每次上调量200mA，直至烟囱入口烟尘浓度低于5mg/m^3，如仍无法满足要求，应上调湿式静电除尘器电场参数。

3）如后续煤种灰分、特性正常，则应及时恢复原低低温静电除尘器各电场闭环设定二次电流上限参数，如再次出现，须再次调整。

（20）机组启停期间，应尽量保持时均烟囱入口烟尘浓度不超过20mg/m^3，否则及时增投低低温静电除尘器电场。

（21）机组正常运行间，出现烟囱入口烟尘浓度超过5mg/m^3但脱硫原烟气烟尘浓度小于30mg/m^3且确认准确的情况，一般为吸收塔出口烟气石膏携带量增加引起。

1）如净烟气SO_2浓度和脱硫效率均满足要求，宜考虑适当提高湿式静电除尘器参数、适当增加后段阳极板喷淋频次，如无效则吸收塔尽量改用下层运行，并暂停除雾器冲洗，加强监测循环水箱含固量，观察烟囱入口烟尘浓度是否下降，并根据情况联系检修人员检查。

2）若无法保持烟尘排放值合格时，应联系集控调整煤种、负荷并尽量改用下层浆液喷淋运行，以满足烟尘和 SO_2 排放要求。

（22）各种原因引起的烟尘排放浓度高，必须及时进行调整处理：

1）如烟囱入口烟尘浓度异常升高，属于电场参数调整不当或输灰原因引起的，应及时按《硫灰运行规程》处理和调整。

2）属于低低温静电除尘器电场故障引起的，应及时逐级汇报。

3）属于 GGH 烟气冷却器出口烟温偏高或偏低引起的，应及时调整。

4）属于煤种灰分偏离正常范围有较大增幅的，及时适当提高闭环控制二次电流上限参数，并注意调整输灰系统输灰频次、除雾器加强冲洗。

5）属于净烟气石膏携带增加引起的，应注意除雾器冲洗频次调整。

6）属于除雾器水质含固量增加引起的，应及时补水稀释，同时加强湿式静电除尘器排污和补水稀释或增加后段阳极板喷淋频次。

7）属于湿式静电除尘器喷淋或湿式静电除尘器电场故障引起的，应及时联系检修。

（23）超低排放烟囱入口烟尘浓度不应超过 $5mg/m^3$。根据目前上级有关环保及电价规定，运行必须根据时均烟囱入口烟尘浓度情况，及时、合理调整。

1）如超低排放烟囱入口烟尘浓度有超出 $5mg/m^3$ 的趋势，相关岗位必须及时逐级汇报，及时检查相关运行参数与工况，及时调整处理。

2）已采取必要措施仍无法降低排放浓度，烟囱入口烟尘浓度有可能超过大气污染物排放标准，应考虑及时调整加仓煤种（采用低灰分煤）；烟囱入口烟尘浓度均值有可能超过大气污染物排放标准 1 倍的，考虑申请适当降低机组负荷。

（24）按公司标准《环保设施异常报告制度》和《烟气排放连续监测系统运行维护制度》执行相关要求。

（25）机组启动阶段，为防止出现电场和灰斗结焦，影响后续除尘效率和投运率，需要采取以下措施：

1）锅炉启动阶段，各电场投运按照规程逐渐投运，并设定二次电流使二次电压在闪络电压以下，均投运后，保持二次电流运行，一般不得上调，确定低低温静电除尘器出口烟尘浓度偏高且非烟气含氧量偏大引起时，可微量上调二次电流；机组负荷 500MW 以上并连续运行 72h，可试投入闭环控制方式，并观察控制正常。

2）初投四电场时，应投入防结焦振打控制方式。

3）已投入四电场和一电场时，应采用四电场防结焦振打控制方式，并保持该方式 72h。之后如无调整，自动切换至正常振打控制方式。

（三）烟气脱硫系统运行注意事项

（1）安全事项：

1）当进入吸收塔、烟道或箱、罐等进行检查时，必须保持充足的通风，应事前确认氧气含量满足要求后，才能允许人员进入。

2）进入积灰烟道或含有酸性或碱性液体容器内的人员，必须穿着防酸碱工作服。

3）进行烟气和液体取样时，必要时应穿着防护服装，用专用烟气和液体器皿进行取样工作。

4）在有防腐材料的烟道、吸收塔等设备上气割、电焊等作业时，必须有足够防火措施，相应动火工作票已许可，否则禁止开工。

5）任一引风机投运，应关闭吸收塔排空阀；所有引风机停运，应立即开启吸收塔排空阀。

6）以下情况施工（检修）区域禁止动火作业或使用电火花检测仪：

a. 在底涂、面涂、胶板黏接、鳞片施工（检修）过程中或鳞片施工后鳞片涂层未凝固前；

b. 施工（检修）区域消防水不能正常供水时；

c. 脱硫吸收塔内除雾器冲洗水系统不能备用且无消防水备用保护时，禁止在吸收塔内动火作业；

d. 湿式静电除尘器喷淋水系统不能备用且无消防水备用保护时，禁止在湿式静电除尘器内动火作业；

e. 烟气系统运行期间，严禁对湿式静电除尘器、吸收塔、烟道等所有带可燃衬胶内衬的设备外壁及相连管道进行动火作业。

f. 鳞片施工（检修）过程中，吸收塔、烟道通风口 15m 范围内禁止动火。

g. 防腐施工的沟、池、坑、箱周围 15m 范围内及上方在防腐作业时和火灾爆炸气体未充分散发前禁止动火。

7）一级动火工作范围：在上条中禁止动火情况外，以下动火工作须办理一级动火工作票。

a. 所有衬胶、涂鳞的防腐设备、烟道内或设备外壁上直接动火作业；

b. 与衬胶、涂鳞的防腐设备、烟道相连且不能隔离的各类管道上直接动火作业；

c. 在鳞片施工后鳞片涂层未凝固前，吸收塔、烟道外距吸收塔或烟道通风口 5～15m 范围内，非防腐设备上动火作业。

（2）运行操作：

1）各运行转动设备正常启动后，如工况良好、条件具备，应及时投入其备用设备的自启连锁。

2）为避免浆液在吸收塔烟气进口处沉积和酸性气液对增压风机等产生腐蚀或卡涩，应注意分析有无吸收塔喷淋浆液或水倒流进入增压风机风道的可能。

3）严密监视吸收塔再循环泵等大功率电动机运行电流及阀门、挡板、箱罐等设备的状态位置，发现异常，立即查找原因并采取相应措施，保证脱硫系统安全运行。

4）注意对烟气温度的监视，吸收塔进口烟气温度不得超过 150℃，否则应及时投用脱硫烟气喷淋水阀进行降温控制。

5）做好各项规定的定期维护、切换、试验工作，如发生不正常情况应及时通知检修处理。

6）各箱罐搅拌器必须及时投用。如箱罐中浆液的浓度较高，进行稀释后才允许停运搅拌器。

7）如高浓度时搅拌器停运 1h 以上，必须确认搅拌器是否卡涩，否则不能启动。

8）巡检时注意查看吸收塔溢流管是否有浆液溢流。如吸收塔液位过高，硫灰副值应及时通知值班员进行就地检查、确认。

9）任何有浆液流经的区域，都需及时进行冲洗，各泵、管路及冲洗部位冲洗时间必须在5min以上，如有必要，可根据现场实际冲洗排水的情况，调整并适当增加冲洗时间，确保冲洗干净。

10）夏季高温期间清空后衬胶的箱罐内要注入1m的清水，而冬季则要注意疏放干净防冻。

11）吸收塔再循环泵停运应疏放冲洗后注水至少15min，而有冰冻可能则要疏放干净防冻。

12）各6kV电动机停运后应检查电动机电加热自投正常、电动机运行自停正常。

13）如出现pH计失准或石膏浆液密度失准或测点堵塞，或石灰石供浆管路及流量计需工艺水冲洗，则应将石灰石供浆切至手动控制，正常后恢复。

14）应注意吸收塔pH值和设定pH值偏差应在正常范围。当自动位发现pH值有大的变动使得实际值偏离设定值过大或者自动供浆量偏离理论供浆量过大时，及时切至手动调节。当供浆流量较长时间超过理论供浆量，pH值变化缓慢或自动供浆时pH值无法稳定在设定值，应分析原因并采取措施。

（3）脱硫系统投撤：

1）脱硫运行人员应在低负荷或投油助燃时密切监视锅炉燃油情况和低低温静电除尘器运行工况。

2）脱硫系统运行期间，如锅炉高负荷时有短时间投大油枪情况，集控除应尽量减少投大油枪的数量及其投运时间外，还应及时通知硫灰运行人员加强监视，特别是低低温静电除尘器和脱硫系统的运行工况，检查脱硫CRT画面大油枪投用的报警指示应正常，加强岗位分析，同时及时加强吸收塔浆液外排，必要时切至事故浆液箱。

3）运行中脱硫进口烟尘浓度因部分低低温静电除尘器通道无法运行而过高，低低温静电除尘器运行参数异常且除尘效果变差、恶化，致使脱硫效率过低或吸收塔pH值等参数工况调整无效时，应及时汇报集控长、值长，并采用快速置换浆液法，必要时适当降负荷观察。

（4）石灰石浆液泵：

1）运行的浆液泵进口阀无全开信号，延时5s，保护停泵。

2）运行的浆液泵出口阀无全开信号，延时30s，保护停泵。

3）浆液泵的备泵连锁正常应投入，石灰石浆液泵故障停运时，其备泵应能自投。

4）石灰石浆液泵两台均停运，应设法通过邻炉供浆管供浆或采取其他方法保持pH值在正常范围。

5）吸收塔石灰石供浆正常运行过程中，发现供浆流量异常时，及时冲洗石灰石供浆管路。

（5）脱硫氧化风机：

1）运行脱硫氧化风压力不得超压，安全阀不误动、不漏气。

2）当运行的脱硫氧化风机故障或氧化风母管压力低时，自启备用的氧化风机，停运故障风机。

3）当运行的脱硫氧化风机轴承温度和电动机轴承温度高于保护设定值时，保护停风机。

（6）石膏排出泵：

1）石膏排出泵运行中其进口阀全开信号消失，延时10s，保护停泵。

2）石膏排出泵运行中其出口阀全开信号消失，延时30s，保护停泵。

3）石膏排出泵的备泵连锁正常应投入，石膏排出泵故障停运时，其备泵应能自投。

（7）吸收塔除雾器冲洗：

1）吸收塔一、二级除雾器及其各表面的冲洗时间可不同，暂停冲洗时间应随锅炉负荷和进口SO_2含量的变化而及时进行调整。

2）冲洗时间控制在20～60s。如吸收塔液位过高，冲洗时间可控制在较低值，但应保证每班冲洗两次。暂停时间控制在2～5s。当锅炉负荷降低时，应增加暂停冲洗时间，反之，则减少。

3）如除雾器前后差压高报警时，运行应立即将除雾器冲洗顺控由自动切至手动，依次开启其各冲洗阀，对除雾器各级个部表面进行冲洗，直至除雾器前后差压降至正常范围后，方可将除雾器冲洗顺控恢复设为自动。

4）在FGD投运情况下，如吸收塔再循环泵同时全停，如进口烟温高，应立即连锁保护同时开启吸收塔的一级除雾器下表面所有冲洗阀，如保护未能动作，应手动开启。

5）吸收塔除雾器各冲洗阀应逐一投用。自动冲洗时，后一冲洗阀应在前一冲洗阀关后再开启。

6）因吸收塔二级除雾器上表面积未设冲洗水，如发现其表面积垢较多时，应在原有冲洗次数基础上每班增加二级除雾器下表面冲洗次数2～3次，并要求冲洗全面。

7）机组正常运行期间通过除雾器冲洗阀向吸收塔补水时，应尽量采用除雾器程控冲洗，避免长时间使用同一阀门补水。

（8）石膏排出泵及其管路的运行注意事项：

1）石膏排出泵及其管路的正常与否，直接关系到吸收塔可靠运行。正常情况下，无论吸收塔浆液是否外排，应至少保持一台投运，确保吸收塔及其pH表、密度计等能可靠投运。

2）脱硫系统运行时，如吸收塔pH表与密度计等无法在线投运，将对系统安全、稳定运行构成很大隐患，运行无法进行有效监控调整，尤其是pH值。

3）如石膏排出泵及其管路检修，将直接影响到最重要的吸收塔pH表与密度计的正常投运，应按事故抢修处理，并尽量缩短实际的检修时间，尤其控制好检修工作票的审票、许可工作，并及时将吸收塔供浆切至手动控制，合理调整好手动供浆液流量，尽力维持系统安全、稳定运行。

4）如石膏排出泵及其管路确需检修，而吸收塔pH表与密度计等又无法在线监视时，运行人员应及时通知检修人员，尽量将隔离处理时间控制在1h内，并充分做好修前的准备工作，检修时间超过1h的，还另应及时逐级汇报。同时吸收塔pH值应约每30min临时加测一次，并参照理论供浆量继续保持供浆。

5）石膏排出泵及其管路检修工作，如无特殊情况，应宜安排在白班进行。

（9）锅炉运行期间，需加强观察和检查管式GGH烟气加热器差压情况，遇有堵塞或积浆，以及吸收塔出口烟道疏水管滴落液滴带浆，应及时汇报。

(10) 吸收塔密度计失准或离线后，应及时严格控制好吸收塔液位。

(11) 运行要注意对吸收塔 pH 表、密度计和液位计等重要表计准确性的分析比较，发现异常，及时汇报并报修处理。

(12) 吸收塔 pH 表等重要表计失灵故障或无法正常在线投运时，应及时汇报值长、集控长，尽量保持机组负荷工况和煤种等稳定，尽量不做比较大的运行调整。

(13) 石膏旋流站溢流经其切换分配装置直接回供至相应吸收塔的回水通畅，无堵塞、无外溢。

(14) 因超低排放改造造成脱硫废水处理系统处理量增大，为防止出现吸收塔石膏浆液氯离子浓度居高不下，系统设备腐蚀加剧，需进一步控制好吸收塔浆液氯离子浓度：

1) 重视石膏旋流站、脱硫废水旋流站的顶部溢流管道在运行时是否溢流正常（通过手摸管路是否有温度判断）。遇有堵塞或外排量小，应及时联系检修。

2) 脱硫废水外排出力情况是否有变小，否则应适当提高处理能力。

3) 吸收塔浆液氯离子浓度超过 18 000mg/L，直接外排至事故浆液箱。

4) 有吸收塔出现石膏浆液率离子较高需要加强外排的，以防止脱硫设备腐蚀为主，兼顾做好石膏浆液密度控制，可以将石膏浆液密度下限临时调整为 1090kg/m^3。

5) 在湿式静电除尘器循环水箱水质合乎要求且湿式静电除尘器出口烟尘合乎要求的前提下，应适当控制和减少后段阳极板喷淋时间，同步调整湿式静电除尘器废水排污泵出口流量，以减少进入吸收塔的湿式静电除尘器废水量。

(四) 湿式静电除尘器运行注意事项

(1) 同一室两个及以上电场异常或停运，或烟尘仪运行参数出现异常偏低时，应及时将闭环控制方式切至开环控制方式，并提高运行电场参数，工况恢复正常后方可重新投入闭环控制方式运行。

(2) 湿式静电除尘器闭环控制方式切至开环控制方式或其他原因致使高频柜二次电流上升明显，应告知集控，加强除尘段巡检。

(3) 湿式静电除尘器正常运行时，严禁开启高频电源柜柜门、高频电源高压隔离门、高压输出检查门门锁和灰斗人孔门。

(4) 湿式静电除尘器高频电源运行，严禁操作各电场隔离开关。禁止在高频电源运行状态下突然断电。

(5) 首次使用参照检查要求对高频电源进行检查，检查高频电源的充电和放电正常，以及进行调试。

(6) 当高频电源硬件设施检查完毕，通上电后，不能直接点击“运行/ON”来启动高频电源，而需要先对高频电源进行充电，才能运行；同样的，当需要对高频电源或电场进行作业时，需要先对高频电源停机，然后放电，才能对其进行操作。

(7) 一般情况下禁止在高频电源运行状态下突然断电。

(8) 本高频电源禁止做开路试验。

(9) 低压设备发生保护跳闸，应先查找原因，如无异常允许试投一次，若再次保护动作，则应联系检修，不得强投。

(10) 湿式静电除尘器运行时，不准触摸高温裸露部位，以防人身灼伤。

(11) 高压设备及其控制柜严禁非操作人员接近、碰及触动。

(12) 湿式静电除尘器进行电气操作时，应严格遵守 GB 26164.1—2010。

(13) 湿式静电除尘器低压柜在投运后应注意检查主回路接线桩头，以及电加热设备空气开关和继电接线桩头温度在正常范围。

(14) 湿式静电除尘器阴极线和气流均布板冲洗时，为避免烟尘浓度突变升高，A、B侧冲洗应交替进行，以免影响除尘效率，正常后恢复。

(15) 平时通过入炉煤灰分和湿式静电除尘器等参数，检查、分析 CEMS、烟囱入口烟尘仪参数显示应正常，影响烟囱入口烟气烟尘浓度的参数是烟囱入口净烟气的实测烟尘含量和氧量，以及湿式静电除尘器闭环运行情况下烟囱入口烟尘浓度仪失准间接引起，如上述参数异常，应及时通知检修处理。

(16) 运行需密切关注湿式静电除尘器火花率及其他参数情况，需及时检查顶部密封风机及其电加热，防止闪络扩大。属于极间距变化，而大流量冲洗无效需及时联系检修检查。

(17) 结合 CEMS 就地检查和监盘，注意做好对脱硫原烟气、烟囱入口烟尘浓度（包括当前、时均、日均、月均）的动态监视与分析，发现异常和失准时应立即汇报并报修处理，同时要记录好异常和失准开始的时间和恢复正常的时间。

(18) 及时调整控制好湿式静电除尘器控制的相关参数，包括实时二次电压、二次电流、闭环控制的二次电流上下限、烟尘浓度上下限设定值，以及冲洗周期和时间等设定。遇湿式静电除尘器参数异常，及时检查处理、分析。影响烟尘控制目标的应逐级及时汇报处理。

(19) 烟囱入口烟尘浓度的控制原则按照瞬时烟囱入口烟尘浓度不超过 $5mg/m^3$、时均烟囱入口烟尘浓度不超过 $4mg/m^3$ 控制，湿式静电除尘器闭环控制的上限设定按照烟囱入口烟尘浓度 $4mg/m^3$ 设定。如瞬时湿式静电除尘器出口烟尘浓度超过 $4mg/m^3$，则应检查确认闭环状态下各电场二次电流是否正常上升，如上升到闭环二次电流上限后，仍超过 $5mg/m^3$，应联系检修检查烟囱入口净烟气烟尘浓度仪。同时联系化学试验班检测湿式静电除尘器循环水箱含固量，如超过标准要求，应进行补水稀释。如果烟囱入口烟尘浓度接近超过 $5mg/m^3$，检修确认数据准确，应依电场前后次序逐次、逐排上调各湿式静电除尘器闭环设定二次电流上限参数，每次上调量 100mA，直至瞬时烟囱入口烟尘浓度不超过 $5mg/m^3$，保持该参数运行直至时均烟囱入口烟尘浓度低于 $4mg/m^3$ 后，如后续煤种灰分、特性和湿式静电除尘器喷淋水质正常，则应及时恢复原湿式静电除尘器各电场闭环设定二次电流上限参数。

(20) 湿式静电除尘器高频电源投运后，应保持烟囱入口烟尘浓度不超过 $5mg/m^3$，否则及时提高电场参数。

(21) 由于湿式静电除尘器水质原因引起烟囱入口烟尘浓度异常升高时，需及时检查循环水箱含固量，并联系化学取样校验；若是除雾器冲洗水质原因则应进行冲洗水箱补水稀释，减少除雾器冲洗水箱的废水进水比例。

(22) 按公司标准《环保设施异常报告制度》和《烟气排放连续监测系统运行维护制度》执行相关要求。

(23) 湿式静电除尘器电场遇故障停运和恢复投运时，应及时汇报上级，以便及时对外报告。同时应及时、准确地记录好异常停运的时刻和恢复正常运行的时刻，对于电场正常的投停，也应记录机组点火、并网、吸收塔再循环泵投停、磨煤机投停和湿式静电除尘器高频电源投停时刻，并注意一致、统一。如因某些原因未能及时发现电场已停运或跳闸的，应通过历史参数曲线进行查阅停运时刻，并记录在主值日志内。湿式静电除尘器高频电源的投停按照再循环泵投停和进口烟气温度进行控制，吸收塔进口烟温过高应及时投吸收塔再循环泵，并跟随投入湿式静电除尘器。

(24) 每天夜班接班后，检查各机组前一天湿式静电除尘器历史参数数据、历史曲线是否能正常自动保存，无法自动保存时应及时处理。

(25) 低压柜或程控柜失电，高频柜此时因通信电源失去无法正常显示，但仍应保持高频柜运行而不要随意停运，并注意观察烟尘浓度情况，并立即联系检修检查。

(五) 湿式静电除尘器水系统运行注意事项

(1) 湿式静电除尘器循环水泵投运，设定好阳极板循环水喷淋流量后，注意记录好出口调节阀开度或循环水泵频率。

(2) 若湿式静电除尘器喷淋回水箱和循环水箱加碱泵出口连通运行时，加碱泵需切手动调频运行或就地调整湿式静电除尘器循环水箱进碱阀和湿式静电除尘器回水箱进碱阀，并加强监控湿式静电除尘器循环水箱和喷淋回水箱 pH 值在正常范围。

(3) 锅炉启停阶段需根据带油污和烟尘情况适当增加湿式静电除尘器喷淋回水箱排污，保证循环水质。水质合格后，恢复正常排污流量以及阀门开度。

(4) 低低温静电除尘器出口烟尘浓度因电场故障而异常高或吸收塔除雾器效果差、带浆严重时，需及时加强湿式静电除尘器喷淋回水箱排污，防止阳极板循环水喷淋喷嘴和吸收塔除雾器冲洗喷嘴堵塞。

(5) 湿式静电除尘器喷淋回水箱排污量需满足湿式静电除尘器水系统水平衡以及循环水质的要求，能根据湿式静电除尘器工艺水补水量、湿式静电除尘器循环水箱液位自动调节，当化学测试循环水含固量偏大时，需要手动加强外排，正常后也必须及时恢复。

(6) 湿式静电除尘器废水排污量增加时，或湿式静电除尘器除雾器冲洗期间，需同步加强吸收塔外排。

(7) 湿式静电除尘器循环水箱、喷淋回水箱液位异常偏低时，需检查以下几项：

1) 检查确认湿式静电除尘器喷淋回水箱排污量和溢流正常。

2) 检查系统管路无泄漏。

3) 检查湿式静电除尘器阳极板工艺水、循环水喷淋正常。

4) 检查自清洗过滤器自清洗运行正常，疏水正常。

5) 液位过低时，检查湿式静电除尘器循环水箱补水阀自启正常，防止湿式静电除尘器循环水泵跳闸。

6) 检查确认湿式静电除尘器各灰斗回水量和回水管路温度正常。

7) 检查自清洗过滤器自清洗运行、疏水、排污正常。

8) 液位过低时，检查湿式静电除尘器喷淋回水排污泵流量自动调节是否正常，必要时手动干预。

(8) 湿式静电除尘器循环水泵投运前注意关闭湿式静电除尘器阳极板循环水喷淋反吹阀，湿式静电除尘器循环泵两台停运后，适当微开湿式静电除尘器阳极板循环水喷淋反

吹阀。

(9) 阴极线和气流均布板冲洗前需注意检查备用湿式静电除尘器喷淋回水箱排污泵能正常投运，避免系统满溢。

(10) 阴极线和气流均布板冲洗时，需要短时停运单侧湿式静电除尘器高频电源，此时需注意观察冲洗过程中工艺水泵出口压力和喷淋管路压力正常。

(11) 阴极线和气流均布板冲洗结束后，需检查该侧湿式静电除尘器高频电源自动投入，并且各电压、电流值正常，烟囱进口烟尘含量正常且无火花闪络。

(12) 各泵的备用泵连锁正常应投入，运行泵故障或出口压力低报警时，备用泵应自启。

(13) 吸收塔超温烟气喷淋和消防水事故减温水保护应投入，隔离阀应常开。吸收塔防超温连锁必须投入。

(14) 湿式静电除尘器自清理过滤器日常应至少保持一台运行正常，出现两台均异常或无法疏水时，为防喷嘴堵塞及电场喷淋效果，必须及时联系检修抢修。

(15) 吸收塔超温烟气喷淋和消防水事故减温水保护应投入，隔离阀应常开。吸收塔防超温连锁必须投入。

(16) 当除雾器冲洗或利用除雾器冲洗冷却烟气时，开启5个冲洗阀，一台除雾器冲洗水泵运行即可；当开启5～10个冲洗阀，需投入两台除雾器冲洗水泵运行；超过10个时，喷雾冲洗效果较差。操作时根据需求，及时调整除雾器冲洗水泵运行台数，以免出现不均、覆盖面较小等不利状况。

(17) 当湿式静电除尘器除雾器冲洗或利用湿式静电除尘器除雾器冲洗冷却烟气时，开启3个冲洗阀，一台除雾器冲洗水泵运行即可；当开启4～7个冲洗阀时，需投入两台湿式静电除尘器除雾器冲洗水泵运行；超过7个时，喷雾冲洗效果较差。操作时根据需求，及时调整湿式静电除尘器除雾器冲洗水泵运行台数，以免出现不均、覆盖面较小等不利状况

(18) 湿式静电除尘器除雾器差压偏高，大于75Pa时，应试采用手动加强冲洗，如无效果应及时分析和汇报。

(六) 脱硝系统运行注意事项

(1) 控制烟囱出口 NO_x 排放浓度小于 $50mg/m^3$。

(2) 烧配煤按有关锅炉煤种掺配原则执行，同时应考虑煤种含氮量进行合理掺配。

(3) 锅炉运行中氧量按逻辑设置控制，不建议设偏置。

(4) 锅炉二次风挡板、SOFA风挡板原则上投自动运行，根据实际运行工况可进行设定偏置，控制原烟气中 NO_x 的生成量。

(5) 根据机组负荷及时调整磨煤机运行台数，避免所有磨煤机都低煤量运行，引起 NO_x 生成量增加。

(6) 锅炉运行中优先选择下层磨煤机运行。

(7) 锅炉高负荷时尽量降低炉膛中心温度，每台燃烧器负荷采用平均分配方法。

(8) 正常运行时启、停磨煤机，应控制操作时间在10min内。综合考虑磨煤机、给煤机启动条件，缩短制粉系统启动时间，并控制暖磨时一次风量以减少 NO_x 生成。磨煤机停运后，在磨煤机出口温度可控时，及时降低一次风量至备用状态。

（9）磨煤机运行异常需要倒磨时，如机组负荷大于85%，优先采用先启再停的方式。

（10）磨煤机隔层运行时NO_x生成量会明显增大，应关小停用磨煤机一次风，调小相应二次风，同时需要配合SOFA风调整。

（11）脱硝喷氨调节阀正常运行中应投自动运行，投浓度模式控制。要求控制烟囱排放NO_x浓度、反应器出口NO_x浓度均小于100mg/m^3，同时要保证月度SCR效率大于60%。

（12）脱硝喷氨调节阀撤手动操作时，按要求进行登记。

（13）脱硝浓度暂定35mg/m^{3}控制，优先控制SCR入口NO_x在设计值以内。如通过调整仍无法控制烟囱出口NO_x的浓度，引起烟囱出口NO_x每小时的平均值超过50mg/m^3，则按要求进行登记。

（14）每台机组脱硝系统的设计入口浓度、设计效率及BMCR工况时的喷氨量。

（15）确保脱硝装置运行正常，脱硝浓度、氨逃逸率、喷氨量控制在正常范围。

（16）针对硫酸氢铵可能对空气预热器造成堵塞的严重后果，要求按规定进行空气预热器吹灰，加强氨逃逸率监视，发现氨逃逸率大于3ppm时要及时调整喷氨量，分析原因，将氨逃逸率控制在3ppm以下。

（17）巡检应按规定每班对脱硝系统相关设备、就地声波吹灰器发声及系统的泄漏情况进行巡检，发现异常及时汇报并填写缺陷单。

（18）锅炉运行期间，脱硝系统只要具备投运条件（锅炉制粉系统投入、催化剂入口烟气温度达到投入要求、脱硝设备可用），就必须及时投入运行。

（19）脱硝系统投入、撤出的时间和原因要及时、准确做好记录，并注意各个岗位记录的一致性。

（20）在停机等过程中一般要求采用烟气温度低保护切除喷氨，切除后应检查喷氨关断阀关闭，将喷氨调节阀关闭，确认喷氨流量到0，反应器前后NO_x浓度一致。

（21）运行人员应关注脱硝系统相关参数变化，及时调整锅炉运行工况，减少和控制NO_x产生与排放，发现异常及时汇报并填写缺陷单。如果要核对烟囱内NO_x就地表计，可与灰控联系，要求协助核对。

（22）对影响脱硝效率（小于40%或大于80%）的缺陷要求在1h内进行处理，并在日志和缺陷单中有相应记录，其他涉及NO_x测量的缺陷要及时通知检修处理。对于异常现象要及时登记，同时汇报值长并邮件报送公司环保专职。

（23）氨气对人身危害性较大，在处理氨气泄漏时应按规定要求做好防护措施和安全保障措施。

（24）氨与空气混合比例达到15.7%～27.4%时遇明火会引起爆炸，同时氨遇明火、高热能引起燃烧，因此氨气管道检修时如果可能使用、产生明火的必须对氨气进行置换，氨系统阀门操作使用铜阀门钩。

（25）在锅炉运行、通风期间应保持脱硝系统稀释风机和声波吹灰系统连续运行。

（26）其他参考公司《环保设施异常报告制度》和《烟气排放连续监测系统运行维护制度》相关要求执行。

/第七章/

燃煤机组超低排放系统运行异常分析及处理

超低排放系统实际运行过程中，难免会出现一些影响机组可靠运行和经济运行的异常工况。针对超低排放异常情况，本章列举了一些常见异常，包括现象、原因及处置手段。同时结合实际运行中出现的典型案例，对异常进行了分析和探讨优化解决方案等，为相关系统设备的运行处理提供经验与帮助，提高运行人员对设备异常应急处理能力。

第一节　燃煤机组超低排放系统常见运行异常分析及处理

一、管式GGH系统

（一）烟气冷却器出口烟温低

1. 现象

(1) 烟气冷却器出口烟温低。

(2) 烟气冷却器进口烟温过低。

(3) 烟气冷却器进口水温过低。

(4) 现场有泄漏。

2. 原因

(1) 温度测点异常。

(2) 烟气冷却器进口烟温过低。

(3) 烟气冷却器进口烟气流量低或通道间偏差大。

(4) 烟气冷却器进口水温过低。

(5) 热媒水循环量异常过大。

(6) 热媒水泄漏。

3. 处理

(1) 检查温度测点。

(2) 检查烟气冷却器进口烟温和流量。

(3) 检查烟气冷却器进口水温调节是否正常。

(4) 检查热媒水两侧进水调节阀开度正常。

(5) 检查烟气冷却器两侧进水调节旁路是否误开。

(6) 热媒水补水箱液位检查及泄漏修补。

(7) 热媒水进水流量计校验。

(二) 烟气冷却器差压高

1. 现象

(1) 烟气冷却器差压高。

(2) 烟气冷却器出口水温偏低。

(3) 加强吹灰器吹扫效果不好。

2. 原因

(1) 差压测点异常。

(2) 烟气冷却器烟气量过大。

(3) 传热管积灰或部分管组出现泄漏后黏灰。

3. 处理

(1) 检查差压测点正常，取样通畅无堵塞。

(2) 烟气冷却器烟气量确认。

(3) 加强吹灰器蒸汽吹扫。

(4) 及时采取防结露措施和泄漏点隔离措施，减少结灰。

(三) 烟气加热器差压高

1. 现象

(1) 烟气加热器差压高。

(2) 烟囱进口烟温偏低。

(3) 加强进口水冲洗效果不好。

2. 原因

(1) 差压测点异常。

(2) 烟气加热器烟气量过大。

(3) 传热管积灰。

(4) 湿式静电除尘器电场停运引起石膏雨增加，或吸收塔出口石膏雨增多。

3. 处理

(1) 检查差压测点测点正常，取样通畅无堵塞。

(2) 烟气加热器烟气量确认。

(3) 烟气加热器水冲洗。

(4) 吸收塔和湿式静电除尘器运行控制正常，减少石膏雨影响。

(四) 烟气加热器进口水温低

1. 现象

(1) 烟气加热器进口水温低。

(2) 烟气冷却器出口水温过低。

(3) 机组负荷偏低、烟气流量偏小。

2. 原因

(1) 温度测点异常。

(2) 烟气冷却器出口水温过低。

(3) 热媒水加热蒸汽或其调节控制异常。

3. 处理

(1) 检查温度测点。

(2) 检查烟气冷却器出口水温。

(3) 机组负荷偏低、烟气流量偏小。

(4) 检查热媒水加热蒸汽参数及其蒸汽加热器运行情况。

(五) 烟气加热器出口水温低

1. 现象

(1) 烟气加热器出口水温低。

(2) 烟气加热器进口水温过低。

2. 原因

(1) 温度测点异常。

(2) 加热蒸汽参数异常。

(3) 热媒水加热蒸汽调节控制异常。

(4) 蒸汽加热器进水旁路误开。

(5) 蒸汽加热器蒸汽侧疏水不畅。

(6) 蒸汽加热器传热性能变差。

3. 处理

(1) 检查温度测点。

(2) 检查热媒水加热蒸汽调节阀及控制回路。

(3) 检查加热蒸汽压力、温度。

(4) 检查热媒水加热蒸汽调节及其旁路。

(5) 检查蒸汽加热器蒸汽侧疏水。

(六) 热媒水补水箱压力高

1. 现象

(1) 热媒水补水箱压力高。

(2) 热媒水补水箱液位升高。

(3) 热媒水温度过高。

(4) 热媒水补水箱安全阀动作。

2. 原因

(1) 压力测点异常。

(2) 氮气压力过高或补氮阀内漏。

(3) 热媒水补水箱液位高或补水过量。

(4) 烟气温度、热媒水温度异常偏高或局部热媒水汽化。

3. 处理

(1) 检查压力测点。

(2) 氮气压力调整。

(3) 检查补水阀无内漏。

(4) 检查并控制烟气温度、循环水温度在正常范围。

(5) 检查热媒水补水箱压力超过安全阀设定值时，安全阀动作正常。
(6) 做好人身安全防护后，进行热媒水补水箱排气工作。

(七) 热媒水补水箱液位高

1. 现象
(1) 热媒水补水箱液位升高。
(2) 热媒水补水箱压力高。
(3) 热媒水温度过高。
2. 原因
(1) 液位计异常。
(2) 热媒水量过多或水容积热膨胀。
(3) 烟气温度、热媒水温度异常。
(4) 热媒水补水阀门故障或者内漏。
3. 处理
(1) 检查液位计。
(2) 热媒水水量调整正常。
(3) 确认烟气温度、热媒水温度。
(4) 检查补水管阀是否内漏。

(八) 热媒水补水箱液位低

1. 现象
(1) 热媒水补水箱液位降低。
(2) 热媒水补水箱压力过低。
(3) 热媒水温度过低。
(4) 现场有泄漏。
2. 原因
(1) 液位计异常。
(2) 初期热媒水投入量不足。
(3) 热媒水温度异常。
(4) 热媒水补水异常。
(5) 热媒水系统泄漏。
3. 处理
(1) 检查液位计。
(2) 热媒水水量补充，及时泄漏检查和隔离。
(3) 检查并调整热媒水温度。

(九) 管式 GGH 管内腐蚀

1. 现象
(1) 热媒水铁离子含量高。
(2) 热媒水水样较黑。
2. 原因
(1) 补水造成溶解氧腐蚀：造成管式 GGH 需要补水的原因主要有管线存在泄漏、取

样和加药过程等均有少量水流出系统。

（2）pH 值过低，加速了金属壁面的腐蚀：氧的腐蚀能力随溶液的 pH 值降低而显著增强。当 pH 值小于 7 时，氧分子、氢离子、氯离子等作为腐蚀介质都很活跃。由于水中氧分子、氢离子、氯离子的存在，使 GGH 换热面产生腐蚀，如果给水能够达到标准规定的要求，金属壁将不会有腐蚀；若 pH 在 10～10.5 之间，金属因具有坚硬的氧化保护层，可大大减缓，甚至避免腐蚀的发生。

（3）水流速度的影响：一般情况下，氧腐蚀的速度取决于水中的氧含量和氧向阴极区输送的速度，当水流速度小于 0.1～0.2m/s 时，铁与流动缓慢的含氧水接触，腐蚀较为剧烈。随着流速的提高，局部腐蚀可显著减轻。

（4）停机后不注意保养：停机后保养不善或者不保养，停机状态下的腐蚀往往比运行状态下腐蚀严重。

3. 预防措施和处理

（1）定期取样监测比对。

（2）加药除去水中的溶解氧，严禁开式系统运行。

（3）严格控制热媒水的 pH 值。

（4）向热媒水系统补水、换水及进行定期检查时，容易混入空气，系统内一旦混入空气，除氧剂浓度消耗会加快，浓度降低速度也会加快，此时应增加测量频率，如 2 天 1 次。

（5）注意停炉保养。

二、低低温静电除尘器和湿式静电除尘器高频电源

（一）一般原则

（1）低低温静电除尘器和湿式静电除尘器运行发现异常情况，应及时、准确分析，判明原因，并进行必要操作调整和检查处理，若暂时无法消除，应及时汇报上级。

（2）低低温静电除尘器发生严重威胁人身及设备安全而一时又无法消除的设备故障时，应立即停运故障设备，并及时汇报上级。

（3）低低温静电除尘器进行故障处理时，应切实保证人身安全。

（4）如遇下列情况，应立即停止低低温静电除尘器或高频电源运行。

1）高压输出回路开路。

2）高压绝缘部件发生闪络。

3）整流变油温超过跳闸温度或 IGBT 超过跳闸温度，或出现喷油、漏油、声音异常等现象。

4）高压供电装置发生严重的偏励磁。

5）高频电源运行跳闸，原因不明，允许试投一次，若再发生跳闸，必须待查明原因，并加以消除后方可再投。

6）高压阻尼电阻闪络严重，甚至起火。

7）IGBT 冷却风扇停转，可控硅元件严重过热。

8）低低温静电除尘器电场发生短路。

9）低低温静电除尘器运行工况发生变化，锅炉投油燃烧或烟气温度低于露点温度。

10）低低温静电除尘器阳极振打、阴极振打等设备发生剧烈振动、扭曲，甚至起火。

（5）如遇下列情况，应保持电场和高频电源运行，并就地确认运行情况，必要时连接手操器进行检查确认参数情况。

1）任一或多个低压柜失电或失去控制信号。

2）PLC柜失电或故障。

3）高频电源通信箱电源失电或通信故障。

（二）完全短路

1. 现象

（1）投运电场时，高频电源二次短路报警，或投运后又即跳闸。

（2）二次电流剧增，而二次电压下降接近于零或到零。

2. 原因

（1）料位计指示失灵，灰斗满灰触及阴极框架，造成阴极系统对地短路。

（2）高压部件临时接地线未及时拆除。

（3）高压隔离开关的高压侧闸刀或电场侧闸刀位置切换错误，在接地位置。

（4）阴极线脱落，直接与阳极板接触而造成短路。

（5）阴极线肥大或阳极板严重黏结灰，造成极间短路。

（6）阳极板、阴极线或其他零部件成片铁锈脱落，在阴阳极之间搭桥。

（7）阳极板阴极线热膨胀变形。

（8）保护误动作。

（9）整流变高压输出侧短路。

3. 处理

（1）检查输灰系统与低低温静电除尘器灰斗料位计正常，并加强输灰，消除灰斗满灰。

（2）检查拆除高压部件临时接地线。

（3）检查高压隔离开关的高压侧闸刀或电场侧闸刀在电源-电场位置。

（4）检查高频电源供电装置保护正常。

（5）阳极振打阴极振打切换至手动方式，加强振打。

（6）若经运行调整，电场仍不能恢复正常，应停运该整流变，汇报上级，并联系检修处理。

（三）不完全短路

1. 现象

（1）电压、电流表周期性或不规则的摆动，或时而激烈跳动。

（2）二次电流不正常或偏大，二次电压降低较大。

2. 原因

（1）阴极线、阳极板局部黏附粉尘过多，使实际异极距缩小，引起频繁闪络。

（2）绝缘部件污损或结露，造成了漏电和绝缘不良。

（3）阴极线损坏，但尚未完全脱落，随着烟气流摇摆、晃动，或者是阴极框架发生了较大振动。

(4) 零部件铁锈脱落，与阴阳电极接触，尚未搭桥，但异极间距大大缩短。

(5) 高压侧对地有不完全短路。

(6) 电缆绝缘不良，有漏电现象。

(7) 低低温静电除尘器灰斗料位计指示不准，灰斗灰位过高。

3. 处理

(1) 检查输灰系统与低低温静电除尘器料位计正常，加强灰斗输灰。

(2) 检查阳极振打、阴极振打正常。

(3) 切换阳极振打、阴极振打至手动方式加强振打。

(4) 检查低低温静电除尘器绝缘子、灰斗与阴极瓷轴电加热正常，如有必要可切换至手动方式运行。

(5) 若电场持续拉弧或连续发生跳闸，应停低低温静电除尘器整流变，汇报上级，及时联系检修处理。

(四) 输出开路

1. 现象

(1) 二次电压上升超过额定值，二次电流至零，延时欠压跳闸。

(2) 高频电源二次开路报警。

(3) 输出开路报警跳。

2. 原因

(1) 阻尼电阻烧断。

(2) 高压隔离开关断开。

(3) 工作接地线断开。

3. 处理

(1) 检查隔离开关是否断开。

(2) 检查电场连接线和高压隔离开关是否可靠连接。

(3) 联系检查取样回路是否正常。

(4) 联系检查高压硅堆是否断开。

(5) 当高频处在开路状态时，实际二次输出电压瞬间超过额定电压，手操器或上位机上不会显示数值，高频电源立即自动停止，并且提示输出开路故障。

(6) 高频电源修复后确认并复位后方能进行操作。

(五) 输入过流

1. 现象

输入过流报警跳。

2. 原因

一次电流大于额定值。

3. 处理

(1) 联系检查二次电流、电压是否校准。

(2) 联系检查整流回路、变压器是否异常。

(3) 联系检查三相输入电源是否平衡。

(4) 高频电源修复后确认并复位后方能进行操作。

（六）高频电源供电装置偏励磁

1. 现象

二次电压上升超过额定值，二次电流至零，延时欠压跳闸。

2. 现象

(1) 一次电压减小，一次电流增大；二次电流，电压明显减小。

(2) 高频电源出现异常声音，高频电源发热严重。

3. 原因

整流输入波形不对称。

4. 处理

(1) 若高频电源尚可暂时继续维持运行，应及时降低二次电压运行，汇报上级，但必须加强监视，以避免造成偏励磁加剧。

(2) 高频电源供电装置发生严重偏励磁时，应立即停运电场，汇报上级，并及时联系检修处理。

（七）电场升压，无二次电流

1. 现象

一次电流、电压正常；二次电压正常，二次电流表无读数指示。

2. 原因

(1) 二次电流取样回路开路。

(2) 二次电流表内部断线。

(3) 二次电流表指针卡住。

(4) 运行方式设定不当。

3. 处理

(1) 停运高频电源。

(2) 联系检修处理。

（八）直流电压升不高

1. 现象

二次电流小，二次电压升不上或电压升高就跳闸。

2. 原因

(1) 电场内极间距偏离标准过大。

(2) 电场内阴极线、阳极板上积灰使极间距改变。

(3) 低低温静电除尘器漏风引起烟气量增大，使极距发生振动。

(4) 阴极框架变形。

(5) 气流分布极堵塞，引起气流不均，引起极板发生振动。

(6) 绝缘子密封效果差，进水或积水。

(7) 运行方式设定不当或参数设置不当。

3. 处理

(1) 检查阳极振打、阴极振打运转正常。

(2) 切换阳极振打、阴极振打至手动方式加强振打。

(3) 高频电源改为自动连续运行方式并试行修改参数。

（4）检查湿式静电除尘器水系统喷淋正常。

（5）检查湿式静电除尘器阴极线喷淋无内漏。

（6）调整运行方式和参数设置值。

（7）增加湿式静电除尘器绝缘子密封风机运行，提高密封风压力，清理进口滤网。

（8）加强监视，若工况趋于严重，应停运电场，汇报上级，联系检修处理。

（九）有电压却无电流或电流很小

1．现象

二次电压正常，二次电流很小，甚至到零。

2．原因

（1）阴极线或阳极板积灰严重，振打力不足。

（2）阴极振打、阳极振打未启动或部分失灵、故障。

（3）喷淋水喷嘴故障、喷淋效果差。

（4）电晕线肥大，造成放电不良。

（5）接地不良。

3．处理

（1）检查阳极振打、阴极振打运行正常。

（2）切换阳极振打、阴极振打至手动方式加强振打。

（3）检查湿式静电除尘器喷淋水系统运行正常。

（4）加强阴极线喷淋和阳极板喷淋、冲洗。

（5）检查各喷嘴无堵塞，保证冲洗效果。

（6）检查接地正常。

（7）若故障严重，按停运电场隔绝电源、汇报上级并通知检修处理。

（十）二次无输出

1．现象

二次电流低。

2．原因

直流母线电压正常，一次电流小于1/4额定值，二次电压小于10kV，二次电流小于1/32额定值。

3．处理

（1）联系检查IGBT模块是否损坏。

（2）联系检查驱动信号是否正常。

（3）联系检查驱动控制板是否正常。

（4）联系检查变压器是否损坏。

（5）联系检查高压硅堆是否损坏。

（6）高频电源修复后确认并复位后方能进行操作。

（十一）二次信号反馈故障

1．现象

二次侧信号无。

2. 原因

二次信号反馈故障，一次电流大于1/2额定，二次电压小于15kV，二次电流小于1/16额定值。

3. 处理

(1) 联系检查取样连接线是否可靠。

(2) 联系检查测量取样电阻。

(3) 高频电源修复后确认并复位后方能进行操作。

(十二) 阳极振打或阴极振打失灵

1. 现象

(1) 二次电流下降。

(2) 振打运行欠流保护动作。

(3) 就地运转出现异常声响。

2. 原因

(1) 振打传动机构损坏。若是阴极振打，应检查传动无磨损，运转良好。

(2) 润滑油量不足，或油质较差。

(3) 振打锤头脱落，且数量较多，或振打锤头磨损较严重。

(4) 其他机械或电气原因。

3. 处理

(1) 及时查明原因，并联系检修处理。

(2) 如果运行工况趋于恶化，应汇报上级，可停运除灰整流变。

(十三) IGBT过流报警

1. 现象

IGBT过流报警。

2. 原因

驱动隔离板输出故障信号。

3. 处理

(1) 检查驱动隔离板是否正常。

(2) 检查IGBT。

(十四) 变压器油温高

1. 现象

变压器油温高报警或跳闸。

2. 原因

(1) 变压器超过危险油温设定值85℃。

(2) 变压器油温高于报警设定值80℃。

3. 处理

(1) 联系检查变压器油温传感器是否故障。

(2) 变压器是否异常。

(3) 散热风机是否故障，出气口是否堵塞。

(4) 当温度实时值达到临界油温值时（临界油温等于温度设定值减去10℃），高频电

源的二次参数自动降到额定值的50%继续运行。

(5) 当变压器温度或IGBT温度大于或等于危险温度时，会提示温度高报警，高频电源自动停止。

(6) 当油温高于环境温度+40℃时，二次参数需降到额定值的50%可继续运行。

(7) 变压器修复后确认并复位后方能进行操作。

(十五) 变压器油箱油位低保护

1. 现象

变压器油箱油位低报警。

2. 原因

油箱内油位开关动作。

3. 处理

检查变压器油位。

(十六) 变压器油箱压力高保护

1. 现象

变压器油箱压力高报警。

2. 原因

油压压力开关动作。

3. 处理

(1) 检查油箱内压力。

(2) 检查油压压力开关。

(十七) 低低温静电除尘器进、出口烟气温差大

1. 现象

低低温静电除尘器进出口烟温相差大。

2. 原因

(1) 低低温静电除尘器进口温度计或出口温度计不准。

(2) 保温层脱落。

(3) 低低温静电除尘器漏风严重。

3. 处理

(1) 检查低低温静电除尘器进、出口温度计正常。

(2) 修复低低温静电除尘器保温。

(3) 更换低低温静电除尘器人孔门等漏风处的密封填料，补焊壳体脱焊或开裂部位。

(十八) 除尘效率低

1. 现象

(1) 烟囱冒黑烟，排放烟气含尘量增加。

(2) 二次电压低。

(3) 伏安特性曲线不佳。

(4) 烟气在线监测烟尘浓度高。

2. 原因

(1) 锅炉燃烧工况不好，调整不佳。

(2) 烟气参数不符合要求或低低温静电除尘器出口烟尘浓度过高。
(3) 湿式静电除尘器高频电源故障。
(4) 低低温静电除尘器进口粉尘浓度过大，超过设计值。
(5) 湿式静电除尘器喷淋水系统故障，喷嘴堵塞，喷淋效果差。
(6) 漏风严重。
(7) 气流分布板阻塞，使气流分布不均匀。
(8) 阴、阳极间距偏差过大。
(9) 程控柜或低压柜控制系统失灵。
(10) 低低温静电除尘器闭环参数设定不合理或闭环失灵或烟尘浓度实测值失准。

3. 处理

(1) 锅炉及时调整燃烧工况。
(2) 如果条件允许，可适当调整低低温静电除尘器运行方式。
(3) 检查湿式静电除尘器喷淋水系统运转正常。
(4) 加强湿式静电除尘器各极板喷淋、冲洗。
(5) 如漏风严重，应设法及时消除漏风。
(6) 检查程控柜、低压柜控制系统正常。
(7) 调整闭环控制参数，检查闭环功能是否正常。
(8) 查明原因，汇报上级，联系检修处理。

(十九) 直流母线电压低

1. 现象

直流母线电压低报警跳。

2. 原因

直流母线电压小于报警设定值。

3. 处理

(1) 联系检查交流接触器是否有效吸合。
(2) 联系检查预充电电阻是否断开。
(3) 联系检查滤波电容是否正常。
(4) 联系检查整流模块是否正常。
(5) 当充电过程时间比较长时，会发生直流电压低报警，主要是由于当母线电压达到母线电压吸合值时，PLC 开始计时，30s 内母线电压未充满，即会报母线电压低故障，此属正常状况，解除报警即可。
(6) 直流母线电压低修复后确认并复位后方能进行操作。

(二十) 散热风机故障

1. 现象

变压器油温高或 IGBT 温度高报警或跳闸。

2. 原因

(1) 冷却风机无风送出。
(2) 电动机启动器跳闸。

3. 处理

(1) 检查电动机启动器。

(2) 电动机启动器修复后确认并复位后方能进行操作。

(二十一) 高压连锁跳闸

1. 现象

变压器油温高或IGBT温度高报警或跳闸。

2. 原因

安全连锁盘钥匙断开或高压隔离开关不在正常位置(开路试验时除外)或阻尼电阻坏。

3. 处理

(1) 检查安全连锁盘电源是否失去或连锁钥匙开关是否到位。

(2) 带电场运行情况下，检查高压隔离开关位置是否到位，阻尼电阻是否断开。

(3) 通知检修处理。

(4) 上述故障修复后确认并复位后方能进行操作。

三、烟气脱硫系统

(一) FGD进口粉尘浓度过高

1. 现象

(1) 低低温静电除尘器故障。

(2) FGD进口烟尘浓度超过50mg/m^3，甚至超过100mg/m^3。

(3) 脱硫效率下降。

(4) 吸收塔浆液进入盲区。

2. 原因

(1) 低低温静电除尘器母线失电或电除尘器电场失电。

(2) 低低温静电除尘器高频电源故障。

3. 处理

(1) FGD投用期间低低温静电除尘器电场无故不得撤出运行，并严格控制低低温静电除尘器出口粉尘浓度不超过30mg/m^3，并尽量适当低，否则应及时检查低低温静电除尘器运行工况。

(2) 确认低低温静电除尘器运行情况，及时调整整流变电场运行参数和振打周期等。

(3) 查明原因后，尽快投运电场。

(4) 如低低温静电除尘器出口粉尘浓度大于100mg/m^3，吸收塔应及时加强浆液外排。

(5) 低低温静电除尘器电场均跳闸，则应立即汇报并立即降负荷直至停炉，撤FGD运行。

(6) 一个通道的电场全停甚至更严重的情况，除立即汇报外，应立即降负荷至低低温静电除尘器出口烟尘平均浓度小于300mg/m^3，如具备条件，应在20min内通过母联开关带负荷方式，实现每通道至少两排电场的投运，同时适当降低各电场的参数，以防除尘变压器过载。条件不具备而短时无法恢复，则应考虑停同侧送引风机，关闭该侧通道挡板，仍无法维持应继续降负荷。

(7) 低低温静电除尘器有且只有一个通道有三个电场停运，则相对好于上述情况，此时应注意观察低低温静电除尘器出口烟尘浓度变化情况，一般在电场刚停运或跳闸时烟尘浓度会较高，可以暂时维持运行，烟尘浓度显示准确，且连续 2h 总烟尘浓度超过 200mg/m³时，应密切注意脱硫效率和致盲情况，并采用下述 8) 的处理方法。

(8) 针对上述情况，短时的石膏浆液大量进灰期间，应立即停止石膏浆液外排至石膏浆液箱或真空皮带机，应立即切换该吸收塔浆液外排至事故浆液箱，事后再进行逐渐分批回用，并应尽量分批回用到一台吸收塔，并根据电场恢复情况和脱硫效率、有无盲区等情况，试行切回正常运行模式。

(9) 一个通道两个电场停运，或横向各一个电场停运，或者两个通道内各两个电场停运，此时应注意观察低低温静电除尘器出口烟尘浓度变化情况，一般在电场刚停运或跳闸时烟尘浓度会较高，可以暂时维持运行，同时注意尽早恢复电场运行并注意脱硫效率情况和有无盲区出现。

(10) 因粉尘较大而出现脱硫盲区情况，参照盲区应急措施中的置换方法进行处理。

(11) 吸收塔容许烟尘总量按照机组满负荷、平均烟尘浓度 300mg/m³ 连续 6h 控制，否则及时降负荷，直至申请停炉。

(二) 脱硫工艺水中断

1. 现象

(1) 脱硫工艺水泵故障报警。

(2) 真空皮带机运行跳闸。

(3) 吸收塔再循环泵减速箱温度高。

2. 原因

(1) 脱硫工艺水泵过流保护动作。

(2) 脱硫工艺水泵电气开关故障。

(3) 脱硫工艺水母管管路破裂。

(4) 脱硫工艺水箱水位计故障。

(5) 其他保护动作。

3. 处理

(1) 立即开启备用脱硫工艺水泵，并查明跳闸原因。

(2) 正常运行期间应注意观察工艺水补水阀开关时，流量变化是否符合开度变化，及时了解化学脱硫工业水泵和脱硫工艺水泵以及工业水运行情况。

(3) 正常运行期间维持工艺水箱在正常范围内，提前做好补水工作，遇无法补水必须及时采取措施，联系开启工业水补水。

(4) 平时注意做好化学脱硫工业水泵和脱硫工艺水泵以及除雾器冲洗水泵的维护保养和定期切换工作，及时发现问题及时处理。

(5) 脱硫工艺水正常补水应遵循小流量连续补水方式为宜，以免突然出现大流量而引起水泵过载跳闸；同属一个工艺水系统的各机组之间应调配好工艺水用水量，以免出现抢水现象。

(6) 如脱硫工艺水箱补水阀或补水隔离阀因卡涩无法开启，应立即汇报联系检修设法开启或拆除阀芯，如无法实现，应立即汇报值长要求临时增接消防水管或工业水路引入工艺水箱，并根据实际需求量增减临时补水管数量。

(7) 无法维持工艺水箱水位且无补水源且已至低限时，必须及时逐级汇报，宜申请撤出脱硫系统，并先停运需要轴封的设备，并逐渐停运需冷却的设备。

(8) 根据现场，对于有后备水源的，比如工业水，应及时切换到后备水源运行。

(三) 真空皮带机运行跳闸

1. 现象

(1) 真空皮带机跳闸报警。

(2) 真空皮带机就地停运。

2. 原因

(1) 真空皮带机保护动作。

(2) 电源失去。

3. 处理

(1) 确认电源送上，且应投用正常。

(2) 确认石膏浆液泵已停运，浆液疏放门已打开。

(3) 查找故障原因，故障点排除后，启动真空泵。

(4) 启动真空皮带机，慢速运行清理皮带机上的石膏。

(5) 冲洗石膏浆液泵，并冲洗滤布 20min。

(四) FGD 烟气温度不正常上升

1. 现象

(1) 增压风机进口烟温不正常上升，超过锅炉排烟温度。

(2) 吸收塔进口烟温偏高，甚至超过 160℃，或吸收塔出口烟温高。

(3) 脱硫烟气喷淋水阀或事故减温水阀，或一级除雾器下表面冲洗自动开启投用。

(4) 吸收塔液位升高。

2. 原因

(1) 锅炉排烟温度升高。

(2) FGD 烟道中发生二次燃烧。

(3) 低低温静电除尘器电场中发生二次燃烧。

(4) 吸收塔进口脱硫烟气喷淋水管路或其喷嘴堵塞。

3. 处理

(1) 及时联系集控，确认 FGD 烟温应正常，否则报修处理。

(2) 吸收塔进口烟温不小于 150℃，脱硫烟气喷淋水阀应及时手动开启投入，当条件不满足时，脱硫烟气喷淋水阀应及时手动关闭。

(3) 吸收塔进口喷淋后烟温超温，且脱硫工艺水泵全停或脱硫烟气喷淋水阀故障时应及时开启消防水脱硫事故减温水阀。

(4) 投入一级除雾器下表面所有冲洗，并控制液位，水位较高应及时排放至事故浆液箱或石膏脱水真空皮带机。

(5) 必须采取措施尽量避免吸收塔出口烟温高引起锅炉 MFT。

（五）除雾器差压高

1. 现象

（1）差压大于75Pa并报警。

（2）吸收塔出口烟气湿度增大。

2. 原因

（1）除雾器冲洗情况不好，导致除雾器积垢。

（2）压力测量不准。

3. 处理

（1）检查除雾器冲洗情况，加强冲洗。确认冲洗水压力，清理冲洗水滤网。

（2）检查除雾器前后压力值显示正常，通知检修冲洗压力变送器取样管。

（3）检查吸收塔浆液浓度及液位是否正常。

（六）CEMS系统异常

1. 现象

（1）CEMS数据异常，与正常运行参数偏差较大。

（2）CEMS故障报警。

2. 原因

（1）CEMS故障。

（2）CEMS反吹扫装置故障。

（3）CEMS就地设备失电。

3. 处理

（1）检查CEMS设备运行情况，查找故障原因，通知检修处理。

（2）吸收塔石灰石供浆切至手动控制。

（3）通知集控，汇报上级。

（七）pH计显示异常

1. 现象

（1）两个pH值偏差大于0.2，或与实测值偏差大。

（2）某个pH计的测量值为坏值。

2. 原因

（1）pH计故障。

（2）pH计取样问题。

3. 处理

（1）当发现pH计显示异常时，应及时通知检修标定。

（2）发现pH值偏差过大时，对pH计进行冲洗和就地标定，手动选择与就地手测一致，pH实测与化学试验标定结果偏差±0.1，应及时联系检修处理。

（3）若两个pH计都故障，通知检修处理，人工每15min化验一次吸收塔浆液pH值，并根据脱硫率变化情况和实际的pH值、理论供浆量来控制石灰石浆液的加入量。

（4）如8h内pH计不能修复投用，为防止浆液pH值异常导致设备的损坏，应逐级汇报，宜申请撤出FGD运行和停炉。

（八）浆液密度测量仪故障

1. 现象

(1) 浆液密度值与吸收塔液位同步波动。

(2) 密度值大大超出正常范围。

2. 原因

(1) 浆液密度计故障。

(2) 浆液密度计取样问题。

3. 处理

(1) 对密度计使用工艺水冲洗，并通知检修处理。

(2) 吸收塔浆液外排浓度控制范围适当缩小。

(3) 吸收塔浆液密度计故障，浆液密度每班二次进行测量，必要时增加测量次数。

(4) 石灰石浆液密度计故障，石灰石制浆密度控制切至其他机组密度计控制。

(5) 注意吸收塔液位的控制，并根据测量的密度进行实际液位的换算。

四、湿式静电除尘器水系统

（一）湿式静电除尘器工艺水箱水位低

1. 现象

(1) 水位显示低。

(2) 补水阀开启。

(3) 工艺水泵跳闸。

2. 原因

(1) 测点异常或堵塞。

(2) 用户过多或外漏。

(3) 有阀门长期开启或内漏。

(4) 补水阀故障或未能开启。

(5) 脱硫工艺水补水母管故障或脱硫工艺水箱水位低引起抢水。

3. 处理

(1) 检查和疏通测点。

(2) 检查是否有多用户使用或出现外漏。

(3) 检查相关阀门状态是否正常。

(4) 检查补水阀是否故障或拒动。

(5) 恢复脱硫工艺水补水母管来水或采用备用水源补水。

（二）水泵故障或跳闸

1. 现象

(1) 水泵跳闸或电流小。

(2) 出口压力低或流量显示小。

(3) 泵进口侧水箱水位高或溢流。

2. 原因

(1) 测点异常或堵塞引起连锁保护误动作。

(2) 用户过多或外漏引起超电流过载。

(3) 进口阀误关或进口堵塞以及进口汽蚀、进入气体引起电流大幅波动。

(4) 固态物含量过高引起过载。

(5) 继电保护定值整定错误。

(6) 出口侧堵塞或无法流通引起保护动作。

(7) 进口侧水箱水位低引起连锁保护。

3. 处理

(1) 检查和疏通测点。

(2) 检查是否有多用户使用或出现外漏。

(3) 检查相关阀门状态是否正常。

(4) 检查进口是否含固量过高，进行进出口管路冲洗或稀释。

(5) 联系检查继电保护定值。

(6) 恢复水源水位。

(三) 喷淋水流量低

1. 现象

(1) 喷淋流量显示低。

(2) 泵出口压力偏高或喷淋母管压力高。

(3) 相关水箱液位高或补水量小。

(4) 烟囱入口烟尘浓度略偏高。

2. 原因

(1) 测点异常或堵塞引起误显示。

(2) 局部区域喷淋喷嘴或母管堵塞或不畅，或玻璃鳞片脱落引起。

(3) 喷淋阀门误关或未能开启。

(4) 固态物含量过高引起局部管道堵塞或自清洗过滤器堵塞。

(5) 吸收塔出口石膏携带过量使回水含固量增加。

(6) 循环水箱含固量过大未能及时发现或检测出。

(7) 泵本身出力不足或堵塞。

3. 处理

(1) 检查和疏通测点。

(2) 通过测温和喷淋母管压力检查等手段检查是否有管路堵塞。

(3) 检查相关阀门状态是否正常。

(4) 检查监测是否含固量过高，进行进出口管路冲洗或水箱补水稀释。

(5) 加强吸收塔除雾器冲洗并确认除雾器冲洗水箱水质合格。

(6) 切换水泵运行或冲洗疏通泵体后恢复运行。

(四) 循环水箱或喷淋回水箱 pH 值高或低

1. 现象

(1) pH 值显示高或低。

(2) 加碱泵频繁启停或长时间高速或低速运行。

(3) 加碱量明显增加或减少。

2. 原因

(1) 测点异常或脱离水面引起误显示。

(2) 喷淋喷嘴或母管堵塞或不畅引起总喷淋量减少使回水减少。

(3) 喷淋阀门误关或未能开启。

(4) 加碱泵管道和阀门局部堵塞或加碱泵调速异常。

(5) 低低温静电除尘器或吸收塔运行异常引起回水含固量增加。

(6) 储碱罐液位异常。

(7) 含固量过大未能及时发现或检测出。

3. 处理

(1) 检查和联系清理测点。

(2) 通过测温和喷淋母管压力检查等手段检查是否有管路堵塞。

(3) 检查相关阀门状态是否正常。

(4) 检查监测是否含固量过高，进行进出口管路冲洗或水箱补水稀释。

(5) 检查储碱罐液位计。

(6) 切换加碱泵运行。

五、SCR 系统

(一) 脱硝效率低

1. 原因

(1) 催化剂失效。

(2) 氨分布不均匀。

(3) NO_x/O_2 分析仪给出信号不正确。

(4) 出口 NO_x 设定值过高，入口 NO_x 值过高。

(5) 氨量不充足。

2. 处理

(1) 检查氨逃逸率、氨气供应压力、管道堵塞情况和各分配支管手动调节挡板开度、氨流量计及相关控制器。

(2) 调整出口 NO_x 设定值为正确值。

(3) 在氨逃逸率允许的前提下，适当增加喷氨量。

(4) 检测催化剂测试片，检验失效情况。

(5) 如各分配支管流量不均，重新调整。

(6) 检查氨喷射管道和喷嘴的堵塞情况。

(7) 检查 NO_x/O_2 分析仪是否校准过，烟气采样管是否堵塞或泄漏。

(二) 催化剂差压高

1. 原因

(1) 催化剂表面或孔内积灰。

(2) 烟气量过大。

2. 处理

(1) 检查烟气流量是否过大。

(2) 停炉后，用真空吸尘装置清理催化剂表面。

(3) 如取样管道堵，吹扫取样管，清除管内杂质。

(三) 锅炉侧氨气泄漏处理

1. 处理涉及范围

每台锅炉氨气隔离阀之后的氨气系统管路。氨气隔离阀之前的管路与邻机喷氨系统相连，出现泄漏时集控长应及时汇报值长并通知化学、检修对泄漏点进行确认，决定带压堵漏或系统隔离。

2. 处理措施

(1) 锅炉脱硝系统氨泄漏报警或就地发现有氨气泄漏时应立即向集控长汇报。

(2) 由集控长指派两人一同携带式漏氨检测仪到就地确认漏点位置，检查时应从上风位靠近泄漏区域，进入泄漏范围内必须穿戴全身防护用品。

(3) 当泄漏点在喷氨调节阀后时，撤出该侧喷氨调节自动并将其关闭，就地手动关闭氨气隔离阀，通知检修及时处理。

(4) 当泄漏点在氨气隔离阀和喷氨调节阀之间时，撤出该侧喷氨调节自动并保持其开度（注意氨气流量不能太大），就地手动关闭氨气隔离阀，通知检修及时处理。

(5) 就地手动关闭氨气隔离阀时应处于泄漏点的上风处，如果氨气隔离阀处于泄漏区域内，操作时应穿戴全身防护用品，使用铜质工具器进行隔离操作。

(四) SCR 反应器入口 NO_x 偏高

1. 原因

(1) CEMS 数据异常。

(2) 主燃区内氧量偏高。

(3) 制粉系统故障。

(4) 入炉煤种变化。

2. 处理

(1) 检查 CEMS 数据是否存在正常。

(2) 合理调整氧量，通过二次风挡板及 SOFA 风挡板的调整。

(3) 合理安排制粉系统运行方式。

(4) 调整入炉煤种，合理燃烧。

(五) 氨逃逸率上升

1. 原因

(1) 氨逃逸率检查仪表故障。

(2) 喷氨调节阀卡涩。

(3) 喷氨量大。

(4) SCR 反应器入口 NO_x 大。

(5) 催化剂活性下降。

(6) 流场分布不均。

2. 处理

(1) 检查氨逃逸率仪表工作是否正常。

(2) 检查喷氨调节阀是否动作正常。

(3) 检查喷氨量与负荷及SCR反应器入口NO_x是否成比例。

(4) 检查机组运行情况是否正常，合理调整SCR反应器入口NO_x。

(5) 机组检修时，检验催化剂活性。

(六) 脱硝稀释风总流量下降

1. 原因

(1) 风机进口滤网脏堵。

(2) 风机故障出力变小。

(3) 风机出口止回阀故障不能完全顶开造成节流。

(4) 风机出口至氨气/空气混合器管路上的手动隔离阀未开足或管路被异物堵塞。

(5) 稀释风流量测量失准。

(6) 进口风温度上升，空气密度变小。

(7) 各氨气稀释风至烟气喷嘴格栅脏堵。

2. 处理

(1) 检查风机入口滤网是否有堵塞现象，清理进口滤网。

(2) 检查稀释风机运行情况，电流、出口压力等数据是否正常。

(3) 检查流量测量是否正常。

(4) 检查管路是否畅通，阀门是否被误关。

第二节　燃煤机组超低排放系统主要运行异常事件案例分析

一、管式GGH烟气冷却器泄漏

(一) 现象

某年某月某炉管式GGH热媒水箱液位持续下降，隔离烟气冷却器A通道A1和A2管组后液位保持正常，对应低低温静电除尘器出现输灰困难。

(二) 分析原因

(1) 管式GGH吹灰器尾部自锁阀未全关到位或内漏，在其他吹灰器吹灰时有蒸汽漏进，使局部换热管道过吹损坏。

(2) 吹灰蒸汽疏水不够，携带水滴。

(3) 管式GGH的A1管组泄漏后，漏水滴落到A2管组，造成管壁SO_2溶解凝结而腐蚀泄漏。

(4) 管式GGH的A1管组泄漏后，漏水滴落多，管壁黏附飞灰形成灰垢，使A2、A3、A4管组出现积灰堵塞，增加烟道阻力，影响A通道烟气换热能力。

(5) 管道本身安装或质量问题。

(三) 对策措施

(1) 确认烟气冷却器吹灰器是否退出到位并自锁阀全关无泄漏。

(2) 确认烟气冷却器吹灰顺控及蒸汽吹扫参数正常，疏水充分、温度压力正常后方可继续进行吹灰。

(3) 检查吹灰蒸汽疏水情况正常。吹灰较长时间后疏水温度仍较低，须联系检查疏水管路和疏水阀通畅无堵塞，否则暂停吹灰。

(4) 巡检就地注意检查确认在吹灰过程中备用吹灰器应无蒸汽内漏进入。

(5) 加强热媒水补水箱液位监视，关注跟踪其液位动态变化情况，如补水频繁或异常应立即排查查漏。查漏时烟气冷却器优先。

(6) 烟气冷却器管组进水阀和出水阀全关隔离后，水压无法保持而热媒水箱液位能恢复正常，可确认该管组泄漏，隔离排空处理。

(7) 烟气冷却器泄漏或烟道内进水，联系检修同步检查对应低低温静电除尘器灰斗积灰情况，必要时提高低低温静电除尘器灰斗蒸汽加热温度。

(8) 烟气冷却器出口烟温同比其他烟道偏高或较正常偏高时，及时检查调整。若烟温缓慢上升，可调节增大通道进水热媒水流量；若因升负荷过快，管组可能会因为积气影响换热，此时就需就地手动排气恢复烟温正常。

(9) 烟气冷却器差压过高，注意结合换热能力下降情况，通道可能积灰堵塞，需及时进行测点准确确认和管束查漏。

(四) 检修处理

停炉后内部隔离检修，该炉烟气冷却器检查发现两处漏点：烟气冷却器 A1 漏点位置在管束二列，管子与肋片焊缝处有 3 道环向裂缝；烟气冷却器 A2 漏点在管束一列，管子与肋片焊缝处各有 1 道环向裂缝，烟气冷却器 A2 漏点处堵灰情况如图 7-1 所示。泄漏口沿肋片焊接处呈环向裂纹，主要原因是安装焊接工艺的设备缺陷。由于该炉烟气冷却器 A 通道运行中热媒水泄漏，导致底部 A4 模块全堵堵灰（见图 7-2），A1、A2 模块局部堵灰，较难彻底清理干净。堵灰部位处金属腐蚀严重，特别是 A4 模块，材料表面腐蚀剥落情况较严重。对泄漏的管束进行了外部旁路处理，经通水查漏密封良好。

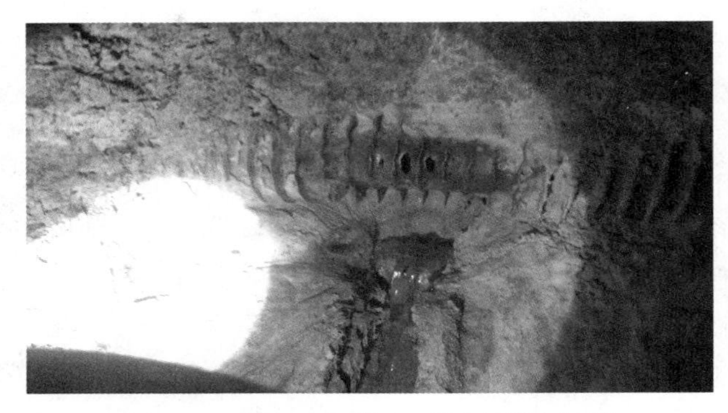

图 7-1 烟气冷却器 A2 漏点处堵灰情况

二、石膏饼氯离子浓度高

(一) 现象

超低排放改造后，石膏饼氯离子浓度持续偏高（大于 1000mg/kg），甚至超过 2000mg/kg，含水率超过 12%或更高，影响石膏品质及销售，并对真空皮带机滤布寿命产生影响。

图 7-2 烟气冷却器 A4 模块管束堵灰情况

（二）分析原因

(1) 石膏浆液密度影响：

1) 吸收塔浆液密度由 1110～1130kg/ m^3适当试验调整至 1120～1140kg/ m^3后，石膏饼含水率基本可降至 9.5%左右正常范围。

2) 吸收塔再循环泵和吸收塔搅拌器的电流平均分别增加约 2.1A，吸收塔浆液密度微调影响电耗较小。

(2) 脱硫氧化风机和湿式静电除尘器废水的运行方式调整对石膏含水率、氯离子浓度影响可忽略。

(3) 石膏旋流站进口压力影响石膏饼含水率较明显，进口压力 0.22MPa 同比提高至 0.26MPa 后，石膏含水率可降至 10%以下。

(4) 石膏饼冲洗水量影响：

1) 适当增大石膏饼冲洗水量，改善水流均匀性，能明显降低石膏饼氯离子含量，能控制石膏饼氯离子浓度在正常范围，甚至保持 100mg/kg 以下。

2) 石膏饼冲洗水来自脱硫工艺水，其用户众多，易出现抢水异常，造成石膏饼冲洗水不足、石膏饼氯离子浓度易过高。

3) 如真空皮带机滤布无较明显异常，石膏饼冲洗水适当增大时影响石膏含水率不是很明显，基本仍能保持 10%左右。

4) 系统运行水平衡总体需要细调优化控制好，避免出现顾此失彼情况。

（三）对策措施

(1) 石膏浆液密度控制：

1) 超低排放改造后湿式静电除尘器回水含固体颗粒较小，影响吸收塔浆液石膏结晶，提高密度可改善石膏晶体及其平均粒径，利于石膏脱水。密度过大易造成管路和喷嘴堵塞、磨损，以及石膏产品易断裂而影响销售。

2) 目前情况下，吸收塔浆液密度可保持 1120～1140kg/m^3范围，加强监视和检查。

(2) 石膏旋流子进口压力较高时便于分离，细小晶粒易除去，石膏饼相对脱水效果也较好。

(3) 保证石膏饼冲洗水量足够，进一步改进优化系统水平衡，增设石膏饼冲洗水的工业水备用接口，保证水源供给。

(4) 调整保持石膏饼冲洗水量均匀，冲洗水喷嘴易堵塞而使得出水量减少，滤布横向冲洗会漏冲不到位，需注意日常检查和维护。

（5）石膏饼氯离子含量过低、冲洗水量过大，易造成脱硫系统补水增加和携带氯根量较多，引起吸收塔外排次数和脱硫废水外排量增加，不利于节能和环保，须严格合理控制石膏饼氯离子。

（6）建全石膏饼品质台账，及时掌握、分析和调控好其氯离子浓度情况和含水率等主要指标。

三、管式 GGH 烟气冷却器阻力大

锅炉风烟系统阻力问题是超低排放改造机组都必须面对的主要问题。过高的阻力不仅直接造成锅炉风机负荷增大，影响经济性指标，而且更会增大锅炉尾部烟道烟气的体积流量，影响吸收塔内部托盘、除雾器等设备的可靠运行，影响各项环保污染物的脱除效果。可以说阻力问题的治理是需要从设计上、运行控制调整上、日常检修维护中都需要重视的大事。本段主要研究烟气冷却器区域阻力过大的原因，以及探讨相应改进措施。

（一）分析原因

（1）管式 GGH 烟气冷却器进出口存在渐扩和渐缩过程，使得烟气冷却器内烟气流速变缓，有利于换热。为均匀分布气流，在烟气冷却器进出口各设置了三块导流板，如图 7－3 所示，但进、出口导流板接近 60°，斜角过大，相当于风门挡板 66%开度，阻力相当大。

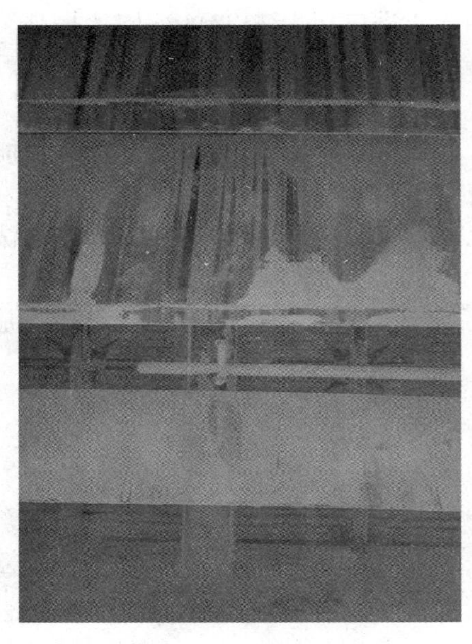

图 7－3　管式 GGH 烟气冷却器出口导流板

（2）烟气冷却器出口导流板过于下压低低温静电除尘器进口烟气流，造成低低温静电除尘器进口烟气分布不均，大部分烟气直接进入低低温静电除尘器下半区，使得除尘效能未能充分发挥，间接造成除尘电耗过大。

（3）超低排放改造机组，受场地空间限制，烟气冷却器区段烟道进出口渐扩和渐缩段过短，无法自然、合理过渡，造成阻力大。

（4）烟气冷却器产品质量非常关键。生产、运输和安装各阶段环节，管束管壁、焊口不能有管材缺陷、加工工艺、磕碰损伤和虚焊、脱焊等问题，以免发生热媒水泄漏，引起运行阻力增加，以及低低温静电除尘器电场灰斗结灰等异常。

（二）对策措施

（1）超低排放改造机组，应系统改进优化及其烟气冷却器区段设计，减少阻力。

（2）在烟气冷却器部件材料品质的基础上，尽量优先考虑采用顺列布置。

（3）优化烟气冷却器吹灰蒸汽汽源，单独专设一路锅炉本体吹灰汽源及其减温减压装置，减少空气预热器吹灰合用汽源影响。

（4）优化烟气冷却器吹灰周期，各通道吹灰全面均衡，兼顾经济性和可靠性，尽量减

少吹灰频次。

（5）注意烟气冷却器、烟气加热器和吸收塔等各主要区段阻力变化的检查，以及引分机、增压风机运行工况监视。

四、管式GGH烟气冷却器烟气热量分布不均

与设计工况不同，管式 GGH 烟气冷却器各通道烟温、风量并不均匀，甚至差别很大。仅通过两个烟气冷却器进水调节阀的调节并无法精确地将各个通道的烟气温度控制在正常区间，从而造成冷却器区域某些通道的烟温过高或过低情况，于设备可靠、经济运行均为不利。管式 GGH 烟气冷却器各通道烟气热量分布如图 7－4 所示。

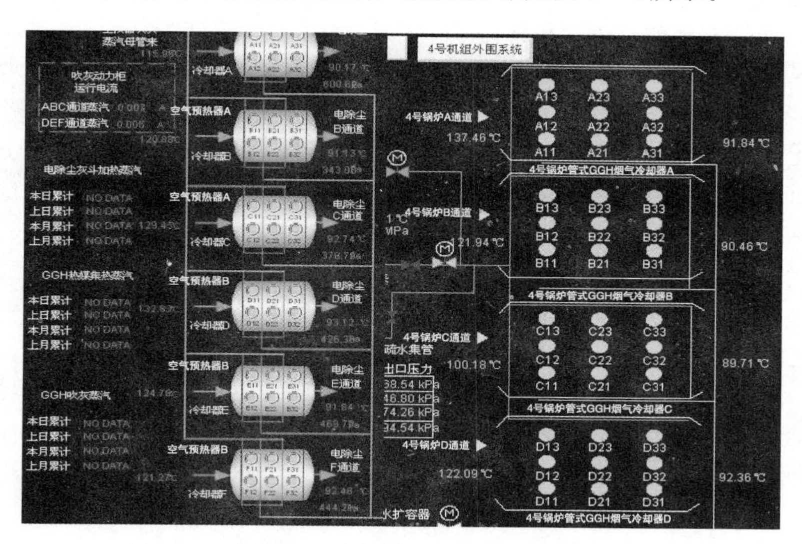

图 7－4　管式 GGH 烟气冷却器各通道烟气热量分布

（一）原因分析

（1）风烟系统结构布置不同，各通道烟气流量同样会有差异，而烟气冷却器进口无流量检测装置，较难做出调整。一般低低温静电除尘器最外两侧通道沿程散热量大，风烟系统阻力大，烟气整体热量自然就小。

（2）因空气预热器旋转方向和本身烟气流场、烟温特性，致使烟气冷却器进口的烟温偏差较大。

（3）烟气冷却器各通道没有可按各自实际温度进行一一对应调节的备用设计手段或措施。

1）部分通道由于烟气热量不足而使得出口烟温过低，甚至低温结露腐蚀。调节关小通道进水流量，造成该通道烟道阻力仍存在但没有充分发挥效能，与其他烟气冷却器相比无谓地增加了烟道阻力。

2）部分通道因进口烟温高而换热面积限制，造成出口烟温过高，无法降至酸露点以下，也就失去去除 SO_3 和提高除尘效率的效用，但是增大了烟气的体积流量。

（二）对策措施

（1）优化锅炉风烟系统气流布置，改进均布装置，改善流量均匀性；热量不均可增加

混合缓冲空间或者优化空气预热器热量分配。

(2) 为防止烟气冷却器出口烟温过低，可临时通过调整各通道热媒水流量实现各通道低低温静电除尘器进口烟温基本一致。

(3) 如烟气冷却器安装在低低温静电除尘器进口，需考虑进口烟温偏差，设计建模时需统盘考虑空气预热器在内，对各通道不同烟温进行不同的换热面积或尺寸设计。

(4) 对于多通道烟气冷却器，应根据空气预热器旋转方向和实际运行温偏差情况进行外侧和内侧烟气冷却器换热面积的调整。

(5) 对于各通道已经安装相同尺寸的烟气冷却器，可考虑在空气预热器出口增设可调整角度的导流板，以让各通道的烟气热量均衡，使得各通道烟气冷却器的换热效能和降温幅值一致，以便最大效能发挥作用。

(6) 若采用电动驱动的导流板，还可以实现在变负荷情况下，各个通道烟气热量的动态分配，适当减少风烟系统的阻力。

(7) 若受烟气冷却器换热面积限制，其出口烟气温度无法降至酸露点一下，可考虑进口另增换热面预热锅炉给水等，并增设加热给水旁路，可以在不同工况下实现烟温自动调节功能，进一步节能减排。

五、管式GGH烟气冷却器进水温度和烟囱出口烟温异常偏低

(一) 现象

管式GGH烟气冷却器进水温度68℃、烟囱出口烟温69℃，管式GGH蒸汽加热器调阀全开，检查蒸汽加热器各阀门开关正常，就地测温枪检查温度正常。

(二) 原因分析

管式GGH蒸汽加热器运行工况见表7-1。

表7-1　管式GGH蒸汽加热器运行工况

项目	参数				
时间	18：29	19：00	19：49	20：27	21：01
机组负荷（MW）	956	942	939	935	919
烟气冷却器进水温度（℃）	72.3	71.9	68.7	68.1	68.7
烟气加热器出口烟温（℃）	73.2	72.9	69.4	68.7	68.7
加热蒸汽调节阀开度（%）	0	0	16	57	100
热媒水加热蒸汽压力（MPa）	0.714	0.729	0.714	0.720	0.702

(1) 汽侧异常：首先检查管式GGH热媒水加热蒸汽压力、温度正常，其次通过测温枪就地测各阀门前后位置处温度。汽侧最有可能发生故障的部位为阀门存在问题，如管式GGH加热蒸汽总阀和调节阀、旁路隔离阀的阀芯可能松脱等。

(2) 疏水侧异常：管式GGH热媒水蒸汽加热器的疏水出口排至锅炉疏水扩容器，由于锅炉疏水扩容器零米层高位布置，位置高于管式GGH热媒水蒸汽加热器，管式GGH热媒水蒸汽加热器有水击现象，其疏水较困难，水阻较大，需要注意对疏水温度和疏水通畅情况的检查。当系统出现加热效果差时：

1）可先调节开大管式GGH加热蒸汽调节阀，观察热媒水加热效果。

2）若无效果，关管式GGH加热蒸汽调节阀，开加热蒸汽旁路阀，观察压力，若有变化，则说明管式GGH加热蒸汽总阀或调节阀或前后隔离阀有问题。

3）若无效果，可以开管式GGH热媒水蒸汽加热器疏水旁路阀，若压力有变化，则为疏水不畅。

4）若压力还没有变化，需要检查加热蒸汽疏水管路是否通畅。

由表7-1数据变化可知，加热蒸汽调节阀开度从0%调到100%，管式GGH热媒水加热蒸汽压力基本未变化，正常时应该变化很明显，说明这一管路蒸汽流动性差。首先检查汽侧各阀门开关及反馈正常，就地测温枪检查均无异常，然后疏水旁路阀微开两圈左右，发现有加热效果。

（三）对策措施

（1）管式GGH蒸汽加热器疏水不畅都有一个过程，注意监视、检查还是能及时发现的。

（2）设计调整管式GGH热媒水蒸汽加热器安装位置高于锅炉疏水扩容器，保证加热蒸汽疏水正常。

（3）根据环境温度不同，需投用辅助蒸汽加热热媒水的临界工况也不同，要及时总结不同负荷和烟气冷却器进口烟温情况下的蒸汽调阀开度经验，有利于运行分析判断。

（4）管式GGH蒸汽加热器优化为立式布置，更利于蒸汽加热器内气液分离面的稳定，有助于换热和疏水。

六、吸收塔浆液氯根浓度高

（一）现象

石灰石-石膏全湿法脱硫吸收塔氯根浓度正常控制在11 000～12 000mg/L，当其氯根浓度偏高大于12 000mg/L时，吸收塔浆液和废水需及时外排；如氯根浓度超过15 000mg/L时，需加强外排；如氯根浓度超过18 000mg/L时，则应外排至脱硫事故浆液箱并稀释后回用。

（二）原因分析

（1）吸收塔浆液氯根浓度与燃烧煤种氯化物含量、环境温度、机组负荷、煤种硫分等因素有关。环境温度低，烟囱冷凝量增加，携带回收氯根量增加。机组负荷高烟气流速高，携带走也多。煤种硫分高，石膏浆液氯根浓缩快，外排量增加，携带量增加。

（2）石膏旋流站运行影响。石膏旋流站各部管道及其滤网等处易堵塞而造成脱硫废水外排量减少。旋流子运行时间长后沉砂嘴易磨损，旋流分离效果变差。

（3）脱硫废水旋流站影响。脱硫废水旋流站各部管道及其滤网等处易堵塞，废水供给泵出力不足等，均造成废水供给箱废水难外排，会溢流经过吸收塔区域浆池回到吸收塔，影响外排效果。

（4）吸收塔密度计失准造成外排不及时。

（5）湿式静电除尘器废水量大。高负荷情况下湿式静电除尘器后段阳极板冲洗时间较长，进入湿式静电除尘器水系统量较多，一部分通过湿式静电除尘器喷淋回水箱排污到预澄清器再回吸收塔，另一部分是经湿式静电除尘器喷淋回水箱和循环水箱溢流至湿式静电除尘器区域浆池再回到吸收塔区域浆池。在湿式静电除尘器循环水箱水质和湿式静电除尘器出口烟尘符合要求的前提下，应适当控制和减少湿式静电除尘器后段阳极板喷淋时间，调整湿式静电除尘器废水排污量，减少进入吸收塔的湿式静电除尘器废水量。

（三）对策措施

（1）为及时监视和统计脱硫废水排放量，宜安装脱硫废水流量计，加强检查维护，保证废水进出排放通畅。

（2）设计优化脱硫废水泵或供给泵出力，增加电流监视，避免脱硫废水供给箱出现溢流。

（3）石膏旋流站出口溢流切换装置回吸收塔的管路处考虑加装节流可调装置，在吸收塔氯根浓度较高时，使石膏旋流站溢流尽量排到废水旋流站供给箱。

（4）及时调整石膏旋流子运行数量至合适压力，保证旋流站溢流水至废水供给箱水量正常。

（5）两台锅炉吸收塔尽量不要同时外排，交替运行。

七、湿式静电除尘器高频电源阻尼电阻烧损

（一）现象

湿式静电除尘器高频电源运行跳闸，隔离内部检修，发现高频电源出口阻尼电阻烧断。

（二）原因分析

（1）阻尼电阻本身质量不好。

（2）阻尼电阻电流过大，电阻功率不够。

（3）电压过高，电阻耐压不够，电阻被击穿。

（4）阻尼电阻运行过程中湿烟气腐蚀，易烧损。

经现场及其环境等方面检查，可以排除阻尼电阻质量、功率和耐压等原因，分析怀疑可能是阻尼电阻腐蚀受损。高频电源为防止高压绝缘子结露，专门设置了绝缘子加热器，另外增加了密封空气，但湿式静电除尘器绝缘子密封风机进口滤网易堵，绝缘子室压力易低于湿式静电除尘器本体内部压力，湿烟气有可能倒漏串入造成腐蚀，造成阻尼电阻烧损。

（三）对策措施

（1）湿式静电除尘器投运前2h宜先投运其绝缘子密封风机。

（2）系统正常运行时保持湿式静电除尘器绝缘子密封风机连续运行。

（3）湿式静电除尘器绝缘子密封风机入口风压保持正常，巡检注意检查密封风机进口滤网通畅无异物堵塞，密封效果良好。

（4）阻尼电阻的作用可减弱谐振电流，正常运行会发热，现场安装空间位置要符合规范要求。

八、湿式静电除尘器喷淋回水箱和循环水箱pH值低

（一）现象

进入湿式静电除尘器喷淋回水箱的废水pH值为2～5，湿式静电除尘器喷淋回水箱和

循环水箱正常 pH 值运行调节在 5～6 之间，但实际异常时易小于 5 甚至更低。

（二）原因分析

（1）表计异常：

1）湿式静电除尘器喷淋回水箱或循环水箱液位计异常，造成误判：如喷淋回水量减少但液位未变化，pH 测点异常或脱离水体引起误显示等。

2）储碱罐液位异常，造成加碱泵无法启动，加碱泵允许启动未达到或液位过低保护跳加碱泵。

（2）系统加碱或回水异常：

1）喷淋喷嘴或母管堵塞不畅或喷淋阀未开引起总喷淋量减少，使回水减少。

2）加碱泵管道或阀门局部堵塞，或系统内进空气造成加碱不畅。

3）加碱泵出力、调速异常。

（3）含固量增加。低低温静电除尘器或吸收塔运行异常，若投油燃烧将引起回水含固量增加。

（三）对策措施

（1）检查储碱罐和水箱液位正常，pH 表计读数就地与远方指示一致。发现程控 pH 表计迟滞或失准，要加强就地应急监测。

（2）调整湿式静电除尘器喷淋系统运行方式，观察喷淋回水箱或循环水箱液位变化正常，排除喷淋喷嘴、管路堵塞或不畅引起总喷淋量减少的原因。

（3）检查加碱泵进出口阀开启，出口疏放阀关闭，安全阀无误动，出口压力正常。

（4）检查监测含固量指标应正常，必要时可进行管路冲洗或水箱补水稀释。

（5）湿式静电除尘器喷淋回水箱和循环水箱 pH 值保证不低于 4，否则运行按紧急调控处理，适当加大补水量和排污量，暂停各湿式静电除尘器高频电源和喷淋装置，以免设备腐蚀，做好循环水箱疏放及其工艺水补水稀释，尽快查清原因，排除故障恢复系统运行。

（6）加碱过量或 pH 值上升至 8，也应及时停运各高频电源和喷淋装置，以免引起喷口堵塞和结垢。因吸收塔浆液需要临时提升 pH 值而采用湿式静电除尘器循环水箱加大加碱量时，也必须控制 pH 值不高于 7。

九、管式 GGH 热媒水水质影响

（一）现象

热媒水水质控制指标不符合表 7－2 的要求。

表 7－2 热媒水水质控制标准

项目	二甲基酮肟（DMKO）浓度（ppm）	pH 值（25℃）	备注
正常运行时	40～75	9.2～9.6	含短期停运
长期停运时	200～300	10～10.5	

（二）原因分析

（1）热媒补水箱低位布置时压力不足。高位布置的烟气加热器管束内水量难充满，水位波动时漏入空气，热媒水溶氧增大易腐蚀。

(2) 高位布置的热媒水箱直接排空大气。热媒水系统水位波动空气也易漏入热媒水。

(3) 热媒水补给水中含氧量大。热媒水补水箱液位下降时需补水，如补充中含氧量偏高，同样会增加溶氧。

(4) 管材和施工质量不好。因安装、工期等因素情况，直接影响热媒水运行水质。

(5) 加药因素。热媒水加药保养的除氧剂和 NaOH 等药剂剂量浓度不符合规范要求。

(三) 对策措施

(1) 优化完善操作员画面报警功能。热媒补水箱补水阀自动开关过频，需及时报警提示操作员调整，做好就地查漏工作，尽量减少热媒水补水和液位波动。

(2) 做好热媒水箱充氮补压工作。充氮不仅能够密封热媒水防止与空气接触，也能够控制整个热媒水系统各处压力情况，防止出现汽化和超压。

(3) 检查热媒水补水箱手动排空阀、压力变送器、安全阀等无泄漏，压力设定正常。

(4) 优化热媒水补水水源。宜由凝结水输送泵出口除盐水改为凝结水泵出口的除氧水，在系统补水时可保证系统水系统含氧量正常，减少系统管材腐蚀。

(5) 热媒水水质超标严重时，适当进行置换，及时添加药品保持一定浓度。

(6) 严格管控好管材质量，优化施工工艺，减少施工杂质残留，进行必要的酸洗钝化工作。

(7) 为稳定热媒水系统各处压力，热媒水补水箱宜高位布置，其补水疏水和补氮排气采用自动控制。

十、机组超低改造后喷氨与空气预热器 A 差压分析

(一) 超低改造后喷氨情况分析

统计超低排放改造前后相近工况月份数据，见表 7-3。

表 7-3　超低排放改造前后喷氨情况

时间	负荷率 (%)	A 侧效率 (%)	A 侧浓度 (mg/m^3)	B 侧效率 (%)	B 侧浓度 (mg/m^3)	耗氨量 (t)	烟囱 NO_x (mg/m^3)
2014 年 4 月	77.39	65.88	66.55	71.20	69.22	80.96	69.84
2014 年 5 月	76.43	64.44	67.87	71.28	68.3	82	70.66
超低排放改造后							
2015 年 1 月	76.02	84.05	38.27	85.18	39.27	47.5/51.4	28.82
2015 年 2 月	73.98	81.40	49.80	79.25	44.70	42.8/46.4	29.60

对比 2014 年 5 月与 2015 年 1 月（机组运行 744h，负荷率在 76%），从氨耗量与烟囱 NO_x 排放对应关系看，按平均原烟气 NO_x 浓度 $280mg/m^3$ 计算，改造前月脱除氮氧化物为 $(280-70)\times1499.27k=314.85k$t，改造后需要脱除氮氧化物为 $(280-30)\times1442.47k'=360.62k'$t（说明：$k$、$k'$ 为烟囱测得的烟气流量折算到 SCR 处烟气流量，考虑到检修后空气预热器漏风量减少、烟囱内排烟温度由 50℃ 提高 70℃ 造成的水蒸汽体积增加，所以 $k'<k<1$；70 为超低排放改造前烟囱 NO_x 均值，30 为超低排放改造后烟囱 NO_x 均值)，由此可以得到超低排放改造后每吨氨脱除的 NO_x 降低了，即改造后脱除同样的 NO_x 需要更多的氨量。

（二）空气预热器A差压变化分析

（1）机组检修前空气预热器差压基本在0.4～0.9kPa，机组启动后空气预热器A差压上升较快，空气预热器B差压基本保持在正常水平。空气预热器A差压启动以来到2月底的变化大致有如下几个阶段：

1）机组启动到1月初，空气预热器A差压在0.35～1.0kPa之间。

2）1月初到2月初，空气预热器A差压在0.4～1.1kPa之间。

3）2月上旬，空气预热器A差压的低点由0.45kPa快速升高到0.6kPa，而高点则由1.1kPa快速升高到1.4kPa。

4）2月中旬开始，空气预热器A差压再次趋于稳定，低点在0.6kPa，而高点则在1.4kPa，且有小幅回落的趋势。

（2）机组不同负荷下空气预热器A烟气差压的变化。机组满负荷时空气预热器A烟气差压见表7-4。

表7-4　　机组满负荷时空气预热器A烟气差压

时间	工况	空气预热器A烟气差压
12月13日至16日	72h 660MW负荷连续试运	约0.9kPa
12月底至1月初	660MW机组性能试验	约1.1kPa
1月底	660MW工况	接近1.3kPa
春节期间	660MW工况	＞1.54kPa（受上限限制）
3月初	喷氨优化660MW工况	接近1.7kPa

可以看到660MW工况下，约20天空气预热器A烟气差压升高0.2kPa。

机组500MW负荷时空气预热器A烟气差压如图7-5所示。

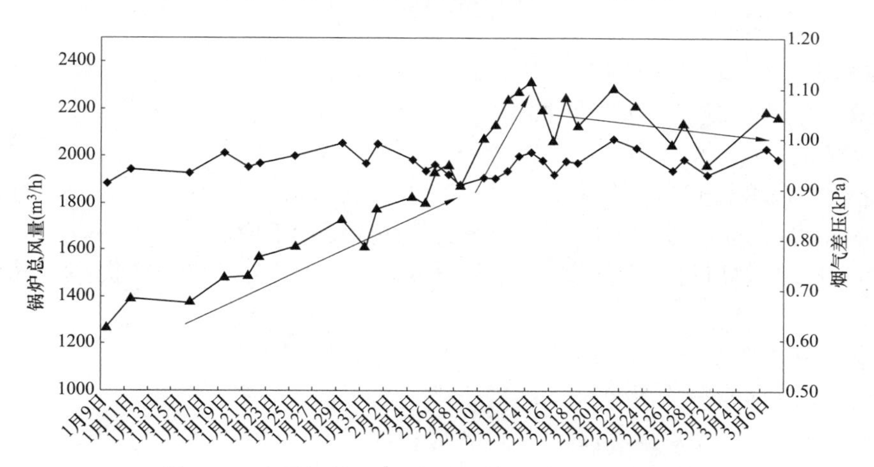

图7-5　4号锅炉500MW时空气预热器A烟气差压

◆锅炉总风；▲烟气差压

从1月中旬到2月上旬，空气预热器A烟气差压持续升高，由0.7kPa升高到0.95kPa左右，2月中旬4天时间，空气预热器A烟气差压快速升高到1.1kPa，2月14

日之后，通过采取控制措施，空气预热器 A 烟气差压上升趋势得到遏制，并略有回落。

（三）空气预热器 A 差压增大原因和解决措施

在脱硝烟道中，喷氨格栅后设置静态混合器，使氨气与烟气形成湍流，充分混合。再通过烟道转弯处的导流叶片，保证催化剂入口截面速度分布和 NH_3 摩尔浓度分布达到要求，如图 7-6。对比两台空气预热器差压情况，明显空气预热器 A 的积灰速度快，分析主要为 A 侧喷氨量增加较多，A 侧烟气截面上浓度分布与氨量分布存在严重局部不均，同时由于超低排放改造后整体 NO_x 浓度较低，造成氨量过多区域无法通过扩散，从周围得到足够 NO_x 来与氨进行反应，使得 SO_3 与 NH_3 形成铵盐，在空气预热器 A 冷端产生凝结，形成堵灰。

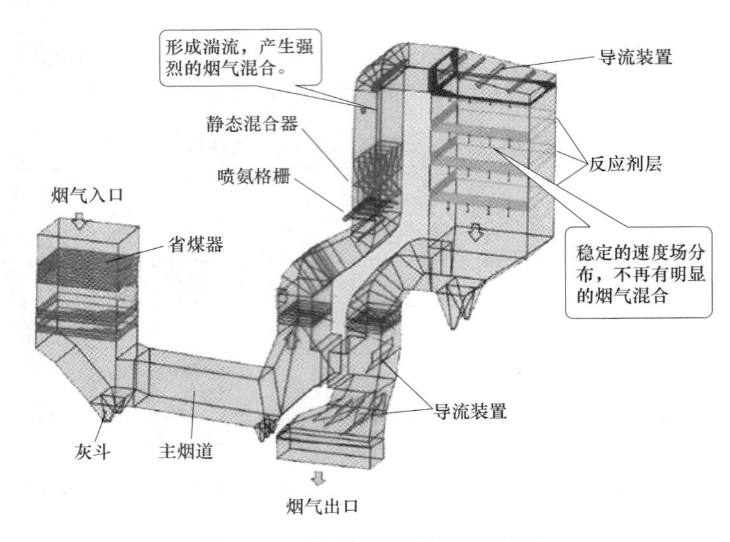

图 7-6　脱硝设备及烟道布置图

（1）为遏制空气预热器 A 烟气差压升高采取的措施：

1）提高空气预热器冷端吹灰器吹灰压力，每班除正常空气预热器吹灰外增加空气预热器 A 吹灰 2 遍。

2）为减少 A 侧喷氨量，在控制烟囱出口 NO_x 排放时均值小于 45mg/m^{3}时，尽量提高 A 侧反应器出口 NO_x 控制值，但需要保证 B 侧喷氨量不增加。

3）增大送风机热风再循环开度，控制二次风进口温度大于 20℃，提高空气预热器冷端温度。

4）本体吹灰按吹灰优化建议进行，减少吹灰量，提高排烟温度。

（2）解决空气预热器 A 堵塞问题的措施：

1）对锅炉燃烧进行调整，保证不同磨煤机组合时原烟气中 NO_x 浓度场分布变化不大。

2）对喷氨格栅进行细调，保证喷氨量与烟气中 NO_x 浓度场相对应。

3）优化喷氨自动控制，在保证达标排放后减少氨过喷量。

4）在机组检修时对空气预热器换热元件进行冲洗、检查。

十一、4号机组脱硝系统喷氨调节阀全开处理分析

（一）事件经过

4号机组负荷稳定在280MW，B侧喷氨调节阀故障报警，阀门自动指令0%，阀门反馈100%。喷氨流量由74kg/h突增至165.17kg/h（这个数值是流量计能显示的最大值，因此此时实际喷氨量还要大），过程如图7-7所示。

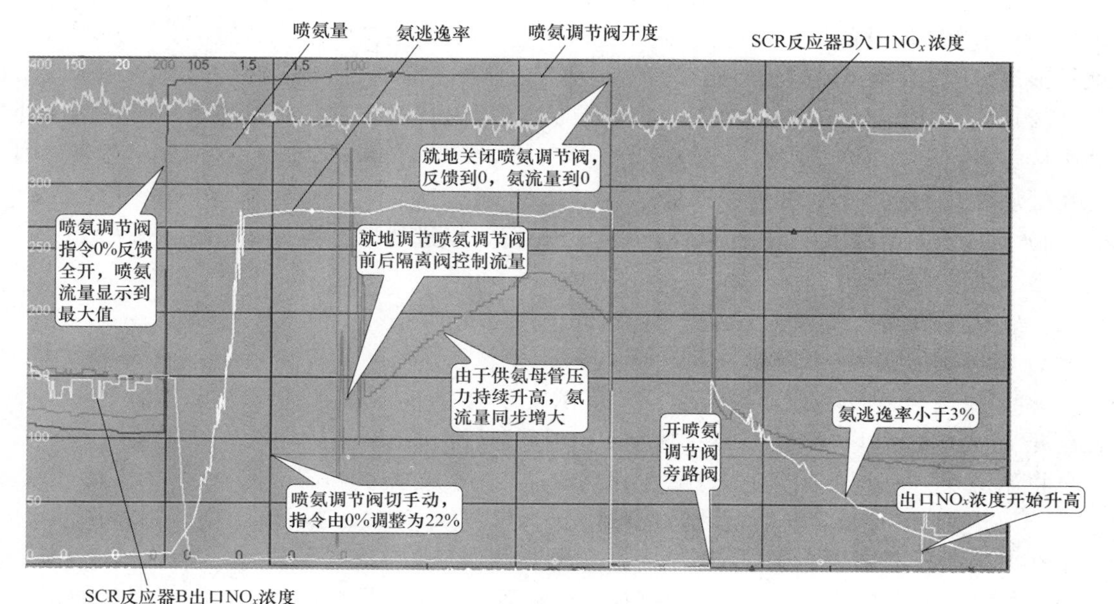

图7-7　4号锅炉脱硝系统喷氨调节阀全开过程

3:20 B侧SCR出口NO_x浓度降到0，氨逃逸率开始升高；

3:26 B侧SCR出口氨逃逸率达到14%，此后维持在这一水平；

3:30 B侧喷氨调节阀撤出自动，将调节阀指令由0%开至22%，阀门反馈及氨流量没有变化；

3:37 通过卡小B侧喷氨调节阀前后隔离阀，将喷氨流量控制到发生异常前流量为67kg/h；

4:11 检修到现场，就地将B侧喷氨调节阀关闭，氨流量到0；

4:23 B侧喷氨调节阀旁路开启，氨量为55～65kg/h；

4:39 B侧SCR出口氨逃逸率降到3%以下；

4:50 B侧SCR出口NO_x浓度开始上升；

5:20 调整B侧喷氨流量，氨量70～85kg/h，出口NO_x浓度在50～100mg/m^3。

注：过程中保持空气预热器连续吹灰。

（二）事件分析

3:20～4:49 B侧SCR出口NO_x浓度为0，3:21～4:39 B侧SCR出口氨逃逸率大于3%，通过对参数变化过程分析可认为测量正确，因此在约1.5h的过程中存在氨过量的问题，主要是初期氨量极大，可能使大量氨在催化剂处吸附，手动调节氨流量后由于仍提供了正常需要的氨量，因此对吸附的氨消耗缓慢，最终造成整个过程时间很长。

喷氨量显示增加了100kg/h，但实际上应该还要大，在故障前供氨母管压力在0.22～0.3MPa波动，喷氨阀全开后压力降到0.17MPa，手动关小调节阀前后隔离阀后压力升高到0.45MPa。

（三）应对措施

（1）作为环保设备是不能随意撤出，但如果影响安全还是应该果断撤出。其判断依据就是出口NO_x浓度，如果已经到0就说明已无法判断过量程度，需要立即设法停止喷氨。

（2）对过量喷氨的危害性要有足够的重视，要以最快的方式将氨量降下来。在此次处理中从氨量、出口NO_x浓度、氨逃逸率、烟囱排烟NO_x浓度一致反映B侧氨量过多，因此在处理时目标很明确，处理可以是：

1）发现喷氨量过大，出口NO_x浓度快速下降、氨逃逸率急剧升高，调节阀无效。

2）立即关闭喷氨快关阀。

3）令巡检就地将喷氨调节阀手动隔离阀关闭。

4）打开喷氨快关阀。

5）待氨逃逸率回落到正常，出口NO_x浓度开始增加，就地将喷氨调节阀旁路阀微开控制氨流量，将出口NO_x控制到100mg/m^{3}左右（由于止回阀控制流量线性度很差，因此可将流量计的一个隔离阀也关小，采用两级减压方式对流量调节更方便）。

（3）报警设置需要进一步优化，此次由于入口NO_x浓度已报警，造成调节阀故障时无法在大屏上报警，使得没有在第一时间发现B侧喷氨调节阀异常。

（4）为了使数据有可比性和便于核查，在画面上采用的是折算值，在折算时又加了一些判断条件，如氨逃逸率在折算到6%氧量时加了喷氨不投入时直接置0，因此造成喷氨调节阀关闭后喷氨流量到0，逻辑自动判断喷氨未投用，将氨逃逸率数值切至0，可能会给操作员造成误判。原始测量数值在画面上显示。

（5）氨过量后，生成化合物NH_4HSO_4和$(NH_4)_2SO_4$条件已完全具备，因此需要保持空气预热器连续吹灰，并持续到喷氨正常后2h左右，最大限度地减少后续影响。

十二、8号锅炉脱硝氨逃逸率过高分析

（一）事情经过

8号机组负荷900MW，总风量2946t/h，锅炉氧量3.4%，A侧脱硝效率85%，A侧脱硝反应器出口NO_x含量38mg/m^3，烟囱入口烟气NO_x含量39mg/m^3，A侧喷氨调节阀开度40%，喷氨流量145kg/h，A侧氨逃逸率3.4ppm，并保持在较高水平。发现氨逃逸率大于3ppm后，降低A侧脱硝浓度设定值，减少喷氨量以减小氨逃逸率。同时调整锅炉燃烧方式和燃烧器摆角降低NO_x的生成量以减少喷氨量。

（二）原因分析

氨逃逸率过高的可能原因有如下这些：脱硝效率设定不合理；脱硝反应器进出口NO_x分析仪不准确，造成喷氨量过大；喷氨调节阀故障或线性调节不好，跟踪不良；催化剂失效，造成部分氨气未与NO_x反应或反应不充分即流出反应器；氨逃逸率测量表计故障；进入夏季，反应区域温度变化影响化氨气与NO_x反应；反应器内部喷氨装置故障。

（1）8号锅炉脱硝浓度设定值为35mg/m³，A侧和B侧均是如此，并且按设计方案和运行结果来看，85%效率时，烟囱出口排放浓度为38mg/m³，完全可以达到并且符合环保要求。

（2）A脱硝反应器进口NO_x含量相比B侧进口确实低了约50mg/m³，进入两侧反应器的烟气品质应该相差不大，虽然A侧的喷氨稀释空气量要比B侧大900m³/h，但相对于锅炉的总风量来说还是微不足道的。

（3）A侧喷氨调节阀运行中并无明显的故障现象，虽然脱硝系统的喷氨隔离阀在低开度时调节性能较差，但A侧喷氨阀运行中基本保持在20%左右，避开了调节死区，跟踪情况应该满足运行需要。

（4）倘若催化剂失效，氨气和NO_x的反应只能进行极少的部分。A侧脱硝反应器中共有三层催化剂，其中一层是新增催化剂层，失效或者活性变差的可能性不大，并且从进出口NO_x含量分析仪来看，反应器中除去的NO_x还是很多的。

（5）检修对A侧氨逃逸监测仪表探头进行查看，就地表计显示仪表透光率满足监测要求，对发射端、接收端探头拆卸检查，镜面干净无脏物，满足实时监测工作条件。判定结果：就地氨逃逸实时监测仪表工作正常，显示偏高的氨逃逸值属仪表监测真实值。

（6）A侧氨逃逸率超标是最近几天才开始发生的，而且每天中午12时至14时是氨逃逸率超标的高发期，因此温度的变化可能有部分影响。

（7）反应器内部喷氨装置的工作好坏有待于机务检修的验证。

（三）结论

造成氨逃逸率过高的直接原因还是喷氨量过大。由于烟气量的不平衡，8号锅炉脱硝系统A侧喷氨量一直比B侧大，造成A侧的氨逃逸率也比B侧高。当然喷氨调节阀的跟踪也不够理想，调节较为缓慢，一旦反应器进口NO_x含量突然减少，喷氨调节阀并不会及时关小，势必造成下一时刻的氨逃逸率超标。运行当中还是要从源头上解决这个问题，通过合理的配置磨组燃烧方式和各辅助风门开度来减少NO_x的生成量，既环保又经济。当然，脱硝系统的运行状态也要实时监视，发现异常及时汇报调整。

十三、4号机组湿式静电除尘器DCS与湿式静电除尘器高频电源通信异常事件处理

1．事件经过

2015年1月14日，4号机组超低排放完成湿式静电除尘器高频电源通信接入湿式静电除尘器DCS的72/92控制器，但是4号机组湿式静电除尘器DCS的72/92控制器存在异常切换现象，平均1天切换3～4次，72/92控制器还负责控制管式GGH的设备，因此严重影响控制器的安全可靠运行。

2．针对解决办法

2015年3月9日，为了解决4号机组湿式静电除尘器DCS的72/92控制器的异常切换现象，实施完成4号锅炉湿式静电除尘器高频电源的DCS通信控制柜的安装调试，采用独立的一对控制器（15/35控制器）与湿式静电除尘器高频电源通信，并完成湿式静电除尘器高频电源闭环控制。但是15/35控制器仍存在切换的异常现象，切换频率还是1天3～4次。

上海新华控制技术（集团）有限公司厂家专门研发了 DPU 控制器与高频电源的 485 通信驱动程序，并于 2015 年 4 月 15 日更新 15/35 控制器与高频电源的通信驱动程序，切换现象有所好转，由 1 天切换 3～4 次变为 2 天切换 1 次。

2015 年 5 月 22 日，上海新华控制技术（集团）有限公司继续派人来对 DPU 配置文件进行了更新，主要是将刷新时间由原来的 300ms 延长到 1s。从 5 月 22 日至今未有切换现象，至此，高频电源与上海新华控制技术（集团）有限公司 DCS 的通信问题得以解决。

/第八章/

燃煤机组超低排放系统日常维护和检修

第一节 燃煤机组超低排放系统日常维护的主要内容

一、机务部分

（一）湿式静电除尘器维护及点检

湿式静电除尘器的内部有集尘极和放电极。如果极间存在不良状况的话，将会影响除尘性能，因此建议多进行保养管理。另外由于电动机等部件中注有润滑油，因此应按照表8-1定期进行注油。

表8-1 润滑油列表

设备名称	注油部位	润滑方式	给油量/部位	补给方式	补给间隔	全量取替间隔
循环水泵	轴承	油润滑	2.2L/个	油包	1个月	6个月
	电动机	润滑油	传动端：21g/个 自由端：13g/个	轴承内封入	—	轴承更换时
洗净排水泵	轴承	油润滑	1.2L/个	油包	1个月	6个月
	电动机	润滑油	传动端：13g/个 自由端：6.7g/个	轴承内封入	—	轴承更换时
加碱泵	轴承	油润滑	0.27L/个	油包	1个月	6个月
	电动机	润滑油	传动端：2.5g/个 自自端：2.5g/个	轴承内封入	—	轴承更换时
循环水箱搅拌机	齿轮	油润滑	31L/个	油包	1个月	1年
	电动机	润滑油	传动端：13g/个 自由端：6.7g/个	轴承内封入	—	轴承更换时
喷淋回水箱搅拌机	齿轮	油润滑	18L/个	油包	1个月	1年
	电动机	润滑油	传动端：9.0g/个 自由端：4.6g/个	轴承内封入	—	轴承更换时
卸碱泵	齿轮	油润滑	9.5L/个适量	油包	1个月	1年
	电动机	润滑油	传动端：9.0g/个 自由端：4.6g/个	轴承内封入	—	轴承更换时

续表

设备名称	注油部位	润滑方式	给油量/部位	补给方式	补给间隔	全量取替间隔
绝缘子室密封风机	电动机	润滑油	传动端：9.0g/个 自由端：4.6g/个	轴承内封入	—	轴承更换时

对于断路器、电磁接触器、电磁开闭器、辅助继电器、计时器等控制器具要进行随时清洁并实施防锈处理，以保持器具没有无损以及接触点没有锈。

(1) 除尘器与其他机器同样，日常维护、运转操作上的注意点对性能的维持极设备的寿命有很大影响，因此请注意要经常进行保养点检。另外在发生故障时，需要立即判断故障原因并迅速修复。

(2) 除尘器以正（+）压运转时，如发生气体泄漏到外部，将有可能造成对装置周边环境的污染及泄漏部位的腐蚀，所以一旦发现及时进行修整。

(3) 除尘器以负（一）压运转时，如吸入外部气体，将有可能造成吸入部位的腐蚀及吸湿导致的尘垢堆积、气体量过大导致性能下降、除尘再飞散导致性能下降，所以一旦发现及时进行修整。

1. 日常点检

日常点检按照《定期点检列表》进行，并将记录存档。

另外，其中的绝缘管室密封空气扇吸入口过滤器以及循环水配管过滤器的清洁要领如下：

(1) 绝缘管室密封空气扇吸入口过滤器。清洁频率为 2 次/月（基准）。清洁要领：

1) 将过滤器从过滤器盒中抽出。

2) 安装备用过滤器。

3) 将抽出的过滤器用水清洗后干燥。

4) 过滤器有 2 份，交替使用。

(2) 循环水配管过滤器。清洁频率为 2 次/月（基准）。清洁要领：

1) 将切换阀切换到备用侧（2 处）。

2) 打开用过一侧的鼓风阀及空气导入阀。

3) 打开上部法兰（flange）。

4) 用水清洗滤网（screen）。

5) 清洗后复原回原来的状态。

2. 定期点检

定期点检按照表 8-2 进行。

表 8-2　　定期点检列表

序号	检查位置	检查频率				检查内容	判定标准	处理方法
		次/日	次/月	次/2年	初次检查			
1	除尘器人孔门		1			有无气体吸入	无气体吸入声音	拧紧
				1	○	填料有无损伤固化	无	更换

续表

序号	检查位置	检查频率				检查内容	判定标准	处理方法
		次/日	次/月	次/2年	初次检查			
2	放电极			1	○	放电线有无腐蚀	1.0mm 以上	更换
				1	○	放电线有无弯曲、偏心	极间距 95mm 以上	修正
				1	○	放电线有无开裂	无	焊接修复
				1	○	吊杆的焊接部位有无开裂	无	焊接修复
				1	○	有无异物	无	清理
3	集尘极			1	○	极板有无弯曲、偏心	极间距 95mm 以上	修正
				1	○	极板有无腐蚀	0.5mm 以上	更换
				1	○	极板有无粉尘附着	5mm 以内	清扫并检查喷嘴
				1	○	极板有无可见孔洞	无	修补
				1	○	有无异物	无	清理
				1	○	限位梁位置有无偏离	无	修正
				1	○	侧挡板有无损伤	无	修补
4	绝缘子室			1	○	绝缘子支撑有无开裂	无	更换
					○	绝缘子支撑有无污渍	无	清扫
				1	○	吊杆有无开裂腐蚀	无	修补或者更换
				1	○	密封有无开裂腐蚀	无	修补或者更换
5	绝缘子室空气密封装置管路			1	○	电动机接地线是否良好	良好	修理
		1				电动机风机有无异响		拆卸检查
		1 检查		1 测定	○	电动机振动	25μm 以内	拆卸检查
		1 检查		1 测定	○	电动机温度	高于外界温度 40℃以下	加油，拆卸检查
				1	○	电动机负载电流	额定电流 10A 以下	电动机负载检查
				1	○	密封空气量确认		调节风量
			2		○	过滤器进气口有无堵塞	压差 0.3kPa 以下	清理或更换
6	EP 内部配管			1	○	喷嘴有无堵塞	无	清理或更换
				1	○	喷嘴有无腐蚀	无	更换
				1	○	配管有无腐蚀	腐蚀厚度 30%以上	修补
				1	○	配管支撑有无腐蚀	无	修补
		1				天井顶部压力检测管确定	额定值：0.029MPa	寻找原因
7	碱罐设备			1	○	泵用电动机接地线是否正常	正常	修理
		1				泵用电动机异响	无	拆解检修
		1 检查		1 测定	○	泵和电动机振动	25μm 以内	拆解检修
		1 检查		1 测定	○	泵和电动机温度	高于外界气温 40℃以下	加油，拆解检查

续表

序号	检查位置	检查频率				检查内容	判定标准	处理方法
		次/日	次/月	次/2年	初次检查			
7	碱罐设备			1	○	泵用电动机负载电流	不大于额定电流	电动机载荷检查
			1			泵注油情况		加油
		1				泵输出压力确认	额定值：0.25MPa	查找原因
		1				泵输出流量确认	额定值：1.8m³/h	查找原因
		1				泵密封部位有无液体泄漏	无	修理
				1	○	搅拌用电动机接地线是否正常	正常	修理
		1				搅拌用电动机有无异响		拆卸修理
		1检查		1测定	○	搅拌用电动机振动	20μm以内	拆卸检修
		1检查		1测定	○	搅拌机用电动机温度	高于外界气温40℃以下	加油，拆卸检修
				1	○	搅拌用电动机负载电流	不大于额定电流值	电动机负载检查
			1			搅拌机注油情况	正常	加油
		1				箱内液位确认	正常	补充
			4			药剂浓度测定	加入药剂时确认	调整浓度
		1			○	搅拌机状态确定	正常	搅拌机检查
		1				流量调节动作确定	正常	调节并检查
				1	○	箱内有无异物	无	清理
8	循环水箱			1	○	泵用电动机接地线是否正常	正常	更换
				1	○	泵用电动机异响		拆解检修
				1	○	泵和电动机振动	25μm以内	拆解检修
		1				泵和电动机温度	高于外界气温40℃以下	加油，拆解检查
				1	○	泵用电动机负载电流	不大于额定电流	电动机和负载检查
		1				泵输出压力确认	额定值：0.5MPa	查找原因
		1检查		1测定	○	泵和电动机振动	额定值：82m³/h	查找原因
		1检查		1测定	○	泵和电动机温度	正常	加油，拆解检查
				1	○	泵用电动机负载电流	正常	电动机载荷检查
			1			泵注油情况	正常	加油
		1				泵输出压力确认	额定值：0.25MPa	查找原因
		1				泵输出流量确认	额定值：1.8m³/h	查找原因
		1				泵密封部位有无液体泄漏	无	修理
				1	○	搅拌用电动机接地线是否正常	正常	修理

续表

序号	检查位置	检查频率				检查内容	判定标准	处理方法
		次/日	次/月	次/2年	初次检查			
8	循环水箱	1				搅拌用电动机有无异响	无	拆卸修理
		1检查		1测定	○	搅拌用电动机振动	20μm以内	拆卸检修
		1检查		1测定	○	搅拌机用电动机温度	高于外界气温40℃以下	加油，拆卸检修
				1	○	搅拌用电动机负载电流	不大于额定电流值	电动机负载检查
			1			搅拌机注油情况	正常	加油
		1				箱内液位确认	正常	配管检查
			4			pH值测定	加入药剂时确认	调整浓度
		1			○	搅拌机状态确定	正常	搅拌机检查
		1				流量调节阀运作确定	正常	调节并检查
				1	○	箱内有无异物	无	清理
			2		○	过滤器清扫	清洁	清理
				1	○	箱体内衬有无损伤	无	修补
9	排水箱			1	○	泵用电动机接线是否良好	良好	补修
		1				泵用电动机的异响		分开检查
		1检查		测定		电动机的振动	25μm以内	分开检查
		1检查		1测定		泵用电动机的温度	高于外界气温40℃以下	给油，分开检查
				1	○	泵用电动机负荷电流	不大于额定电流值	负荷，电动机检查
			1			泵的给油状况		给油
		1				泵出口压力的确认	额定值：0.5MPa	原因调查
		1				泵出口流量的确认	额定值：11m³/h	原因调查
		1				泵密封部分的液体是否有泄漏	无	补修
				1	○	搅拌机用电动机接线是否良好	良好	补修
		1				搅拌机用电动机的异响	无	分开检查
		1检查		1测定	○	搅拌机用电动机的振动	20μm以内	分开检查
		1检查		1测定	○	搅拌机用电动机的温度	高于外界气温40℃以下	给油，分开检查
				1	○	搅拌机用电动机的负荷电流	不大于额定电流值	负荷，电动机调查
			1			搅拌机给油状况	正常	给油
		1				箱子液位的确认	正常	配管的点检

续表

序号	检查位置	检查频率				检查内容	判定标准	处理方法
		次/日	次/月	次/2年	初次检查			
9	排水箱	1				pH值的确认	正常	原因调查
		1				搅拌状态的确认	正常	搅拌机点检
		1				流量调节阀的确定	正常	调节阀检查
				1	○	箱内有无异物	无	清扫
				1	○	箱子的内衬有无损伤	无	补修
10	电源装置本体			1	○	进出口端子的松开	固定	紧固
					○	高、低压的衬套	无磨损	补修或更换
				1次/4年	○	绝缘油的劣化、绝缘破坏电压	30kV/2.5mm以上	取替
						酸值	0.2mgKOH/g以下	加酸
						电阻率	$1\times10^{11}\Omega$cm以上	调节修复
		1				绝缘油的温度（温度计）	90℃以内	调整
		1			○	绝缘油的油量（油面计）	基准表示线以上	补给
				1	○	绝缘抵抗测定低压回路	5MΩ以上	补修
11	控制盘			1	○	进出口端子的松开	固定	紧固
				1	○	绝缘抵抗测定低压回路	5MΩ以上	补修
				1	○	盘内有无污损	无	清扫
			1			过滤器有无污损	无	清扫
			1			换气风机有无异响	无	取替
			1			各表示灯的电灯确认	正常	取替
			1			各保险丝有无断开	无	取替
				1	○	保护装置、调整器设定值的确认	正常	修正
			1			仪器指示的确认	正常	修正，取替
12	接地开闭器			1	○	支持绝缘子破损、污损情况	无	清扫，取替
				1	○	接触部分的投入状况	正常	清扫
				1	○	导体接触部分的过热变色、有没有电熔	无	补修，取替
				1	○	操作机构的动作状况	正常	清扫，注油
				1	○	噪声控制的动作状况	正常	补修
				1	○	辅助接点的动作、接触状况	正常	补修，取替
				1	○	接地线的接壳确认	正常	补修
				1	○	外部配线		拧出

续表

序号	检查位置	检查频率				检查内容	判定标准	处理方法
		次/日	次/月	次/2年	初次检查			
12	接地开闭器			1	○	螺栓		拧出
				1	○	刀背的接触状态	正常	清扫，注油
				1	○	有没有锈	无	清扫
				1	○	辅助接点回路绝缘电阻测定	5MΩ 以上	补修
				1	○	主回路绝缘电阻测定	100MΩ 以上	补修
13	其他所有			1	○	进出口烟道的内衬有无损伤	无	补修
				1	○	侧面外壳的内衬有无损伤	无	补修
				1	○	灰斗的内衬有无损伤	无	补修
				1	○	阀的密封性的确认	密封	分开检查，填料交换
				1	○	配管的磨耗，有无腐蚀	原壁厚 30%以上	补修

（二）管式 GGH

1. 管式 GGH 长期停止时的保养

(1) 循环水系统的保养。长期停止 GGH 时，循环水系统原则上充满水保管。按照循环水中除氧剂浓度管理要领中所述内容管理水质。

(2) 烟气冷却器、烟气加热器水洗。

1) 频率。裸管每次停机检修时都需进行水洗，翅片管在通常运行中有显著的传热性能低下及压损上升时，推荐水洗。

2) 水洗要领：

a. 根据运行数据（传热性能有否低下，压损是否显著上升）及传热面的污垢情况来决定是否要水洗。

b. 打开烟气加热器的离线水冲洗系统，自上而下对每个模块进行冲洗。

c. 向设置在烟气冷却器、烟气加热器的人孔门附近的软管接头处连接冲洗水管，实施人工冲洗。

d. 水洗直到洗净排水的 pH 值大于 4 为止。

e. 水洗时剥离落下的固体物容易堆积在模块底面，要重点检查。

f. 水洗完后，打开所有的烟气冷却器、烟气加热器的人孔门，使循环水系统处于暖机状态，干燥一昼夜。

g. 干燥完成后，进行最终的内部点检。将没有去除干净的结垢除去，最终确认完后，进行临时平台的拆除等恢复作业。

2. 长期停止时的点检

管式 GGH 长期停止时点检列表见表 8-3。

表 8-3　　管式 GGH 长期停止时点检列表

点检部位	检查项目	处理对策
烟气冷却器内部	设备内灰堆积的状态和传热管堵塞情况	去除堆积的灰，传热性能低下，本体差压显著上升时，研究是否须水洗，研究吹灰器运行方式及参数是否需变更
	腐蚀、磨损引起的壁厚减小（翅片管模块）	研究是否需要修补或更换模块没有传热管堵塞、传热性能下降、本体压差上升的场合，研究是否需要降低吹灰器的蒸汽喷射压力、减少吹灰器的使用频度的
	腐蚀引起的壳体壁厚减小	研究修补的必要性
烟气加热器内部	烟气入口传热面结垢	去除结垢，传热性能低下，本体差压上升显著时，研究是否须水洗（裸管每次定检须水洗）
	换热管因腐蚀、磨损引起的壁厚减小	修补
	腐蚀引起的壳体壁厚减小	修补
烟道	粉尘、结垢的堆积	内部清扫
	因腐蚀等的腐蚀	修补

3. 翅片管的检查要领

(1) 目视点检。因翅片管损伤引起循环水泄漏，因为目视可确认范围的翅片管发生的可能性最高，所以，建议每次停炉实施内部点检。

1) 烟气冷却器。吹灰蒸汽喷射引起的翅片管的损伤。防磨罩的可见磨损及翅片的损坏是管子损伤的前兆。

2) 烟气加热器。烟气中水分（及硫分）引起裸管和翅片管的湿腐蚀。最容易损伤的部位为裸管模块下端，模块的侧板、管板等水分容易冷凝，部分换热管受局部集中水滴影响容易腐蚀，要重点检查。

(2) 壁厚计测。为了确认管壁厚减少的状况，建议选好测量点，每次定检时实施。

1) 烟气冷却器：

测量部位：高温、低温模块的最前列及最后列的裸管/翅片管（离吹灰器最近的层）。

测量点：各模块最前列及最后列管子所在面的 9 个位置（高度方向 3 点×深度方向即垂直烟气流向 3 点）。

2) 烟气加热器：

测量部位：裸管、低温、高温模块的最前端（各模块温度最低，最容易腐蚀的环境）。

测量点：建议取在个模块最前列管子所在面的 18 个位置（高度方向 6 点×深度方向即垂直烟气流向 3 点）。

二、高频电源维护主要内容

正常运行维护：

(1) 监视供电装置的一次电压、一次电流、二次电压、二次电流、工作方式、运行状态等参数。

(2) 监视整流变压器的温升，变压器油温不得超过 65℃。

(3) 监视 IGBT 逆变箱温度，温度不得超过 60℃，无异常声音。

（4）整流变压器应无异响，高压输出端无异常放电。

（5）冷却风机运行正常，无异响，无过流。

（6）检查风机入口滤网无堵塞。

（7）检查整流变压器是否有渗漏油情况。

（8）检查高频电源高压隔离开关操作手柄位置正常，观察孔无凝结水附着。

（9）检查高频电源、高压隔离开关外壳完好，门关闭严密。

（10）检查高频电源就地隔离空开位置正常。

（11）检查湿式静电除尘器变电源开关、湿式静电除尘器变本体、380V湿式静电除尘器段母线及开关运行正常，各保护投运正常，开关面板显示正常。

三、热控部分

（一）超低排放热工就地设备的日常检查

超低排放热工就地设备的日常检查表见表8－4。

表8－4　　超低排放热工就地设备的日常检查表

序号	点检项目	点检周期	点检标准与要求	点检方法与说明
1	就地压力表表示值和渗漏检查	1周	设备标识清楚，指示正常，无渗漏： （1）压力表的表盘应平整清洁，分度线、数字以及符号等应完整、清晰。 （2）表盘玻璃完好清洁，嵌装严密。 （3）压力表接头螺纹无渗漏现象。 （4）压力表指针平直完好，轴向嵌装端正，与铜套铆接牢固，与表盘或玻璃面不碰擦。 （5）固定情况良好。 （6）冬季伴热及防冻情况检查	目视、手感
2	固定在振动部位的就地压力表仪表管渗漏和磨损情况检查	1月	（1）固定良好，无渗漏。 （2）冬季伴热及防冻情况检查	目视
3	就地压力表仪表二次门检查	1周	（1）设备标识清楚，正常投入，无渗漏。 （2）冬季伴热及防冻情况检查	目视、手感
4	压力（差压）和流量变送器、示值和渗漏检查	1周	设备标识清楚，指示正常，无渗漏： （1）固定情况良好。 （2）冬季伴热及防冻情况检查，雨季防雨检查。 （3）蛇皮管无损坏	目视
5	压力开关、差压开关渗漏检查	1周	设备标识清楚，无渗漏： （1）固定情况良好。 （2）冬季伴热及防冻情况检查，雨季防雨检查。 （3）蛇皮管无损坏	目视
6	固定在振动部位的压力（差压）和流量变送器、压力开关、差压开关仪表管渗漏检查	1月	无渗漏： （1）固定情况良好。 （2）冬季伴热及防冻情况检查	目视

续表

序号	点检项目	点检周期	点检标准与要求	点检方法与说明
7	压力（差压）和流量变送器、压力开关、差压开关二次门检查	1周	（1）设备标识清楚，正常投入，无渗漏。 （2）冬季伴热及防冻情况检查	目视、手感
8	仪表取样管路的吹扫或冲洗装置检查	1周	吹扫压力和流量正常	目视
9	就地液体和双金属胀式温度计示值和渗漏检查	1周	设备标识清楚、齐全，指示正常、无渗漏： （1）温度表的表盘应平整清洁，分度线、数字以及符号等应完整、清晰。 （2）表盘玻璃完好清洁，嵌装严密。 （3）温度表指针平直完好，轴向嵌装端正，与铜套铆接牢固，与表盘或玻璃面不碰擦。 （4）核对接点的设定值与定值清册相符。 （5）设备固定良好。 （6）护套接头无渗漏	目视
10	热电阻检查	1月	（1）标识清楚，配件齐全。 （2）蛇皮管无损坏。 （3）护套无渗漏	目视
11	液位变送器（开关）检查	1月	（1）设备清洁，标识清楚。 （2）无渗漏。 （3）冬季伴热及防冻和防止结露情况检查	目视
12	超声波料位计	1周	设备清洁标识清楚，正常投入使用，冬季无结露	目视，输出数据判断
13	烟气分析仪表检查	2周	（1）标识清楚。 （2）各标准气体瓶的气体压力能够满足自动校验要求。 （3）温湿度正常	目视
14	热媒水 pH 计、循环水箱 pH 计、喷淋回水箱 pH 计、冲洗水浊度仪	1周	（1）标识清楚。 （2）温湿度正常。 （3）取样管路无泄漏、样水充足。 （4）各标准药剂充足。 （5）控制面板显示正常，无异常报警	目视
15	电动开关型阀门、挡板 （1）电动头外观检查。 （2）手-自动切换手柄检查。 （3）蛇皮管检查。 （4）开关状态检查。 （5）高温区域电动机温度检测 （6）露天区域防雨设施检查	 1周 检修 1月 1月 1月 1月	设备标识清楚正常投入： （1）无渗漏，电源正常投入。 （2）切换手柄切换自如。 （3）蛇皮管无损坏。 （4）状态正确。 （5）温度正常。 （6）防雨设施完整	目视、手感

续表

序号	点检项目	点检周期	点检标准与要求	点检方法与说明
16	电动调节型阀门、挡板 （1）漏油、电源检查。 （2）手-自动切换手柄检查。 （3）蛇皮管检查。 （4）开关状态检查。 （5）高温区域电动机温度检测。 （6）露天区域防雨设施检查	 1周 检修 1月 1月 1月 1月	设备标识清楚正常投入： （1）无渗漏，电源正常投入。 （2）切换手柄切换自如。 （3）蛇皮管无损坏。 （4）状态正确。 （5）温度正常。 （6）防雨设施完整	目视、手感

（二）DCS（Ovation）日常维护

1．系统维护

（1）系统管理制度。

1）软件的管理：

a．所有控制系统的软件由系统管理员负责。

b．对Ovation系统操作系统软件、应用软件光盘应做好光盘备份。安装盘存放资料室存档，备份盘由仪控专业保管。

c．数据库文件、组态文件必须定期备份，特别是在检修前后必须完整地拷贝一次，检修后进行核对并拷贝，每个EA控制系统的软件应在改动后及定期进行备份。

d．其他控制软件，如与PLC、IDAS、DEH、MEH等通信的通信软件以及交换机的通信配置软件也应定期或在修改后及时备份。

e．所有操作系统（装在硬盘上）和组态软件以及应用软件的备份应不少于两份，并分级管理。软件保存宜采用光盘做备份，保存周期不宜小于5年。

2）软件的升级：

a．分散控制系统的操作系统（包括相关的硬件升级）升级前应写出专题报告，在论证操作系统升级的安全性及技术经济性的基础上，提出升级类型，并取得制造厂技术支持，方可进行操作系统升级。

b．未征得厂技术部门及厂领导批准，未取得制造厂同意，严禁修改分散控制系统的操作系统或进行软件升级。

c．分散控制系统的操作系统升级应严格按制造商的要求和步骤，具体要求按相关规定执行。

3）软件的保护：

a．热工自动化人员应分级授权使用工程师站、操作员站等人机接口设备，特别是服务器、工程师站的组态系统应妥善管理操作密码授权的分级使用。

b．严禁在分散控制系统中使用非分散控制系统的软件。

c．严禁非授权人员使用工程师站和操作员站组态功能。

（2）磁盘阵列的监视。Drop200与Drop160的RAID磁盘阵列维护一项：使用DELL的计算机管理软件检查RAID磁盘阵列是否有报警，检查计算机的指示灯是否正常（蓝色为正常）。每天检查一次。

2. 文件备份

备份用的工具

（1）刻录机（推荐）。

（2）备份的方法。Windows 版中使用 WinOvationbackup _ v2. bat 的批处理脚本自动备份。备份完成后检查是否包含了部分数据库备份（partial. exp）、全数据库备份（full. exp）、画面 src 文件、控制逻辑 svg 文件、hosts 文件。

备份完成后使用 Drop180/Drop181 的刻录软件将备份刻录归档。

3. 工程师站与集控室的日常巡检

巡检周期为每天一次，检查内容如下：

（1）向机组运行人员了解热工自动化设备运行状况；

（2）打印机工作正常，打印纸充足；

（3）操作员站、工程师站人机接口设备、模件、电源、风扇工作正常，滤网清洁；

（4）利用操作员站、服务器或工程师站，检查模件工作状态，时钟是否与服务器同步，通信有无报警以及重要的热工信号状态；

（5）巡检要有记录，专业技术人员应对巡检记录结果验收。巡检时发现的缺陷，应及时登记并按有关规定处理。

4. 电子间设备日常巡检

（1）巡检周期为每天一次，检查内容如下：

1）控制柜的环境温度和湿度。

2）滤网清洁及完好程度。

3）柜内温度应符合厂家要求，带有冷却风扇的控制柜，风扇应正常工作。对运行中有异常的风扇应立即更换或采取必要的措施。

4）电源及所有模件工作状态。

5）巡检要有记录，专业技术人员应对巡检记录结果验收。巡检时发现的缺陷，应及时登记并按有关规定处理。

（2）模件状态。检查模件状态，对巡检时发现的缺陷，应及时登记并按有关规定处理。

各模件 LED 灯状态显示表述见表 8－5～表 8－12。

表 8－5　　AI（14 位模拟量输入）卡 LED 灯状态显示

LED	描　述
P（绿）	电源正常灯。当＋5V 电源正常时亮
C（绿）	通信正常灯。当控制器正在与模块通信时亮。
I（红）	内部出错灯。除失电外，有任何出错发生时灯就亮起。可能引起的原因： （1）模块正在初始化； （2）I/O 总线发生通信超时； （3）寄存器、静态 RAM 或闪存检验和出错； （4）模块复位； （5）模块未校准（标定）； （6）由控制器强制出错； （7）现场板与逻辑板通信故障

续表

LED	描 述
CH1 - CH8（红）	通道出错。一个或多个通道出错时灯亮。可能引起的原因： （1）正超限：输入电压大于满刻度的＋121%； （2）负超限：输入电压小于满刻度的－121%； （3）模块组态成电流时，输入电流小于2.5mA或保险丝断； （4）模块组态成电流时，输入电流大于24.6mA； （5）自动校验读超限

表 8 - 6　　TC（热电偶）卡 LED 灯状态显示

LED	描 述
P（绿）	电源正常。当＋5V电压正常时亮
C（绿）	通信正常。当控制器正在与模块通信时亮。
I（红）	内部出错灯。有任何出错发生时灯亮，除电源断外可能引起的原因： （1）模块在初始处理； （2）I/O总线发生通信超时； （3）EPROM检查位或静态RAM出错； （4）模块复位； （5）模块未标定； （6）由控制器强制出错； （7）现场与逻辑板通信故障
CH1～CH8（红）	通道出错。一个或多个通道出错时灯亮。可能引起的原因： （1）正超限：输入电压大于满刻度的＋121%（模块组态成电压时）； （2）负超限：输入电压小于满刻度的－121%（模块组态成电压时）； （3）模块组态成电流时，输入电流小于2.5mA或保险丝断； （4）模块组态成电流时，输入电流大于24.6mA； （5）自动校验读数超限

表 8 - 7　　AO（模拟量输出）卡 LED 灯状态显示

LED		原 因
P 电源灯	绿色	所需电源正常（＋5V）
	红色	所需电源异常（＋5V）
C 电源灯	绿色	模块与控制器的通信正常
	红色	模块与控制器的通信异常
I 电源灯	无色	模块内部状态正常
	红色	模块内部故障 （原因：当控制器与模块停止通信时WDT超时等）
通道指示灯 （1～4）	无色	通道状态正常
	红色	通道状态异常（原因：过流或断流）

表 8 - 8　　DI（触点输入）卡 LCD 诊断灯

LED	描 述
P（绿）	电源正常LED。当＋5V电源正常时亮启
C（绿）	通信正常LED。当控制器与模块通信时亮启

续表

LED	描　述
E（红）	外部错误 LED
I（红）	内部错误 LED。只要当组态寄存器的强制错误位（Bit1）被设定或当板上＋48V/＋10V 辅助电源供应失败时就会亮启。 当 LED 亮启时，注意状态总是在运行
CH1～CH16（绿）	点数据 LED。当 LED 相关的输入触点通道关闭时会亮启

表 8-9　　DO（数字输出）卡诊断 LED

LED	描　述
P（绿）	电源正常 LED。当＋5V 电源正常时亮启
C（绿）	通信正常 LED。当控制器与模块通信时亮启
E（红）	外部错误 LED
I（红）	内部错误 LED。无论在强制错误位（组态寄存器的 Bit1）被激活时，还是当控制器停止同模块的通信时都会亮启
CH1～CH16（绿）	如果 LED 是亮启的，这表明输出处在开启状态。 如果 LED 没亮启，这表明输出处在关闭状态

表 8-10　　RTD（热电阻）卡诊断 LED

LED	描　述
P（绿色）	电源正常 LED。当＋5V 电源正常时亮
C（绿色）	通信正常 LED。当控制器与模块通信时亮
I（红色）	内部错误 LED。当组态寄存器的强制错误位（Bit1）设定时亮，或当控制器停止同模块通信时出现监视器计时器超时时亮
CH1（红色）	通道故障。当有一个错误与通道 1 相关时亮
CH2（红色）	通道故障。当有一个错误与通道 2 相关时亮
CH3（红色）	通道故障。当有一个错误与通道 3 相关时亮
CH4（红色）	通道故障。当有一个错误与通道 4 相关时亮
CH5（红色）	通道故障。当有一个错误与通道 5 相关时亮
CH6（红色）	通道故障。当有一个错误与通道 6 相关时亮
CH7（红色）	通道故障。当有一个错误与通道 7 相关时亮
CH8（红色）	通道故障。当有一个错误与通道 8 相关时亮

表 8-11　　SOE（顺序事件输入）卡 LED 状态指示灯

LED		描　述
P 电源灯	绿色	所需电源正常（＋5V）
	红色	所需电源异常（＋5V）
C 电源灯	绿色	模块与控制器的通信正常
	红色	模块与控制器的通信异常

续表

LED		描　述
E 接地灯	无色	模块接地正常
	红色	外部故障（原因：外部有接地点等）
I 电源灯	无色	模块内部状态正常
	红色	模块内部故障（原因：辅助电源丢失）
通道指示灯 （1～16）	无色	通道的输入接点未闭合，即回路断开
	绿色	通道的输入接点闭合时，即回路闭合

表 8-12　　PI（脉冲计数器）卡 LED

LED	描　述
P（绿色）	电源正常 LED。当+5V 电源正常时亮
C（绿色）	通信正常 LED。当控制器与脉冲计数器模块通信时亮
E（红色）	外部错误 LED①。当现场供电保险丝熔断时亮
I（红色）	内部错误 LED①。当组态寄存器的强制错误位（Bit1）被设定时亮，或当控制器停止与模块通信出现监视计时器超时时亮
CH1～CH2（绿色）	当通道外部有效输入被激活时亮

① 内部错误 LED 的逻辑 OR 和外部错误 LED 指示被作为一个故障标志输入到 IO 控制器中，这强制了一个注意状态。

（3）交换机柜检查。巡检周期为每天一次，检查内容如下：

1）控制柜的环境温度和湿度。

2）滤网清洁及完好程度。

3）柜内温度应符合厂家要求，带有冷却风扇的控制柜，风扇应正常工作。对运行中有异常的风扇应立即更换或采取必要的措施。

4）电源及所有交换机、光电转换器工作状态。

5）巡检要有记录，专业技术人员应对巡检记录结果验收。巡检时发现的缺陷，应及时登记并按有关规定处理。

第二节　燃煤机组超低排放系统检修的主要内容及质量控制点

一、机务部分

1. 湿式静电除尘器检修

在湿式静电除尘器检修过程中，对于应特别注意的地方（导致电荷不稳定的原因）进行说明。

2. 放电极

放电极管的弯曲、芯错位。小于基准尺寸时请按照图 8-1 的要领进行修正。

3. 集尘极

（1）尘垢的异常黏附。发生尘垢异常黏附时，可能是因为喷嘴异常引起的，所以要对

[基准尺寸]

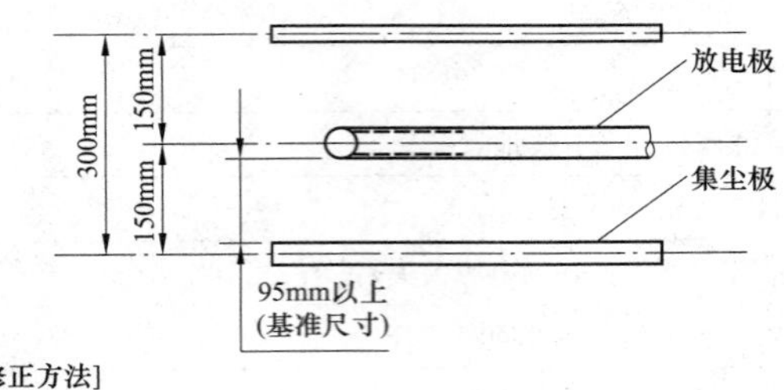

[修正方法]

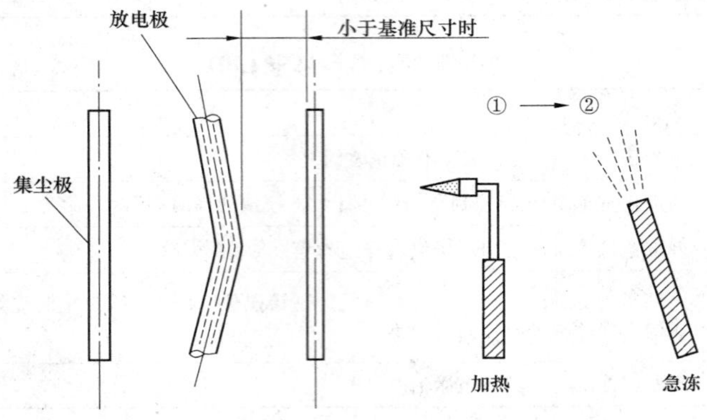

图 8-1　放电极修正要领图

配管、喷嘴进行检修，修复正常。

(2) 集尘极要素的变形。小于基准尺寸时，按照图 8-2 的要领进行修正。

[基准尺寸]

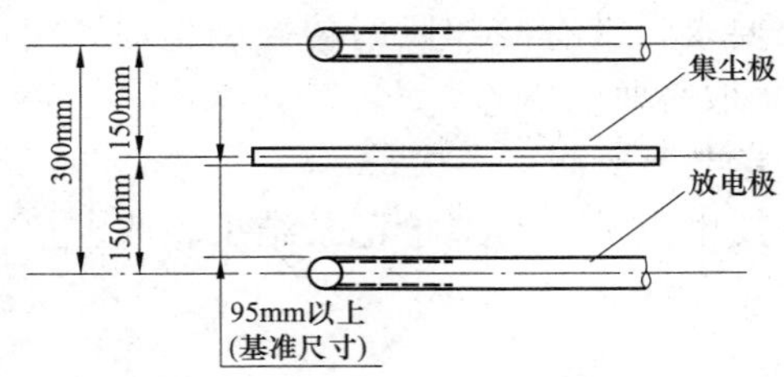

[修正方法]

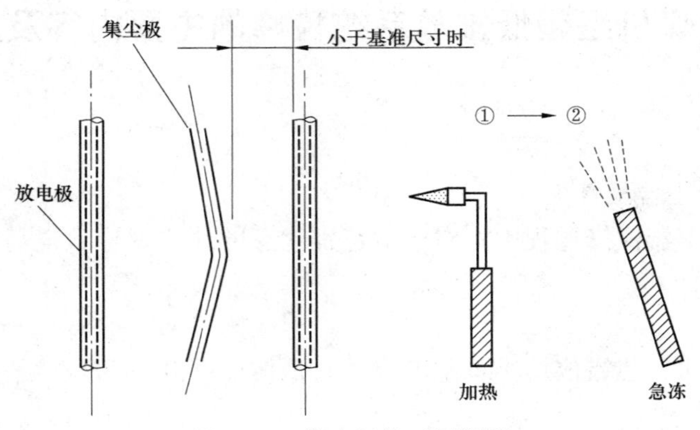

图 8-2　集尘极修正要领图

4. 绝缘子、穿墙绝缘子的清洁

进行定期检查时，请按照以下要领进行绝缘子的清洁。

（1）绝缘子。绝缘管室内的绝缘子请按照以下要领进行清洁（见图 8－3）：

1）请用布清洁绝缘子的外面。

2）拆下绝缘子上部的扫除孔盖，用布清洁内面。

在拆下盖时，请绝对不要拆下风量调整板的安装螺栓。如拆下，需要对风量再次进行调整。

3）污垢难以清除时，请结合使用水、中性清洁剂。

4）请将绝缘子表面擦至出现光泽。

5）清洁后组装时，请注意吸气孔不要被异物堵住，并检查吸气孔是否被尘垢堵塞。

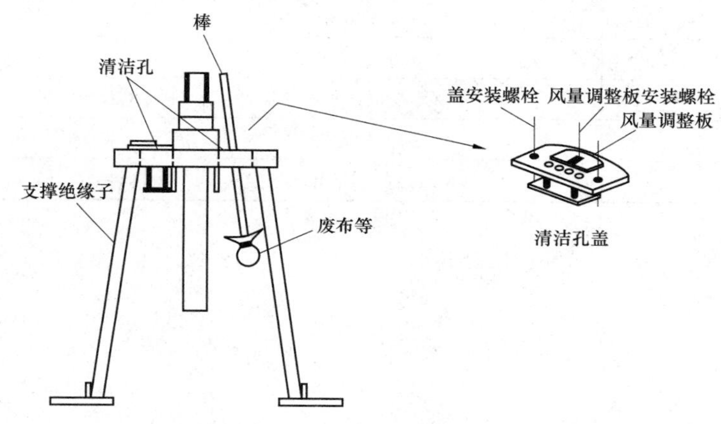

图 8－3　绝缘子清洁要领图

（2）穿墙绝缘子。接地开闭器内的穿墙绝缘子请按照上述（1）要领进行清洁。

二、高频电源检修主要内容

（1）对高频电源内部回路进行清扫，保持设备内部清洁。

（2）半年定期清洁风机入口滤网。

（3）半年定期清洁冷却器和冷却风扇。

（4）对高频电源变压器油进行试验，耐压值应大于 20kV/2.5mm（质量控制点）。

（5）每年测量一次接地电阻，不应大于 2Ω（质量控制点）。

（6）测量湿式静电除尘器大梁绝缘子电加热器阻值及对地绝缘电阻（质量控制点）。

（7）检查高频电源高压隔离开关操作手柄转动正常，开关箱内壁无凝结水附着，穿墙套管表面无凝结水，装置底部无积水。

（8）检查高频电源就地空开分断正常，保护动作正常。

（9）湿式静电除尘变压器电源开关、湿式静电除尘变压器本体按预试周期检查试验，380V 湿式静电除尘段母线及开关定期检查清扫。

三、热控部分

DCS 随机组检修周期进行表 8－13 的标准检修项目。

表 8－13　　DCS 标准检修项目

序　号	标 准 检 修 项 目	备　注
1	Ovation 控制柜清洁检查及接线紧固	
2	Ovation 控制系统卡件清洁和检查	
3	Ovation 控制系统电源供电冗余测试	
4	Ovation 外设清洁	
5	Ovation 系统主控制器卡件冗余切换试验	
6	Ovation 通信电缆检查、紧固	
7	打印机功能测试	
8	工程师站数据库归档	
9	软件备份	
10	SOE 通道测试	
11	DCS 模拟量通道校验	
12	报警系统测试	
13	Ovation 的网络冗余切换	

/第九章/

燃煤机组超低排放系统的应急处置及事件的预防

超低排放系统是一个新的系统，设备繁多，控制要求较高。在正常运行时，保证烟囱排放口排放指标满足超低排放限值要求是首要目标；在系统、设备发生异常时，通过应急处置的方式保证设备安全，并尽量维持排放浓度在合格范围内。

本章对超低排放日常运行中的SO_2、NO_x、烟尘的控制要求及方法做一些介绍，并对超低排放系统内典型的设备异常的应急处置内容进行梳理，供参考。

第一节　SO_2、NO_x、烟尘的控制要求及方法

一、脱硫效率和烟囱入口SO_2浓度控制

（1）脱硫效率是指烟气通过脱硫设施后脱除的二氧化硫量与未经脱硫前烟气中所含二氧化硫量的百分比。

（2）平时通过入炉煤硫分核算、正常情况的脱硫效率等参数，检查、分析CEMS系统参数显示是否正常，影响脱硫效率准确性的参数主要有原烟气和净烟气的SO_2含量和氧量，如该四项参数异常，应及时通知检修处理。对于表计稍有误差的情况，应当做准确对待，及时保证数据在正常范围，并及时告知检修检查处理。

（3）为减少净烟气SO_2浓度偏高时段，日常及时调整控制入炉煤掺配硫分适当。

（4）结合CEMS系统就地检查和监盘，注意做好对各脱硫效率及各原净烟气SO_2浓度的动态监视与分析，发现异常时应立即汇报并报修处理，同时要记录好异常开始的时间和恢复正常的时间。

（5）及时调整控制好吸收塔浆液pH值。

（6）及时调整吸收塔石灰石供浆量，检查和分析石灰石浆液浓度和流量的准确性：

1）如石灰石浆液浓度过高，应立即联系开启供浆管的冲洗阀进行管道稀释，并联系对石灰石浆液箱进行检查确认，适当增加石灰石浆液箱工艺水补水量进行稀释。

2）如石灰石浆液浓度低，应及时联系调整并适当在理论供浆量基础上增加供浆流量。

3）如吸收塔供浆流量大幅度减少或不足，及时适当增大供浆流量，必要时投入供浆旁路。如供浆流量仍小应采用水冲洗观察流量计是否正常；如石灰石浆液输送泵或石灰石浆液泵故障，立即切至备泵运行并汇报报修；如供浆仍偏小应按照pH值偏低应急措施做

好预想和处理。

4）如供浆量突增或长时间供浆过量引起脱硫效率偏低，应立即查找供浆量过大的原因并处理，同时按照盲区进行调整处置。

（7）检查吸收塔浆液液位及其搅拌器、脱硫氧化风机的运行情况应正常。

（8）确认吸收塔浆液 pH 计和密度计运行情况，必要时及时联系标定处理。

（9）检查吸收塔再循环泵运行情况，确认其电流及出口压力正常。

（10）日常综合平衡考虑达标排放、节能和减少吸收塔再循环泵启停等因素，各炉吸收塔调整保持当前脱硫效率95%以上、时均 SO_2 排放浓度小于 $32mg/m^3$，瞬时 SO_2 排放浓度高于 $35mg/m^3$ 持续不得大于 5min，同时注意要避免出现因上调吸收塔 pH 值而发生其浆液石灰石含量过大的异常。

（11）动态关注、跟踪入加仓煤种硫分和机组负荷变化情况，及时调整吸收塔再循环泵的运行方式，合理投用吸收塔内有关喷淋层组合。

（12）巡检注意做好吸收塔再循环泵备泵的重点巡检，并投入一热备联锁，备泵可靠能投用。

（13）如脱硫效率异常降低，属于石灰石反应致盲原因引起的，应及时按致盲相关应急措施处理。

（14）超低排放时均烟囱入口 SO_2 浓度不得超过 $35mg/m^3$，运行必须根据时均烟囱入口 SO_2 浓度情况，及时、合理调整。

1）如超低排放时均烟囱入口 SO_2 浓度有超出 $35mg/m^3$ 的趋势，相关岗位必须及时逐级汇报，及时检查相关运行参数与工况，及时调整处理，包括适当调整吸收塔 pH 值和增加吸收塔再循环泵投运台数等。

2）已采取必要措施仍无法降低排放浓度，时均烟囱入口 SO_2 浓度有可能超过大气污染物排放标准，应及时调整加仓煤种，尽量采用低硫煤；时均烟囱入口 SO_2 浓度有可能超过大气污染物排放标准 1 倍的，调整加仓煤种并考虑申请适当降低机组负荷。

3）如吸收塔再循环泵故障或因故停运，而引起脱硫效率下降时，应掌握和了解吸收塔再循环泵检修时间，及时进行预测分析和调整，并按脱硫吸收塔再循环泵故障处置方案处置。

4）可考虑脱增效添加剂的应急备用途径。

5）脱硫效率回升、时均烟囱入口 SO_2 浓度恢复正常后，也应及时汇报闭环。

（15）遇异常或浆液致盲时，及时取样分析吸收塔浆液及石膏成分，检查检测 $CaCO_3$、$CaSO_3$、$CaSO_4.2H_2O$、氯根、铝根和氟根等含量正常，加强石膏浆液颜色就地检查和跟踪。

（16）按有关环保设施异常报告制度和烟气排放连续监测系统运行维护制度等相关要求执行。

（17）脱硫系统遇事故停运和恢复投运，汇报值长、公司环保专职和专业，不得延误，逐级报告。

二、脱硝效率和烟囱入口 NO_x 浓度控制

（1）脱硝效率是指烟气通过脱硝 SCR 反应器后脱除的 NO_x 与未经脱硝前烟气中所含

NO_x 量的百分比。

(2) 影响脱硝效率准确性的参数主要有 SCR 反应器前后 NO_x 含量和氧量，如该四项参数异常，应及时通知检修处理。对于表计稍有误差的情况，应当做准确对待，及时保证数据在正常范围。

(3) 为减少 SCR 反应器入口浓度偏高时段，平时应加强锅炉燃烧调整。低负荷时段合理调整制粉系统运行方式。

(4) 结合 CEMS 系统就地检查和监盘，注意做好对脱硝效率（包括当前、当日、本月）及 SCR 反应器入口、出口及烟囱入口 NO_x 浓度（包括当前、时均、日均、月均等）的动态监视与分析，发现异常时应立即汇报并报修处理，同时要记录好异常开始的时间和恢复正常的时间。

(5) 检查稀释风风机运行应正常，电流正常；检查稀释风流量，稀释风出口压力正常。

(6) 确认喷氨流量显示正常，必要时应及时联系进行标定处理。

(7) 检查喷氨调节阀动作正常，无卡涩现象。

(8) 如烟囱入口 NO_x 排放浓度瞬时值超过 50mg/m³，必须根据烟囱入口 NO_x 浓度情况，及时、合理调整。如调整无效，导致烟囱入口 NO_x 排放浓度时均值超过 50mg/m³，相关岗位必须及时逐级汇报，及时检查相关运行参数与工况，包括适当调整制粉系统的运行方式、加负荷等。

(9) 已采取必要措施仍无法降低排放浓度，烟囱入口 NO_x 排放浓度时均值有可能连续数小时超过大气污染物排放标准，考虑申请适当增加机组负荷。

(10) 巡检应按规定每班对脱硝系统相关设备、就地声波吹灰器发声及系统的泄漏情况进行巡检，发现异常及时汇报并填写缺陷单。

(11) 按有关环保设施异常报告制度和烟气排放连续监测系统运行维护制度等相关要求执行。

(12) 脱硝系统遇事故停运和恢复投运，汇报值长、公司环保专职和专业，不得延误，逐级报告。

三、脱硝投运率控制

(1) 脱硝投运率是指脱硝设施年运行时间与燃煤发电机组年运行时间之比。

(2) 各机组脱硝系统月均投运率各应达到 80%；考虑因机组启动阶段，脱硝系统宜在负荷稳定且 SCR 反应器入口温度满足脱硝投用条件时投入；机组在低负荷连续运行时，如 SCR 反应器入口温度低，则将脱硝撤出，避免催化剂长期低温运行失活。

(3) 运行当班值应尽力保证机组脱硝系统正常投运，有效保证脱硝系统月平均投运率 80%，发现异常或缺陷，及时汇报并报修处理。

(4) 如异常、缺陷涉及影响脱硝系统投运率统计的，在通知检修处理时，应明确告知相关情况，并及时汇报上级，故障消除后，应及时尽快恢复投运，做好相关记录。

(5) 如因异常、缺陷影响脱硝投运率，在检修消缺前，可能会引起故障扩大的，可适当降低机组负荷，紧急时可撤除脱硝系统运行。

(6) 系统遇事故停运和恢复投运，汇报值长、公司环保专职和专业，不得延误，逐级报告。

(7) 机组并网发电机组负荷小于50%而脱硝撤出运行的时间应尽量减少。

四、除尘效率和烟囱入口烟尘浓度

(1) 烟囱入口烟尘浓度即为管式GGH烟气加热器出口烟尘浓度，脱硫吸收塔和湿式静电除尘器正常运行情况下，烟囱入口烟尘浓度应小于低低温静电除尘器出口烟尘浓度的30%，否则需及时分析查清原因并处理。

(2) 通过机组负荷、入炉煤灰分、低低温静电除尘器和湿式静电除尘器参数等，检查分析CEMS系统、低低温静电除尘器出口烟尘浓度应正常，影响折算烟尘浓度准确性的因素主要有低低温静电除尘器出口和烟囱入口的实测烟尘含量和氧量，以及低低温静电除尘器和湿式静电除尘器程控调节运行情况。

(3) 结合CEMS系统监盘和检查，注意做好对脱硫进口、烟囱各入口烟尘浓度的动态监视与分析，及时记录好失准等异常起始及恢复正常的时间。

(4) 及时调整管式GGH出口烟温、低低温静电除尘器和湿式静电除尘器控制参数，包括实时二次电压、二次电流、闭环控制方式下的二次电流和低低温静电除尘器出口烟尘浓度设定限值，以及振打设定周期和时间等。低低温静电除尘器和湿式静电除尘器参数异常，必须及时检查、分析和处理。

(5) 烟囱入口烟尘浓度超低排放按瞬时不超过5mg/m^3、时均不超过4mg/m^3和瞬时高于5mg/m^3持续不大于5min控制。低低温静电除尘器出口闭环控制上限按30mg/m^3设定，下限按照低低温静电除尘器出口24mg/m^3设定。

1) 脱硫进口烟尘浓度瞬时超过24mg/m^3，检查闭环状态下各电场二次电流调节增大正常，升至闭环上限后仍超过30mg/m^3，应联系检修检查脱硫进口烟尘浓度仪。

2) 烟囱入口烟尘浓度时均大于4mg/m^3，或瞬时大于5mg/m^3，或瞬时高于4mg/m^3持续3min，检修无异常，需继续按电场前后次序逐台逐次提高二次电流上限参数，每次调幅200mA，直至瞬时不超过4mg/m^3和时均低于4mg/m^3，否则还需调整湿式静电除尘器电场参数。

3) 如后续煤种灰分、特性正常，则应及时恢复原低低温静电除尘器各电场闭环设定二次电流上限参数，如再次出现，须再次调整。

(6) 机组启停阶段，湿式静电除尘器电场未投期间，尽量保持时均和瞬时烟囱入口烟尘浓度均不超过5mg/m^3，必要时增投低低温静电除尘器电场，机组并网前全投低低温静电除尘器和湿式静电除尘器高频电源。

(7) 相关岗位加强联系沟通，尤其是锅炉风烟系统和制粉系统运行调整变化时，如送引风机投停、磨煤机启停、锅炉烟道通风和炉膛燃烧较大调节、加仓煤种变更较大等。

(8) 机组正常运行出现烟囱入口烟尘浓度时均超过4mg/m^3，但低低温静电除尘器出口烟尘浓度小于30mg/m^3确认准确情况，应属吸收塔出口烟气携带量增加引起。

1) 脱硫效率和净烟气SO_2浓度满足要求，首先宜适当提高湿式静电除尘器参数，增加湿式静电除尘器后段阳极板喷淋频次。其次吸收塔尽量改用下层喷淋运行，暂停除雾器冲洗，加强监测湿式静电除尘器循环水箱含固量。

2) 烟囱烟尘浓度难满足排放要求时，酌情考虑暂适当降低机组负荷，尽量调整降低

煤种灰分、硫分，尽量改用下层浆液喷淋运行。

（9）烟尘排放浓度过高的调整处理：

1）烟囱入口烟尘浓度异常升高，属电场参数调整不当或输灰原因引起的，按运规调整处理。

2）属低低温静电除尘器后排电场振打引起的，调整振打时间周期，尽量错开振打运行，保证同一时刻有且只有一个通道的末电场投振打。烟囱入口烟尘浓度时均值超限，可暂停运各电场阳极振打。

3）由低低温静电除尘器电场运行故障跳闸引起的，及时调整提高其余电场参数，特别是同一烟尘通道，必要时暂停各阳极振打。

4）如有电场停运检修，需先行提高其余电场参数，尤其是末电场检修时。

5）GGH 烟气冷却器出口烟温偏高或偏低引起的，调整热媒水系统运行参数和方式。

6）煤种灰分偏离正常范围有较大增幅的，适当提高低低温静电除尘器闭环控制二次电流上限参数，调整输灰系统输灰频次、除雾器加强冲洗。

7）由吸收塔出口携带量增加引起的，调整除雾器冲洗频次和上下喷淋层运行方式。

8）除雾器水质含固量增加引起时，及时补水稀释，加强湿式静电除尘器排污，增加后段极板喷淋频次。

9）如湿式静电除尘器喷淋或电场故障引起的，及时联系检修消缺处理。

10）单侧送引风机运行引起，调整低低温静电除尘器和湿式静电除尘器电场参数，必要时暂停阳极振打。

（10）锅炉熄火后按烟尘浓度控制要求执行。送引风机全停后还需通风，低低温静电除尘器保持热备。

（11）按有关环保设施异常报告制度和烟气排放连续监测系统运行维护制度等相关要求执行。

五、电除尘投运率控制

（1）运行人员要从保护设备的角度考虑管式 GGH、FGD、湿式静电除尘器投撤，低负荷时关注锅炉燃油情况。

（2）如低低温静电除尘器多个电场因故停运引起除尘效率下降、投运率偏低时，控制好烟囱入口烟尘浓度时均不超 5mg/m^3、低低温静电除尘器月均投运率不小于 90%为原则，了解掌握电场停检计划时间，及早评估预判和汇报，动态调整煤种、负荷和检修计划方案等。

（3）低低温静电除尘器电场投停运，及时汇报值长和环保专职，记录好投停时间及其故障异常情况。

（4）机组并网期间全投低低温静电除尘器和湿式静电除尘器各电场，机组解列后控制好烟囱入口烟尘浓度。

（5）夜班检查各机组前一天低低温静电除尘器和湿式静电除尘器历史参数数据、历史曲线自动保存正常。

（6）机组启动阶段，为防止出现电场和灰斗结焦，影响低低温静电除尘器效率和投运率，需采取的措施：

1）低低温静电除尘器各电场设定二次电流控制二次电压低于闪络电压，保持运行，一般不得上调提高。低低温静电除尘器出口烟尘浓度偏高，非烟气含氧量偏大引起时，可适当微量上调二次电流。机组负荷50%以上运行72h后，试投低低温静电除尘器闭环控制方式并观察正常。

2）低低温静电除尘器电场投运前，输灰系统及时投运，采用连续加强运行方式。电场未投运，对应输灰仓泵暂不需投运。

3）机组50%负荷正常运行72h，输灰仓泵切换至正常运行方式。

4）机组负荷低于50%时灰斗加热提高至100℃；机组负荷高于50%72h后，灰斗加热调小至80℃。

（7）锅炉低负荷或投油助燃时，密切监视燃油情况和低低温静电除尘器运行工况，尽量缩短投油和低低温静电除尘器进口烟温低于90℃的低温燃烧时间段。加强岗位分析，低低温静电除尘器运行参数异常且除尘效果有较明显的变差趋势时，及时汇报处置。

（8）锅炉低负荷且投油助燃，烟气中未燃烬成分增加，投低低温静电除尘器容易结露引起极板极线粘结、腐蚀以及闪络，甚至二次燃烧，影响除尘效率和电场安全。需做好：

1）锅炉投停油枪及时通知相关岗位，做好值班记录。锅炉投用大油枪，须汇报值长并严格控制好投用大油枪支数和投运时间，尽量减少总投用油量，低负荷稳燃应优先采用微油。

2）各炉低低温静电除尘器电加热和振打等低压设备、输灰系统及时投运正常。

3）锅炉无大油枪运行、平衡通风正常后，在引风机投运前，投低低温静电除尘器末电场，烟尘浓度超出正常范围或烟囱烟色差可及时加投一排电场。其余各磨煤机投运前，均先试增投好一组低低温静电除尘器电场运行。但各电场均设定二次电流控制二次电压低于闪络电压。

4）低低温静电除尘器电场投运后，低低温静电除尘器进口烟温未达80℃前，锅炉原则上不投用大油枪。脱硫吸收塔进烟气后，低负荷阶段同样重视和注意这方面不利影响。

5）加强低低温静电除尘器电场防结焦、阴阳极振打防结焦、输灰系统防结焦和湿式静电除尘器防油污的参数调整、监视和检查、确认。

（9）机组启停和运行过程，原则上不得投用大油枪。特殊情况须值长批准，但须采取以下措施：

1）调控好加仓煤种灰分、硫分适当，宜低不宜高，包括启炉之前。

2）锅炉启动初期出现燃烧不稳，时间宽裕应利用微油调整等方法稳燃，尽量避免投大油枪。

3）锅炉投用大油枪期间，加强低低温静电除尘器和脱硫系统、湿式静电除尘器、管式GGH等设备监视和检查，特别注意监控好整流变电场参数、各烟温、各烟尘浓度、吸收塔运行工况等。密切关注浆液pH值、脱硫效率、除雾器差压、湿式静电除尘器回水水质和油污量、湿式静电除尘器水喷淋流量等变化，做好岗位分析和事故预想。

4）加强各部浆液品质外观的就地检查。

5）锅炉投用大油枪期间，吸收塔根据投油时间长短、烟温情况和浆液品质，加强外排置换。

6）启停炉投油助燃期间，加强吸收塔浆液、湿式静电除尘器回水箱和循环水箱水质

的取样化验。

7）吸收塔供浆切手动控制，并注意跟踪理论供浆量，偏差不得过大，防止石灰石过量。

8）相关部门、专业和岗位加强联系沟通，密切配合，因故须投用大油枪的缺陷，抓紧检修。

9）做好防止吸收塔浆液进盲区、湿式静电除尘器喷淋喷嘴堵塞结垢的措施。

第二节　超低排放典型设备异常及应急处置

一、吸收塔再循环泵故障

（1）无脱硫旁路机组负荷大于50%，四台吸收塔再循环泵非运行信号且电流小于5A，吸收塔出口温度不小于80℃延时90sMFT，同时保护自停湿式静电除尘器电场。当四台吸收塔再循环泵故障或吸收塔出口温度不小于80℃报警。

（2）吸收塔再循环泵四台全停，严格控制好吸收塔进口烟温不超限。

（3）吸收塔再循环泵故障或跳闸：

1）少于两台吸收塔再循环泵运行，联锁投入时延时2s自启备用吸收塔再循环泵；吸收塔再循环泵有且只有单台运行的，监视吸收塔出口烟温正常，机组负荷大于6MW而其烟温高报警自投除雾器冲洗水，高高报警自投吸收塔入口烟气喷淋或消防水事故喷淋。

2）吸收塔再循环泵全部跳闸且机组负荷大于6MW，除雾器冲洗水泵联锁投入时自启两台除雾器冲洗水泵，自投除雾器最下层一级下表面全部冲洗阀和除雾器冲洗水箱补水阀，保护吸收塔。

（4）加强脱硫烟气系统和吸收塔系统监视与调整，必要时增投除雾器冲洗喷嘴，保持吸收塔出口温度低于65℃。

（5）投管式GGH烟气加热器水冲洗，投湿式静电除尘器后段阳极板喷淋连续运行，监视湿式静电除尘器回水箱和循环水箱pH值保持正常，必要时手动增加加碱量。湿式静电除尘器循环水箱pH值无法维持，或其pH值低于4且无法上调时，暂停前段阳极板喷淋，加大循环水箱补水量和溢流量，直至循环水箱pH值正常后恢复前段喷淋。

（6）如锅炉MFT，停低低温静电除尘器电场并执行以下措施：

1）吸收塔进口烟温高报警，保持除雾器下表面冲洗。吸收塔出口烟温高高报警，手动开启吸收塔进口烟气喷淋水阀或吸收塔进口事故减温水阀，高高报警消失关吸收塔进口烟气喷淋阀或吸收塔进口事故减温水阀，高报警消失停除雾器下表面冲洗。

2）吸收塔进口烟温稳定低于60℃，吸收塔进口烟气喷淋停止，按烟尘浓度控制要求，除低低温静电除尘器保持末电场运行外逐停其余前几排电场，停运过程控制好烟尘浓度。

3）原烟尘浓度降至20mg/m^{3}以下，按净烟尘浓度控制要求，逐停最后末电场，投运除雾器冲洗全面冲洗一次，控制吸收塔液位正常。

4）如吸收塔进口烟温70℃上下波动，可根据覆盖面选择性开启若干除雾器冲洗阀冲洗。

5）停运湿式静电除尘器高频电源，稀释湿式静电除尘器循环水箱，继续后段阳极板喷淋20min后，全面进行一次湿式静电除尘器阴极线和气流均布板喷淋、阳极板循环水大流量冲洗、后段阳极板工艺水喷淋，停运湿式静电除尘器喷淋。

6）管式GGH烟气加热器进行至少4h烘干。

7）低低温静电除尘器和脱硫全撤后，如锅炉再次启动引风机：

a. 根据烟尘浓度，选择性投运低低温静电除尘器电场及其阴阳极周期振打，监视吸收塔进口烟尘浓度及其烟温变化趋势，控制吸收塔液位在吸收塔再循环泵可投低限以上。

b. 吸收塔进口烟温高高报警，加强其温度变化趋势监视。

c. 吸收塔进口烟温高高报警，立即按覆盖面选择性开启投除雾器冲洗。如吸收塔液位高，石膏浆液暂外排至脱硫事故浆液箱。如吸收塔和脱硫事故浆液箱液位均高，可投一台吸收塔再循环泵，停运其余补水、冲洗水和烟气喷淋水。

d. 送引风机全停，低低温静电除尘器电场阳打、阴打交错连续振打10min，逐停各电场。

二、低低温静电除尘器单侧停运或多个电场跳闸

低低温静电除尘器单侧停运或多个电场跳闸，易引起GGH烟气加热器和除雾器差压升高、石膏浆液出现盲区。

（1）低低温静电除尘器一个通道电场全停甚至更严重情况，立即逐级汇报，同时机组适当降负荷至低低温静电除尘器出口烟尘浓度低于100mg/m^3，直至无需燃油助燃的最低机组出力。

1）立即投入湿式静电除尘器阳极板工艺水连续喷淋方式，提高湿式静电除尘器二次电流到至少80%额定参数运行。

2）增加湿式静电除尘器阴极线和气流均布板喷淋频次至每1h喷淋10min。

3）增加湿式静电除尘器循环水大流量冲洗频次至每2h全面喷淋一次。

4）如条件具备，30min内通过MCC母联开关带负荷方式，实现低低温静电除尘器每通道至少两排低低温静电除尘器电场投运，同时适当降低各电场参数，以防除尘变过载。

5）因单一或局部设备接地或短路引起配电室除尘段失电的，可暂时拉出隔离故障的MCC除尘段电源开关，低低温静电除尘器或湿式静电除尘器高频电源无异常情况下尽早优先恢复高频电源电场运行。

6）因低低温静电除尘器低压或PLC失电引起远程通信无运行信号的，保持低低温静电除尘器高频电源运行并跟踪监视烟尘浓度变化情况。

（2）吸收塔允许烟尘总量按机组满负荷、进口平均烟尘浓度200mg/m^{3}连续6h控制，超过时限时：

1）管式GGH烟气加热器差压上升，引风机、增压风机阻力增加，投入烟气加热器水冲洗。

2）湿式静电除尘器回水或循环水pH值异常、含固量剧增，加强湿式静电除尘器回水箱排污，增加湿式静电除尘器循环水箱工艺水补水直至正常。

3）吸收塔快速置换浆液，监视脱硫效率、吸收塔浆液pH值、吸收塔理论和实际供浆量，运行出现异常无法维持，浆液致盲难以调节时，可申请停炉。

（3）低低温静电除尘器有且只有一个通道有三个电场停运，注意观察低低温静电除尘器出口烟尘浓度变化，一般在电场刚停运或跳闸时烟尘浓度会较高，可暂时维持运行，烟尘浓度准确且连续1～2h总烟尘浓度超过100mg/m^{3}时，须密切监视脱硫效率和浆液致盲情况，发现异常趋势进行置换浆液：

1）吸收塔浆液短时间内进入较多灰尘，立即停止石膏浆液正常外排，切换外排进脱硫事故浆液箱，逐渐分批回用至工况相对较好的邻炉吸收塔，直至运行恢复正常。

2）增加湿式静电除尘器阴极线和气流均布板喷淋频次，周期调整为每4h喷淋10min。

3）增加湿式静电除尘器循环水大流量冲洗频次，每8h全面喷淋一次。

4）根据烟囱入口烟尘浓度适当提高湿式静电除尘器高频电源电场运行参数。

（4）低低温静电除尘器一个通道两个电场停运，或横向各一个电场停运，或两个通道内各两个电场停运，监视低低温静电除尘器出口烟尘浓度变化，一般在电场刚停运或跳闸时烟尘浓度会较高，可暂时维持运行，尽早恢复电场运行并监视脱硫效率情况和有无盲区出现。

（5）上述情况引起烟尘浓度偏高时，须投入湿式静电除尘器阳极板工艺水连续喷淋。烟尘浓度恢复正常后需进行大流量循环水冲洗、阴极线和气流均布板冲洗至少两次，同时增加吸收塔外排时间。

（6）湿式静电除尘器喷淋水量增加引起吸收塔水位高时，调控好脱硫事故浆液箱液位。

三、GGH管壁防腐蚀和结灰结垢

（1）锅炉长时间不启动，基本不产生SO_2和SO_3酸露酸蚀，热媒水温可不保温。

（2）管式GGH及其热媒水系统在机组启停阶段严格控制好烟温、水温，运行阶段严格监视、调整好烟气冷却器和烟气加热器进出口烟温、进出口水温。

（3）机组启动，系统提前进行热媒水蒸汽加热。锅炉启动各阶段，烟气冷却器出口烟温高于管材控制温度低限，调整热媒水温度高于烟气酸露点。

（4）锅炉准备点火时段，去除管式GGH管壁外水露，以免粘灰和酸蚀，热媒水需辅助蒸汽加热升温。

（5）系统启停阶段，考虑引风机启动和点火时间，根据进程提前做好热媒水升温准备。引风机启动前16h，热媒水升温直至逐渐使烟气加热器出口水温超过烟气露点，运行调节逐渐小幅进行，不大幅调整，以免汽量剧增，辅汽压力下降过大。

（6）吸收塔再循环泵运行，或湿电喷淋运行，或除雾器冲洗投运前，增大加热汽量，调控好烟气加热器出口水温和烟气冷却器进口水温。烟气加热器管壁干态进入湿态，尽快增投吸收塔再循环泵、湿式静电除尘器喷淋。锅炉微油点火前，或大油枪撤出和烟气冷却器进口烟温高于80℃，及时投湿式静电除尘器高频电源，适当提高电场运行参数，减少净烟气中SO_2、SO_3含量及石膏携带量。

（7）系统启停阶段转入运行阶段，当前烟温实际值逐渐与设定目标值接近一致，投“烟气冷却器出口烟温”或“烟囱进口烟温”自动，逐渐调整设定目标值至正常运行范围。

（8）烟气加热器易产生酸露，日常检查冷凝水汇集流入底部疏放管路通畅，避免发生不畅堵塞情况。

(9) 为防止烟气加热器部分管组长期处于水压不足、停流而出现空气集聚等情况，当烟气加热器顶部管组热媒水压力接近大气压时，通过热媒水补水箱疏放后补水的方式提升热媒水补水箱压力，提高烟气加热器各管组水压，避免空气集聚。

(10) 巡检注意系统烟道无泄漏，避免外界冷空气漏入加剧结露。

(11) 湿式静电除尘器运行异常影响除尘效果时，适当提高正常运行电场参数，必要时增加阳极板工艺水喷淋次数。湿式静电除尘器出口烟尘过大，增投吸收塔再循环泵，减少净烟气 SO_2 浓度和石膏雨，适当调低吸收塔浆液 pH 值。

(12) 烟气冷却器差压上升，适当调节降低对应通道进水量，提高其他通道进水量。提高差压偏高一侧的烟气冷却器热媒水温度至上限，加强该侧各烟气冷却器吹灰，分析原因，针对性处理。

(13) 当引风机停运，吸收塔进口烟温低于 60℃，低低温静电除尘器电场全停且烟尘浓度低于 $20mg/m^3$，可停吸收塔再循环泵、湿式静电除尘器高频电源及其水喷淋，但烟气加热器烘管至少 4h。锅炉 MFT 也同样处理。

(14) 吹灰器吹灰和故障防范：

1) 吹灰器投运前确认蒸汽参数正常，疏放水管路通畅无阻塞。

2) 监视烟气冷却器蒸汽吹灰参数正常、疏水充分，吹灰器不得带水，吹灰方式和周期及时调整。

3) 锅炉正常运行，烟气冷却器出口水温低于 86℃，禁止吹灰器运行。

4) 烟气冷却器吹灰按通道烟和气流向先上后下逐一单只交替投用，同一时刻禁止多台吹灰。

5) 同一点位置烟气和热媒水温偏差大，及时分析原因，如属管壁积灰引起，在烟气温度高于烟气露点温度的情况下，适当加强局部吹灰。

6) 吹灰器调压阀压力设定正确，进退时自开关正常，枪管退到位自动全关无内漏。

7) 吹灰程控自动正常。

8) 吹灰器故障，及时就地检查原因。吹灰器发生卡涩，首先立即断汽隔离，尽量争取退出枪管，防止吹损。

9) 机组启动前，或 GGH 及其吹灰系统修后及时进行吹灰器投用和程控试验，确认吹灰器进退到位，调整偏差限位和故障处理。

10) 每班接班后检查前一天 24h 机组负荷、GGH 烟气冷却器差压变化和前几班吹灰情况，确定是否需要加强吹灰。

11) 若发生任一情况，管式 GGH 吹灰由正常吹灰周期改为连续吹扫方式，监视好 GGH 差压：

a. 机组负荷连续 8h 以上超过 80%额定负荷。

b. 锅炉启动阶段管式 GGH 烟气冷却器出口烟温大于 86℃后，应连续吹灰 8h。

c. 管式 GGH 差压高于报警值。

12) GGH 吹灰器故障，跳步旁路至下一吹灰器吹灰，查明原因通知检修处理。同一烟气通道多台吹灰器故障，吹灰停运超过 4h，加强 GGH 差压检查，差压上升较快时逐级汇报，抢修处理。

13) 管式 GGH 通道内管组因内漏等原因已隔离放空的，宜调整为每天白班吹灰一次，

监视好差压，如有同比差压上升较快的，适当加强吹灰。

14）加强调整，确保吹灰蒸汽吹扫参数符合要求，并以进入吹灰器参数为准。

15）吹灰蒸汽因参数问题而调整调压阀、蒸汽进汽阀的，做好台账记录。

16）有备用蒸汽汽源条件的，锅炉点火后煤油混烧阶段应投备用蒸汽汽源吹扫。

17）重视和关注 GGH 烟气冷却器泄漏，防止换热面因吹灰不当引起的积垢、磨损和腐蚀。

18）烟气冷却器连续运行时间超过半年，且差压超过高报警值时，如有停机一周及以上机会的，尽量安排进行离线清洗。

四、管式 GGH 热媒水泄漏

（1）热媒水泄漏现象：

1）热媒水补水箱液位低或补水频繁。

2）烟气冷却器出口烟温低。

3）烟气冷却器进、回水流量低。

4）烟气加热器进口水温低。

5）烟气加热器进水流量低。

6）热媒水压偏低。

7）烟气冷却器进水调节阀，或烟气冷却器进水旁路调节阀开度过大。

8）热媒水加热蒸汽调节阀开度过大。

（2）检查监视管式 GGH 热媒水补水箱液位及其低和低低报警。

（3）机组系统正常运行，烟温无大幅升降，热媒水容积除热胀冷缩外不需补水，热媒水补水箱液位基本正常稳定。

（4）系统热媒水泄漏点主要区域范围有：烟道外系统管路、热媒水补水箱、热媒水加药箱、蒸汽加热器、烟气冷却器和烟气加热器、各部疏放水。

（5）其他检查正常，热媒水流量突变说明热媒水系统泄漏：流量变大表明漏点在流量表之后，流量变小表明漏点在流量表之前。

（6）热媒水补水箱液位低报警，立即分析原因，做好事故预想，就地排查，检查烟气冷却器、烟气加热器和蒸汽加热器运行参数历史曲线，液位持续下降时立即逐级汇报，查漏抢修。

（7）热媒水蒸汽加热器查漏：开蒸汽加热器热媒水旁路，全关蒸汽加热器热媒水进出口阀。

（8）烟气冷却器查漏：

1）热媒水补水箱补水频率偏高的排查，烟气冷却器底部或其进出口膨胀节有滴漏水情况的，适当开启烟冷器烟道底部疏放阀疏水，隔离检查对应烟道管组。未发现出现滴漏水，继续排除检查系统其他可能漏点，包括蒸汽加热器、压力取样管、排空阀、疏水阀、法兰等。

2）烟气冷却器管组隔离，全关其出水阀和进水阀，查该管组压力表保压正常。如压降较快至零，可判断管组泄漏，隔离和疏水放空后保持全开。

3）查各烟气冷却器各管组出水侧压力表，横向比较管路出口压力无明显低，否则进行隔离查漏。

4）疑似泄漏管组隔离一段时间，检查热媒水补水箱液位能保持正常，可确认该管路泄漏。热媒水补水箱液位仍无法维持，烟气冷却器管组继续依次轮换隔离查漏。

5）短时间内热媒水补水箱液位下降较多且无法维持，暂停热媒水泵。

6）热媒水各外部管路查漏，依次隔离各管路通道，适当开启其管线通道排空阀泄压，试投热媒水泵，热媒水补水箱水位能维持，可能该通道烟气冷却器管路泄漏。

（9）烟气加热器查漏：

1）烟气冷却器水温低于汽化温度和压力低于上限时，开烟气冷却器热媒水旁路调节阀，隔离各通道。

2）热媒水流经热媒水蒸汽加热器和烟气加热器，检查热媒水补水箱水位。

3）查漏过程如烟气冷却器水温将高于汽化温度或压力将高于上限时，临时开启有关通道出水侧阀门，通过热媒水补水箱泄压。

（10）确定烟气冷却器或烟气加热器泄漏，尽快可靠隔离检修处理。

（11）烟气冷却器泄漏，适当降低隔离通道侧的低低温静电除尘器电场运行参数，阴阳打切连续运行，监视电场参数及其闪络等情况，特别是低低温静电除尘器一电场。

（12）烟气冷却器泄漏，增加隔离通道侧的电除尘灰斗蒸汽量，提高加热温度，尽量避免灰斗结块，尤其低低温静电除尘器一电场。

（13）低低温静电除尘器电场异常、灰斗料位高、灰潮湿和输灰不畅等，及时检查分析热媒水补水情况，补水异常增大的，排查对应烟气冷却器通道有无泄漏。

（14）设备漏点位置确定并隔离后，无异常通道管路和热媒水系统立即恢复投运行正常。

五、管式GGH热媒水泵故障

（1）热媒水泵投运前，检查热媒水泵冷却水正常，热媒水补水箱液位和补水水源正常，热媒水加药箱进、出口阀关严，热媒水泵再循环阀开启。

（2）热媒水泵投运时，先投小流量运行，防热媒水补水箱水位下降较快，确认热媒水泵进、出口阀实际位置。

（3）热媒水泵投运后，监视热媒水泵出口压力、流量与调节阀正常。热媒水泵运行正常，按需要微开热媒水加药箱进水阀，防止热媒水加药箱溢水、安全阀动作或药液喷出伤人。

（4）两台热媒水泵无法投运：

1）关严热媒水加热蒸汽调节阀和热媒水加热蒸汽总阀，热媒水压不超过高超限。

2）烟气冷却器和烟气加热器热媒水停止流动且任一水温测点高于125℃，立即逐级汇报通知抢修，机组立即尽量考虑降负荷运行，同时热媒水补水箱排气泄压，热媒水补水箱压力控制0.45MPa以下。

3）烟气冷却器水温如逐渐升高，加强监视各压力和温度，烟气冷却器出口水温升至高报警值时，及时释压，检查安全阀动作及其回座正常。

4）烟气加热器水温逐渐降低，抢修结束恢复运行时，暂关烟气冷却器进水调节阀，出水隔离阀保持开启，烟气加热器热媒水蒸汽加热，水温恢复正常再逐渐开烟气冷却器进

水调节阀和出水隔离阀。

(5) 热媒水补水箱：

1) 热媒水补水箱保持正常运行液位，留有一定气侧缓冲空间裕量。

2) 系统正常运行时热媒水补水箱液位下降，检查无其他异常，及时微开排放阀至液位正常后关闭。

3) 烟气冷却器出口水温或烟气加热器进口水温高至105℃，及时将热媒水温度过高的管路区段与热媒水补水箱连通，热媒水补水箱排气，同时检查、分析原因和联系处理。

4) 锅炉各烟道挡板关闭后烟气无流动情况下，烟气冷却器进口烟温未低于100℃时，烟气冷却器不宜停运，避免热媒水汽化影响，防止热媒水泵出口压力大而引起接口泄漏等。

5) 烟气冷却器通道进口烟温低于95℃且烟气流动性较好，需停运烟气冷却器时，一直关闭烟气冷却器进水调节阀，烟气冷却器出水阀全开，适当增加蒸汽加热器热媒水旁路阀开度，减小热媒水阻力。

6) 烟气冷却器恢复运行过程中，须在锅炉烟道挡板逐渐开启前，以及烟气冷却器进口烟温低于95℃时，先逐渐恢复烟气冷却器进出水。烟气冷却器进口烟温高于100℃时，各通道热媒水流量或烟气冷却器出口烟温相当。

7) 引风机单侧运行，烟气冷却器通道处于隔离状态，停运对应烟气冷却器吹灰。

8) 烟气冷却器及其通道管组热媒水流量下降或水温过高，热媒水可能汽化产生汽阻，加强排查排气，烟气冷却器各管组热媒水由上而下的进行排气。如无法排气彻底或汽阻较大可能会影响系统时，应先隔离该管组排汽后再重新逐渐恢复进水，结束后全开进出水阀。同时调节维持热媒水箱水位正常。

六、管式GGH热媒水水质差

(1) 凝输水和凝结水水源水质合格，供给可靠。

(2) 热媒水质定期检测，及时加药，水质保持正常。

(3) 系统初次上水：

1) 加强水质检测，有过较大面积检修或焊接等工作，适当进行上放水冲洗，排除杂质，直至水质合格。

2) 排尽管路空气后关严各排空阀，进行小流量多循环，利用补水箱继续排空。

(4) 热媒水正常运行：

1) 氮气压力保持正常，备用氮气瓶充足。

2) 及时适当利用氮气排除空气，保持热媒水补水箱液位正常。

(5) 管式GGH系统水质差，化学加药无法恢复正常，须局部、分批次逐渐进行热媒水换水，并考虑同步进行加药。

(6) 热媒水补水箱的凝输水水源水质差，立即汇报，联系集控暂停补水，尽快检查处理。

(7) 热媒水补水箱内漏入空气，及时开排空阀，利用氮气置换恢复正常后关排空阀。

七、湿式静电除尘器高频电源故障

（1）湿式静电除尘器正常运行期间，监视高频电源参数正常，冷却风扇运行通风良好，闭环控制自动调节正常。

（2）湿式静电除尘器高频柜和主开关柜门关闭严密，无漏进水。

（3）湿式静电除尘器各安全联锁盘钥匙到位且无松动，柜门关闭严密。

（4）湿式静电除尘器高频电源通信及其电源正常。

（5）湿式静电除尘器高频电源跳闸，保持相关前段阳极板喷淋，后段阳极板喷淋、阴极线和气流均布板喷淋保持原喷淋周期投运。

（6）湿式静电除尘器高频电源修复需投运前，确认投运条件满足，阴极线和气流均布板喷淋停止。

（7）锅炉 MFT 联锁保护跳停湿式静电除尘器高频电源，否则手动停运。

（8）湿式静电除尘器两个及以上高频电源电场故障无法运行时，适当调整提高其他电场参数，控制好烟尘排放限值。

（9）湿式静电除尘器电场无法投运，或出现闪络高、输出短路等异常，检查其大小灰斗底部疏放通畅、灰斗无积水、喷淋回水箱底部无淤积。如须疏通，做好防止大量回水突然排入喷淋回水箱措施。

（10）湿式静电除尘器电场无法投运，检查绝缘子室密封风风量风压、电加热和绝缘子正常，避免电场内湿气串入绝缘子室。

（11）湿式静电除尘器高频电源多个无法运行，可适当投入烟气加热器水冲洗，保证水压正常。

（12）湿式静电除尘器绝缘子密封风机故障，风压无法维持，暂停对应电场运行，抢修处理。

（13）湿式静电除尘器高频电源通讯失去，检查高频电源就地运行情况，不得随意拉闸停运。但如属高频电源本身设备原因而引起通信失去中断的，通知检修报修处理。

八、湿式静电除尘器水系统故障

（1）湿式静电除尘器正常运行期间，监视各喷淋流量、湿式静电除尘器循环水泵参数正常，湿式静电除尘器工艺水箱补水正常采用服务水补水，脱硫工艺水补水作备用。

（2）湿式静电除尘器前段阳极板大部分喷淋管路故障无法投运时，保持后段阳极板工艺水喷淋，故障超过 2h 停对应高频电源，逐级汇报并通知检修尽早恢复投运。

（3）锅炉和湿式静电除尘器运行期间，阴极线和气流均布板喷淋的压缩空气防堵周期反吹投运正常，效果差时可调整反吹频次和压缩空气量。

（4）湿式静电除尘器阳极板工艺水长期不喷淋，以及锅炉启停运过程中的湿式静电除尘器未投运阶段，阳极板工艺水喷淋喷嘴的压缩空气防堵周期反吹投运正常，效果差时调整压缩空气量。湿式静电除尘器阳极板工艺水喷淋投运前必须关闭隔离反吹。

（5）湿式静电除尘器阳极板循环水长期不喷淋，阳极板循环水喷淋喷嘴的压缩空气防堵周期反吹投运正常，效果差时调整压缩空气量。湿式静电除尘器阳极板循环水喷淋投运前必须关闭隔离反吹。

(6) 引风机已停运，烟温已接近环境温度，湿式静电除尘器喷嘴不喷淋运行，可停止压缩空气反吹。

(7) 湿式静电除尘器循环水泵一运一备正常可靠，至少一台泵随时可投，保证湿式静电除尘器正常运行。

(8) 湿式静电除尘器喷淋回水箱排污泵运行及外排流量正常，堵塞、流量不足或水位高，检查分析原因，避免喷淋回水箱水质恶化并大量溢流入循环水箱，造成循环水箱水质差，加剧喷嘴堵塞和磨损，引起湿式静电除尘器喷淋含固量增加，加剧烟气加热器差压上升，影响烟尘浓度。

(9) 湿式静电除尘器 pH 计准确，发现表计迟滞或失准，及时切换正常 pH 表参与自动控制，否则加强就地检测。

(10) 湿式静电除尘器加碱装置正常可靠，严格控制好水质 pH 值：pH 值低于低限，及时停运各高频电源和喷淋装置，必要时可停湿式静电除尘器循环水泵，循环水箱疏放和补水稀释，查找原因，排除故障，防止引起湿式静电除尘器电场设备腐蚀；pH 值高于上限，及时停运各高频电源和喷淋装置，防止喷嘴堵塞和结垢。

(11) 机组点火启动阶段，烟气携带油污等未燃烬成分多，加大湿式静电除尘器回水箱排污，尽量减少回水箱溢流至循环水箱水量，以免影响前段阳极板喷淋喷嘴。

(12) 引风机停运后，阴极线和气流均布板先喷淋一次，加大湿式静电除尘器回水箱排污量、循环水稀释，前段阳极板再连续喷淋至少 20min，循环水进行大流量冲洗，最后后段阳极板工艺水喷淋。确认湿式静电除尘器喷淋回水箱基本无固含物后，停运各喷淋。

九、吸收塔浆液碳酸钙含量高的预防处置

石灰石-石膏全湿法脱硫，吸收塔碳酸钙含量过高异常时易引发浆液致“盲”，影响浆液安全和脱硫统计考核指标，关系脱硫环保电价结算。同时吸收塔浆液外排置换处理，经济性较差。为防止该异常发生，结合现场实际，运行防范和处置措施如下：

(1) 注意做好运行相关方面监盘，重视各项化试数据结果，及时比对分析，发现异常尽快汇报和运行调整处理。

1) 加强吸收塔 pH 计重要性认识，重视 pH 计消缺及时性，把好运行关。pH 表发现异常，立即通知检修处理。

2) 吸收塔任一 pH 表无法检修处理好，超过半天逐级汇报值长，超过一个班逐渐汇报专业并做好记录。吸收塔 pH 表两只均无法正常投用，立即汇报值长，按事故抢修处理，同时加强临时手动取样检测，防止过程失控。

3) 吸收塔 pH 表化试校验值和表计指示值偏差超过 0.2 以上，须逐级上报处理。

(2) 吸收塔浆液碳酸钙（$CaCO_3$）含量过高异常时，石灰石供浆调节阀及时切换手动调整，注意结合工况和参照吸收塔理论供浆量分析比对、调整，运行调整循序逐进平缓进行，不得大起大落、过猛过度，防止过调。同时密切关注、控制吸收塔 pH 值运行正常。

(3) 吸收塔浆液 $CaCO_3$ 含量过高至 3%～5%，按脱硫效率和烟囱入口 SO_2 浓度控制措施处理，可利用脱硫回用水、除雾器备用冲洗水等进行补水稀释调整；吸收塔浆液 $CaCO_3$ 含量超过 5%，吸收塔暂改为间断供浆，加强浆液外排和除雾器冲洗补水，直至系统运行恢复正常。

(4) 联系化学适当增加吸收塔 pH 计校验次数。

(5) 关注和加强石灰石粉细度等化试检测指标，发现异常，及时联系化学加测复检，同步通知、汇报相关岗位。

(6) 脱硫系统运行异常时，运行及时利用进行清水介质进行冲洗比对、分析和校验，加强石膏排出泵出口取样阀等处的疏放观察，作为辅助参考检查手段。

(7) 吸收塔供浆过量或碳酸钙浓度过高，在调整稳定好系统工况基础上，吸收塔宜尽快暂停供浆，石膏排出泵连续排浆，必要时可考虑增投脱硫氧化风机和吸收塔再循环泵措施等。

(8) 吸收塔 pH 值长时间无波动下降情况，须注意分析原因，检查 pH 表计准确性、有无石灰石浆液漏入吸收塔、石灰石日常控制指标、pH 表处有无工艺水漏入接触等方面加强分析和处置。

十、高频电源典型故障的预防处置

1. 变压器油温高

(1) 原因 1：温度传感器损坏或温度信号回路故障。

检查方法及措施：从温度变送器上断开油温传感器，用万用表测量传感器阻值，经阻值与温度值的换算，判定传感器是否损坏。如果已损坏，则更换传感器。如果没有损坏，且温度显示值与所测阻值相符，则说明显示与实际相符，应检查整流变压器。如果温度显示与所测阻值不相符，则可能是温度变送器故障（A4），更换温度变送器；更换后还是不相符，则可能是 A7 单元模拟量输入模块故障，更换 A7 单元。

(2) 原因 2：散热系统问题。

检查方法及措施：

1) 检查散热风机是否正常运转：如果不运转，则检查 F2 熔芯端子是否已合上或有损坏，如果没合上或损坏，则合上或更换熔芯再合上；如果已合上且没损坏，则检查风机是否已损坏，如果风机已损坏，则更换风机；如果风机也没损坏，检查 A6 主 CPU 单元的 304 端开关量是否有输出，如果无输出，则更换 A6 主 CPU 模块，如果有输出，则可能是继电器 K1 损坏，更换继电器 K1。

2) 检查油泵是否正常工作：如果不运转，则检查 F1 熔芯端子是否合上或有损坏，如果没合上或损坏，则合上或更坏熔芯再合上；如果运转，则检查油泵是否空转，判定是否空转，可以用手感觉散热器连接进出管上的温度，如果进出管没有明显温差且温度较低，则可能是空转，可以通过油泵上的放气旋钮对油泵放气。空转情况一般可能出现在长时间停机后，再次运行时出现。

3) 检查散热器是否积灰或进风网是否堵塞：如果进风滤网堵塞，则进行清理；如果散热器积灰严重，则需要停运设备，打开设备的上盖，用风枪或钢刷对散热器进行清理。

环境温度过高：如果设备的实际环境温度高，且设备实际运行功率较高，导致系统不能做到完全有效散热，则可以适当降功率运行或采用脉冲供电方式运行。

(3) 原因 3：整流变压器故障。

检查方法及措施：如果整流变压故障，一般情况下会表现出运行参数不正常，且短时间内温度上升很快。如果是整流变压器故障，则需要吊芯检查或更换设备。

2. 二次输出开路

(1) 原因1：整流变压故障。

检查方法及措施：停运设备，高压输出接地。再投运设备，如果设备报［二次输出短路］故障，则整流变压器无故障，应检查高压输出至电场回路是否断开；如果不是，则整流变压器需吊芯检查，检查变压器内的高压出线是否有断开。

(2) 原因2：阻尼电阻损坏。

检查方法及措施：停运设备，高压隔离开关打电场接地位置。查看阻尼电阻是否有断落，如果是，则更换。

(3) 原因3：高压输出回路断开。

检查方法及措施：停运设备，高压隔离开关打电场接地位置。检查高压输出至电场回路是否有断开，如是，则重新连接。

(4) 原因4：信号处理回路故障。

检查方法及措施：如果是信号处理回路故障，在开路报警前，一次电流参数较大，与正常运行值相符。测量A9主控制单元的mA＋电压值是否为0，如果为0，则需要检查或更换整流变压器内的二次取样板；如果不为0，则测量A9单元的I2端电压值，如果为0，则需要更换A9主控制单元；如果不为0，则应检查A9单元与A6单元之间的信号连接是否有断开，如果连接正常，则需要更换A6单元。

3. 二次输出短路

(1) 原因1：整流变压故障。

检查方法及措施：停运设备，高压输出断开。再投运设备，如果设备报［二次输出开路］故障，则整流变压器无故障，应检查高压输出至电场回路是否短路；如果不是，则整流变压器需吊芯检查，检查变压器内的高压出线是否有掉落。

(2) 原因2：高压出线至电场回路有接地。

检查方法及措施：停运设备，检查高压隔离开关是否有打接地位置，如果是，则打电场位置；如果不是，查看阻尼电阻是否有断落而接地，如果是，则更换阻尼电阻；如果不是，则检查高压出线至电场回路是否有接地，如果是，则重新接线；如果不是，则可能是电场内部短路，需检查电场内部。

(3) 原因3：信号处理回路故障。

检查方法及措施：如果是信号处理回路故障，在二次短路报警前，一次电流参数较大，与正常运行值相符。测量A9主控制单元的kV（端电压）值是否为0，如果为0，则需要检查或更换整流变压器内的二次取样板；如果不为0，则测量A9单元的U2端电压值，如果为0，则需要更换A9主控制单元；如果不为0，则应检查A9单元与A6单元之间的信号连接是否有断开，如果连接正常，则需要更换A6单元。

4. 母线欠压

(1) 原因1：主回开关末合。

检查方法及措施：检查主回路开关，如果末合，则合上。

(2) 原因2：预充电回路故障。

检查方法及措施：设备启动前，必需要先预充电成功。预充电是通过三个PTC电阻完成，即接在主回路上的R3、R4、R5；检查该三个电阻的接线是否有松动或电阻是否已损坏，如果接线松动，则重新接线，如果损坏，则更换。

(3) 原因 3：母线电压监测回路故障。

检查方法及措施：测量 A2 整流控制单元的 U1+/U1-（端电压），如果电压值为大于 450V，而 405 端电压为 0V，则 A2 整流控制单元损坏，更换该单元；如果是 24V，则检查与主 CPU 单元之间的连线是否有松动，如果是，则重新连接；如果不是，则需要更换主 CPU 单元。

5. IGBT 温度高

(1) 原因 1：温度传感器损坏或温度信号回路故障。

检查方法及措施：从温度变送器上断开 IGBT 温度传感器，用万用表测量传感器阻值，经阻值与温度值的换算，判定传感器是否损坏。如果已损坏，则更换传感器；如果没有损坏，且温度显示值与所测阻值相符，则说明显示温度与实际相符，应检查散热风扇是否正常工作；如果温度显示与所测阻值不相符，则可能是温度变送器故障，更换温度变送器；更换后还是不相符，则可能是 A7 单元模拟量输入故障，更换 A7 单元。

(2) 原因 2：散热风扇故障。

检查方法及措施：测试散热风扇是否能运转，如果不运转，则检查 F3 熔芯端子是否已合上或有损坏，如果没合上或损坏，则合上或更换熔芯再合上；如果已合上且没损坏，则检查风扇是否已损坏，如果风扇已损坏，则更换风扇；如果风扇也没损坏，检查 A6 主 CPU 单元的 302 端开关量是否有输出，如果无输出，则更换 A6 主 CPU 模块，如果有输出，则可能是继电器 K2 损坏，更换继电器 K2。

6. IGBT 故障

(1) 原因 1：IGBT 松动。

检查方法及措施：IGBT 应紧贴散热器，IGBT 与散热器之间涂有导热硅胶，如果导热硅胶老化或涂的不均匀，导致 IGBT 不能很好散热，会导致 IGBT 温度高而报警。拆下 IGBT，涂好硅胶，重新安装。

(2) 原因 2：IGBT 损坏。

检查方法及措施：测量 IGBT 两端，如果正负方向都导通，则 IGBT 已损坏，更换 IGBT。

7. 油位低故障

(1) 原因 1：变压器油低于正常位。

检查方法及措施：通过油标窗观察油位，如果油位确实低于油标窗 1/2 位置，则通过加油孔注入变压器，加至正常油位。

(2) 原因 2：油位监测回路故障。

检查方法及措施：油位信号从主 CPU 单元的 403 端断开，测量油位信号是否闭合，如果实际油位正常，而信号是闭合的，则需打开整流变压器盖，更换油位开关；如果没闭合，则更换主 CPU 单元。

8. 油箱压力高

(1) 原因 1：变压器压力高。

检查方法及措施：停运设备，慢慢松动压力释放阀，放出油箱内的气体，如果压力高报警解除，则油箱压力确实过高；释放气体后，可再次投运，如果在短时间内再次压力报

警，则需要检查整流变压器内部是否异常。

（2）原因2：压力传感器或监测回路故障。

检查方法及措施：停运设备，慢慢松动压力释放阀，放出油箱内的气体，如果压力信号不能解除，则检查压力传感器输出信号是否正常，如果压力传感器输出闭合，则更换传感器；如果没有闭合，则检查主CPU单元的404端接线是否有松动，如果没有，则更换主CPU单元。

9. 闪络异常故障

（1）原因1：高压击穿电压过低。

检查方法及措施：当阴阳极之间或高压负出线回路与地之间存在极小间距的地方，引起击穿电压很低，而导致闪络次数不可控，从而引起闪络异常报警。停运设备，高压输出端接地，重新投运设备，设备无闪络，而能正常二次短路报警，则应检查高压输出至电场间的回路是否有间距过小的地方。如果有，则恢复正常位置，如果没有，则可能是电场内部有问题。如果高压输出接地，投运后还有闪络出现，则是整流变压器内部有问题，应检查整流变压器内部的高压出线是否有断落，如有，则重新连接。

10. 单台高频电源通信故障

（1）原因1：高频电源控制回路失电。

检查方法及措施：检查配电是否已送电，如是，检查高频电源的控制回路开关Q2是否已合闸，如没有合闸，则合上，控制回路正常上电。

（2）原因2：主CPU单元RS485通信口损坏。

检查方法及措施：停运设备，控制回路正常上电，通过USB/RS485通信转换模块，主CPU单元RS485与笔记本连接，运行Modscan通信测试软件，设置通信频率为9600，站号为1，数据位8，停止位1，无奇偶检验，测试读取AO地址113开始的连续20单元的值，如果通信正常，则主CPU单元上的该通信端口正常，否则通信端口已损坏，更换主CPU单元。

（3）原因3：JHNet－Ⅲ通信适配器损坏。

检查方法及措施：配置一个新的通信适配器，配置信息与检查的适配器相同，更换上新的适配器，如果通信恢复正常，则原适配器损坏，更换适配器。

（4）原因4：通信接线故障。

检查方法及措施：

（1）以太网连接线问题：用网线测试器测试，网线是否正常，如果不正常，重新更换水晶头，如果还有问题，则需更换通信线。

（2）串行线问题：用万用表检查适配器与主CPU单元的RS485通信口之间的连接线是否断开，如果是，重新连接或更换。

11. 所有高频电源通信故障

（1）原因1：通信光纤故障。

检查方法及措施：用笔记本接入高频电源通信网络，如果能正常通信，则可能是光纤故障或交换机的光口有问题；更换交换机，如果通信恢复，则需更换交换机；如果不能恢复通信，则更换光纤备用线，更换后通信恢复，则是光纤问题；如果不能恢复通信，则需要检查电气控制室的交换机光口。

（2）原因 2：通信箱中的交换机故障。

检查方法及措施：用笔记本电脑，接入高频电源通信网络，所有高频电源单元都不能通信，则需要更换交换机。

（3）原因 3：控制室中的交换机故障。

检查方法及措施：高频电源的光纤接入口更换至另外一个正常的端口，如果能恢复通信，则该接口损坏，需要更换交换机。

（4）原因 4：通信驱动程序问题。

检查方法及措施：在上位机上运行 Modscan 通信测试软件，通过该软件，通信是否正常，如果是，则检查 IFIX 中的驱动程序，或重新安装通信驱动程序。

12. 主机无法启动

（1）原因 1：主机板损坏。

检查方法及措施：电源指示灯指示正常，显示屏没有任何信息显示，可能主机板有问题，需更换主机板。

（2）原因 2：内存损坏。

检查方法及措施：电源指示灯指示正常，显示屏显示启动信息，但不能进入操作系统，且在启动过程中可听到报警声，可能是内存有问题，可以打开主机箱，重新插拔内存条，重新启动；如果不能启动，则需要更换内存条。

13. 上位机操作系统无法启动

（1）原因 1：操作系统损坏。

检查方法及措施：系统提示无操作系统，而硬盘正常，则需要重新恢复系统。

（2）原因 2：硬盘损坏。

检查方法及措施：电源指示灯指示正常，显示屏显示启动信息，但提示没有操作系统，可以进入 CMOS，查看硬盘信息，如果硬盘信息不存在，则需要检查硬盘连接线或更换硬盘，再重新恢复系统。

14. 监控软件无法运行

原因：IFIX 系统文件损坏。

检查方法及措施：重新安装 IFIX 及监控软件。

15. 监控软件运行变慢

（1）原因 1：病毒或系统垃圾文件过多。

检查方法及措施：运行杀毒软件杀毒，清理注册表，磁盘整理，清理垃圾文件。

（2）原因 2：内存部分损坏或无关程序运行过多。

检查方法及措施：检查内存信息，如果物理内存变少，需要更换内存条或增加内存条；检查后台运行程序及服务程序，关闭无关的程序及服务。